U0010548

一看就懂、終身受用的狗狗基礎科學

犬學大百科

圖解完整版

詳解犬學編輯委員會 ◎編著　高慧芳 ◎譯
：社團法人日本臨床獸醫學會
：社團法人日本畜犬協會、國際畜犬連盟（FCI）、全犬種審查員・石川一郎

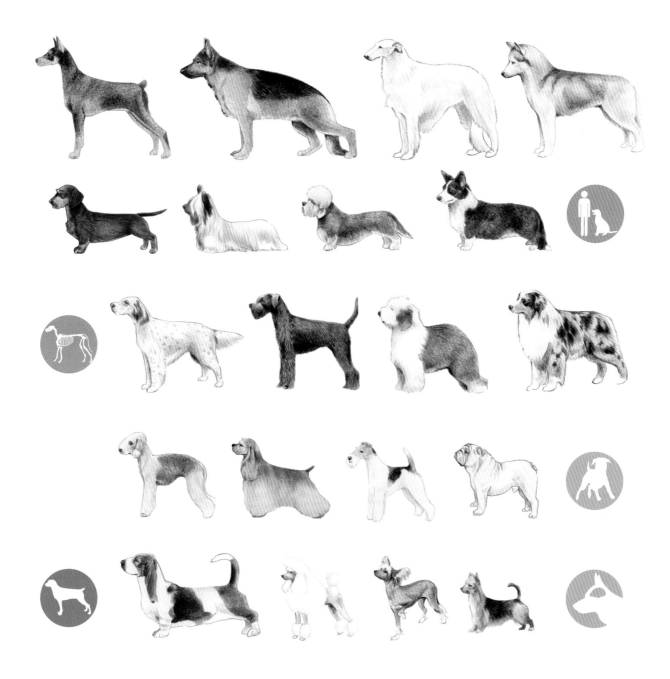

前　言 ────────────

　　「圖解完整版 犬學大百科」除了可以幫助動物護理師及美容師瞭解犬隻的相關知識，對於在臨床上需要現場確認動物發病情況的獸醫師而言，也是非常有用的一本書籍。

　　從解剖學開始，針對犬隻的循環系統、呼吸系統、內分泌系統、神經系統、泌尿系統及生殖系統等身體各器官，分成兩部分加以說明，前半部為各器官的構造和功能，後半部則詳細解說各器官常見疾病的發生原因和症狀。

　　此外，本書還詳述犬展制度、犬隻牽引技巧、犬隻繁殖技術等其他教科書看不到、一般動物醫院的獸醫師也很少接觸的獨特內容，對於日常看診的獸醫師及動物護理師而言，是非常難得一見的寶貴知識。而一般民眾也可以藉此瞭解同品種的犬隻為何會出現不同毛色等有關犬種的趣味知識。

　　對於家中飼養有狗狗的讀者，本書更致力於讓飼主瞭解如何在日常生活中觀察狗狗的健康情形、平時照顧狗狗的方法、疫苗注射和防範寄生蟲等預防疾病發生的醫療相關知識。而由於高齡犬越來越多，家中需要針對年老或患病的犬隻加以看護的機會也逐漸增加，本書也以不少篇幅說明犬隻的復健、緊急醫療處理、飲食營養及看護方法。同時避免使用過多的疾病相關專有名詞，使讀者能輕鬆瞭解本書內容。

　　在此，誠摯的希望本書能對所有初學的學生、必須在臨床現場處理各式醫療問題的動物醫療人員、以及擁有狗狗做為家人的飼主們有所幫助，若讀者們願意將本書放在手邊經常翻閱，更是我們每一位編輯者的最大榮幸。

　　最後，承蒙日本臨床獸醫學會中的各位工作人員，願意花費寶貴的時間確認原稿及審查書中各專門領域的內容，本書才能予以出版，在此由衷的獻上感謝之意。

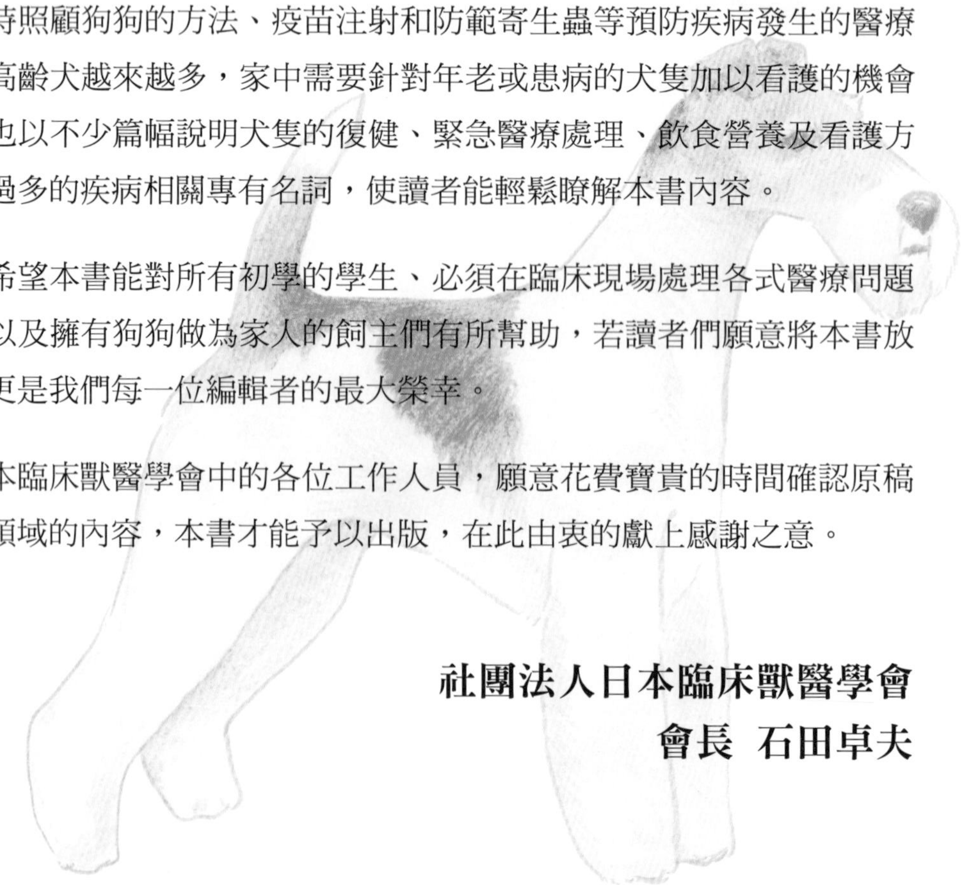

社團法人日本臨床獸醫學會
會長　石田卓夫

推薦序 ————————

　　犬隻是人類最忠誠的伴侶，除了可以幫助人類的生活與安慰人們的心靈之外，還可以協助醫療人類，基於這種長久以來互信基礎所衍生出來的情愫，是值得人類小心認真的維護與愛惜。

　　「圖解完整版 犬學大百科」是由數名有相當資歷與經驗的日本小動物醫院醫師與動物行為專家所合著完成的。內容分為五部分，分別介紹犬隻與人類的關係、犬的構造、習慣、生活行為與如何教育及純種犬隻標準等。本書由淺入深，對犬隻有興趣的讀者可以獲得最基本的犬隻結構與行為知識，尤其藉由圖解說明，了解犬隻的相關行為與舉止，讓畜主與愛犬發展出更密切的夥伴關係，也可以讓不同畜主與其愛犬之間，增進彼此的認識，發展出更深的人犬社交共同友誼。

　　本書由基本的結構與生理影響說明，當讀者在愛犬有不適、異常或生病時，可以及早察覺，做出最快速與最適宜的幫助，並能協助動物醫師的醫療診治，持續彼此之間更久遠的情誼。各種犬隻有其不同的遺傳與好發疾病，而且動物年齡與發展也不同，有耐心與認真的研讀，這將是一本非常有用的人與犬之間的科普教育書籍，本人因此推薦給所有對犬隻有興趣，並想進一步增進彼此的了解與關係發展的讀者，相信這本書可以讓您及您的家人與愛犬，共同組合成最安適的生活。

國立臺灣大學獸醫專業學院教授兼任院長

周晉澄

　　乍看「圖解完整版 犬學大百科」的封面，可能讓人以為又是那種熱熱鬧鬧，但內容貧乏的圖鑑裝飾書。但是只要稍加翻閱，您就會驚訝的發現，這其實是一本內容非常實用易讀的工具書，對於任何喜歡狗狗的人，都非常值得擁有。

　　全書以日本人一貫的實事求是，有著充實的內容，以及大量精緻且正確性極高的插圖。第一章從犬的起源開始，娓娓道來我們最好的動物朋友，如何在一萬多年前進入人類的生活，並且從此永遠改變了彼此的世界。狗狗不但是人類的第一個動物界的朋友，而且至今沒有任何一種其他的動物，能夠取代牠在人類世界中的地位。

　　第二章狗狗的身體結構，詳細介紹不同品種犬隻的生理特色，以及常見的疾病，其詳細深入的程度，像是專業課本的易讀濃縮版。狗狗主人得以迅速掌握這些疾病的重點，就連獸醫學生，都可以將本書當成修習內外科疾病前的準備材料。日本與臺灣的飼犬環境類似，犬種也多所相同，這些疾病相關的知識極具參考價值。

　　第三章有著最新的寵物照護知識。在寵物醫療新知方面最令我印象深刻的，是文中對於狗狗的營養、癌症、復健，以及老年照護的知識，都是獸醫科技最新的進展，非常難得。因為科學的進步，許多過去被認為難以治療的疾病，利用先進科技，狗狗已能夠得到精緻的醫療服務。主人們看過本書，在狗狗就診時更能夠了解醫生的意思，也可以判斷醫生的知識與經驗是否與時俱進，進而幫助狗狗選擇最合適的醫生。

　　狗兒們不但是我們與自然界的最後一條臍帶，更具有快樂、忠實、不虛偽等珍貴的美德。這本內容毫不含糊的精美工具書，讓我們更深入的了解人類最要好的朋友。

國立臺灣大學臨床動物醫學研究所教授

推薦序 ————————

剛收到晨星出版公司編輯的電子郵件，讓我幫晨星出版社所出版的「圖解完整版 犬學大百科」一書寫推薦導讀。

乍見書名原先認為，以為是一本卡通式的普通讀本。但是收到編輯寄來的全書電子檔，細讀下，才漸漸發現這一本犬學從簡單的介紹、日常飼養到疾病，都有所涉獵的好書，內容所述不失為一本可供飼主參考的參考書。

本書沒有深奧的理論，全書以淺顯易懂的文字與圖片說明，加深讀者對這本書的認知與書中的說明。本書的內容，從犬類的起源與人類的關係，說明人與犬之間的深厚關係，而身體的結構一章，關係著對於犬類正常生理的認知，目前的醫學漸漸走向預防醫學，對犬類的健康生理與器官構造有一定的了解，可從犬類疾病初發的徵兆出現就有所應對，減少動物疾病的擴大與嚴重度，同時也可以從不同品種的犬類，了解日後將會發生的疾病，可做為盡早預防的機制。

對於日常生活一章，從中說明平時的身體健康檢查就很重要，難得的是此章中提及老年疾病，因為於目前的社會中，除了人類已漸漸邁入高齡化的社會，寵物也因為醫療發達、預防醫學知識普及、再加上生技科技的進步，讓寵物的年齡也隨之增長，老年疾病也變成目前獸醫醫療中，常見的病例，諸如腫瘤與內分泌相關疾病。

若是飼主想自己訓練自己所飼養的犬隻，於本書的第四章中，說明如何訓練自己的犬隻，可以讓有興趣的飼主可以過過馴養高手的癮，若是自己能訓練自己一手帶大的犬類寵物，將會非常有成就感。

最後一章，說明犬種的標準，這個部分可以讓飼主參考或是讓寵物業者了解相關的資訊，也可做為入門的基礎。綜觀此書，內容循序漸進，圖文淺顯易懂，實不失為一本既能入門又能時常翻閱的參考書籍，因而於此本人推薦此書，不僅可供毛小孩的父母或是即將毛小孩父母參考，同時也可以讓從事寵物相關業者或是想認識犬類等各類人仕參考。

國立中興大學獸醫學系教授兼任獸醫教學醫院院長

推薦序 ————

　　「圖解完整版 犬學大百科」是一本兼具廣度和深度的醫療相關書籍，除了內容豐富精彩外，大量使用圖片或示意圖也是本書的特色之一。藉由本書圖像或說明可讓讀者較易了解一些較少接觸到的專業用詞，無形中扮演著飼主、愛犬與獸醫師的溝通橋樑，對三者助益很大。本書很適合國內獸醫系學生、獸醫師以及對犬科有興趣的大眾來閱讀及活用。

　　從本書的犬隻演化育種及行為教育章節中，可讓讀者理解犬隻的日常生活行為表現，也能瞭解是什麼原因導致家犬的異常行為。而在犬隻日常生活一章，則可讓讀者對犬隻一生當中任何時期的日常生活照顧及疾病預防有充分認識，和認識犬隻老化衰退的變化。另外，讀者可從本書的犬隻身體構造章節中，對於犬隻身體各系統的正常構造和生理功能有所知悉，因而有機會於平時就發現犬隻些微異常之處，有機會儘早處置和確保健康。

　　若家裡飼育過犬隻，或從「忠犬小八」及「與狗狗的十個約定」的電影裡，我們都可以發現犬隻是我們人類的忠實朋友和伴侶，也是我們有責任照顧的家庭成員。「愛牠，就要照顧牠」只要不遺棄或轉讓，通常飼主都會經歷犬隻的生老病死，透過本書可讓我們提供愛犬一個優質的生活，是有伴侶犬家庭值得擁有的愛犬良冊。

國立嘉義大學獸醫學系副教授兼任動物醫院院長

吳瑞得

推薦序 —————————

　　隨著高齡化、少子化社會的來臨，家犬已登堂入室進入家庭，融入我們的日常生活成為了伴侶動物。隨著媒體的報導，動物保護的觀念也深植人心，狗狗的醫療水平也逐步提升，而飼主對狗狗在生病時能否得到最佳的醫療照護也逐漸重視，所以從飼主的立場總希望了解狗狗相關的基本醫學知識。

　　我還在成功大學醫學院服務時曾開了一門通識課程——動物醫學概論，主要介紹家犬、家貓的來源，正常的身體構造與生理功能，內、外科疾病的簡介及護理，相關訊息仍放在中美獸醫院的網站上。也就是站在飼主的角度讓飼主了解你／妳的愛犬正常的活動、生病的徵候、送診時與獸醫師的互動及如何共同決定最適當的治療方式。當時市面沒有適當的教材或參考資訊，所以教材都須自編，至為辛苦。

　　日前晨星出版有限公司將他們即將出版的「圖解完整版 犬學大百科」請我導讀，我詳看了本書的內容以後發現，這本書完全符合我在動物醫學概論這門通識課程的需求，也就是說這本書可以滿足飼主了解關於狗狗的所有醫學知識，尤其在本書中又特別加入高齡犬相關的保健醫療之道、犬的復健醫療、認識狗狗正常及異常行為、純種犬的標準及認識犬展。

　　這幾乎包含了狗狗的一生，從狗的起源，馴育出不同功能的犬種，從狗狗的日常生活到疾病的預防、治療及護理，最後到狗選美都涵蓋在內，極適合目前或是以後想成為狗狗飼主的你／妳的入門參考書籍。

國立屏東科技大學獸醫學院副教授兼任教學醫院院長

簡基憲

圖解完整版

犬學大百科

 目 次

第1章　犬隻起源與人類

第2章 犬隻的身體構造

第3章　犬隻的日常生活

第4章　犬隻的行為與教育

第5章 純種犬與犬種標準

監修者的話 ————

伴侶動物帶給我們人類的，不只是精神和身體上各方面的良好影響，對社會安定也具有一定的貢獻。因此我們有義務去保護伴侶動物，為了達成這項目的，就必須瞭解牠們的起源、行為學、解剖學、生理學、遺傳學等基礎知識，同時也必須懂得疾病與治療方面的動物醫療常識，以及如何照顧牠們。

本書是由每天都會接觸到伴侶動物和牠們家人的獸醫師們，為了所有與伴侶動物有所關聯的人們所編纂的一本書籍。

動物醫院所扮演的重要角色，不只是負責治療伴侶動物的疾病，還包括在平常的診療工作中，提供建議協助飼主與伴侶動物順利地共同生活，例如如何選擇適合的伴侶動物進入家庭、如何對牠們進行行為教育、食物的選擇方法、皮膚、耳朵、牙齒等部位的照顧方法、以及動物年老後如何加以看護等等。

此外，獸醫學在疾病診斷和醫療技術方面也隨著時代不斷地進步中，我們獸醫師在引進最新知識與技術的同時，也期望藉由本書，能提供給讀者更多的新訊息，使伴侶動物更加地融入社會，而能夠與人類幸福快樂地共同生活。

AC PLAZA薊谷動物醫院 葛西橋分院

院長 白井活光

第 1 章
犬隻起源與人類

犬隻與人類之間的關係

監修／立川動物醫院　　　太刀川史郎
　　　小野動物醫院　　　　小野裕之
　　　AC PLAZA薊谷動物醫院
　　　葛西橋分院　　　　　白井活光

犬隻的起源

由考古遺跡推測，猿人與狼之間曾經近距離地共同生活。

■■■5000萬年前登場的肉食性哺乳類

我們如此深愛的狗狗們，到底是從哪裡出現，經過了什麼樣的過程，才會變成我們人類最好的朋友呢？相信這是所有愛狗人士都曾有過的疑問。

就讓我們開始回溯地球生物的歷史發展。中生代是恐龍最為盛行的時代，然而恐龍卻在中生代結束時因為不明原因而滅絕，消失在地球上。

恐龍滅絕後即是新生代的開始。新生代的第三紀，即距今6500萬年前恐龍滅絕後，地球上開始出現了各式各樣的動物，而犬隻的祖先也是在這個時候登場。

在大約5000萬年前，地球上出現一種名為小古貓（Miacis）的肉食性哺乳類，一般都認為牠是現今包括犬隻在內的肉食性哺乳類的祖先。從挖掘出來的化石發現，小古貓擁有和現今肉食動物相同的齒形，且爪子成鉤狀，因此判斷牠們以草食動物為食，並且可以棲息在樹木上生活。雖然小古貓滅絕的原因目前仍未明瞭，但由於此時的地球在進入第三紀不久後，氣溫即不斷地下降，使得許多原先為森林的地區因此轉變成草原，促使牠們的部分後代離開森林，演化成可以在草原上生活的物種。

當第三紀結束時，犬科動物的祖先湯氏熊（Tomarctus）登場，並陸續演化為狐、貉以及與犬隻最相近的祖先——狼。

世界各地所挖掘出的遺跡曾發現與人類葬在一起的狼骨，這也就表示狼這種動物曾與人類共同生活。但在進行年代調查時，卻有了驚人的新發現，這些遺跡都屬於距今30萬年前或40萬年前的遺跡，而當時人類尚未出現，也就是說，猿人與狼之間，曾經非常近距離地共同生活。

◆ 古代年代表

年代表	日本年代	當時的日本	當時的地球
25萬年前			舊人　尼安德塔人
15萬年前			新人　克魯麥農人
4萬年前	舊石器時代晚期前半期	原人來到日本	
2萬9000年前	舊石器時代晚期後半期	氣候開始出現暖化現象	拉斯科洞窟壁畫、阿爾塔米拉洞窟壁畫
1萬5000年前	繩文時代草創期		1萬2000年前冰河期結束，進入間冰期
1萬1000年前～西元前8000年	繩文時代早期	人類開始飼養犬隻（夏島遺跡）	

地球的地質年代在大約6500萬年前進入新生代的第三紀，163萬年前開始進入第四紀，並一直延續到現代。地球進入新生代後，哺乳類動物開始崛起，到了新生代後期，冰河抵達南極大陸。

■ 挖掘到狼或犬隻遺骨的遺跡

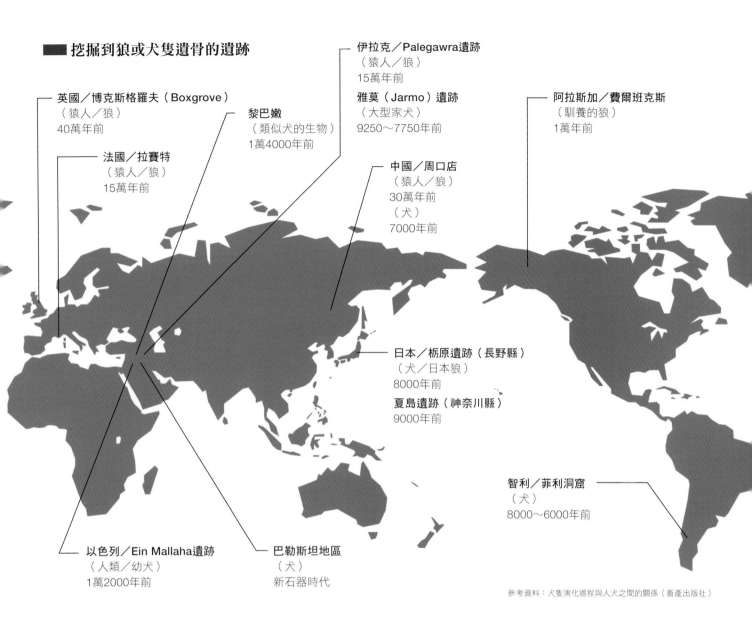

英國／博克斯格羅夫（Boxgrove）
（猿人／狼）
40萬年前

法國／拉賽特
（猿人／狼）
15萬年前

黎巴嫩
（類似犬的生物）
1萬4000年前

伊拉克／Palegawra遺跡
（猿人／狼）
15萬年前

雅莫（Jarmo）遺跡
（大型家犬）
9250～7750年前

阿拉斯加／費爾班克斯
（馴養的狼）
1萬年前

中國／周口店
（猿人／狼）
30萬年前
（犬）
7000年前

日本／栃原遺跡（長野縣）
（犬／日本狼）
8000年前

夏島遺跡（神奈川縣）
9000年前

智利／菲利洞窟
（犬）
8000～6000年前

以色列／Ein Mallaha遺跡
（人類／幼犬）
1萬2000年前

巴勒斯坦地區
（犬）
新石器時代

參考資料：犬隻演化過程與人犬之間的關係（畜產出版社）

◆ 小古貓（Miacis）

地球在中生代後期開始出現肉食性的哺乳動物。
從挖掘出的化石判斷，大約5000萬年前，地球
出現一種名為小古貓的肉食哺乳動物，由於爪子
成鉤狀，推測牠們主要生活在樹上。一般認為留
在森林裡生活的小古貓後來演化成貓，而離開森
林前往草原的小古貓後來則演化成狗。

◆ 湯氏熊（Tomarctus）

從小古貓演化而來的哺乳類，之後在地球各地
持續地進行演化，其中第三紀出現的湯氏熊，
是在北美洲演化而成的動物，一般認為牠就是
犬隻的祖先。

犬科的同類

■ 經過800萬年的時間演化而來的犬隻

肉食動物的歷史大約從5000萬年前開始。當小古貓在北美進行演化的同時，歐亞大陸上由小古貓演化而來的肉食哺乳動物們也在持續地進行演化。不久之後這些動物橫跨整個大陸，沿著各島嶼抵達歐洲和非洲，並在經過800萬年的時間後，演化成為犬科動物。

犬科屬於哺乳綱，食肉目，犬型亞目下的一科。我們所飼養的犬隻，在分類上命名為「家犬」，學名為 *Canis lupus familiaris*。

犬隻的近親——狼，在分類上也屬於犬科，其他如狐狸及貉等動物，也分類在犬科之下。雖然我們經常會對吉娃娃和聖伯納犬之間能有如此大的體型差異感到不可思議，不過在犬科動物中，體重從小到只有1.5公斤重的耳廓狐，大到超過80公斤的狼都有，從這一點看來，犬隻體型的巨大差異似乎也不是那麼難以接受了。容易適應環境是犬科動物的特徵之一，為了適應不同的環境，因而造成體型大小的差異。而犬隻的體型大小會有所不同也是由於相同的原因。

說到犬科動物，我們一般只會想到家犬和狼，而儘管不常有機會看到，但還是有不少犬科動物如非洲野犬、豺、藪犬等，生活在野生環境。野生的犬科動物善於奔跑，幾乎都為夜行性動物，且全都生活在洞穴裡。牠們能透過面部的表情和態度、尾巴的擺動以及遠距離的嚎叫等鳴叫聲彼此進行溝通。

狐狸也是犬科動物中的代表動物。狐狸和犬隻一樣非常容易適應環境，再加上擁有旺盛的繁殖力，幾乎地球上的各個區域都有牠們棲息的身影。

狐狸的行為與犬隻非常相似，可觀察到高度的社會化行為，並以群居方式生活，同時擁有標識領域的習性。

俄羅斯的貝里亞耶夫曾在狐狸繁殖場進行一項研究，透過選擇性的繁殖，培育出對人類非常親近的狐狸，同時還觀察到這些狐狸出現尾巴上舉、毛色產生斑紋等變化。這種選擇性繁殖的方式，幾乎和犬隻的演化過程一模一

非洲野犬

豺

樣。有些研究人員甚至將這些狐狸做為寵物飼養，而類似的研究也有不少科學家在持續進行。

非洲野犬【非洲野犬屬】

為非洲野犬屬之下唯一的動物，又稱為非洲獵犬或非洲犬。身高60～80公分，體重17～36公斤，體型差異很大，被毛擁有獨特的不規則型斑紋，且每一隻動物的毛色和斑紋都長得不一樣，也有全身毛色為單色系的非洲野犬。順帶一提，非洲野犬的學名 *Lycaon pictus* 中，屬名 *Lycaon* 是狼的意思，而種名 *pictus* 則是彩色的意思。主要棲息在非洲的高原或大草原地帶，是犬科動物中少見的畫行性動物。

豺【豺屬】

為豺屬之下唯一的動物，又稱為紅狼。主要棲息在印度、印尼等東南亞地區。身高42～55公分，雄豺體重約15～20公斤，雌豺約10～17公斤。通常以5～12頭以上且雌豺佔多數的家族共同生活。不同的家族會組成豺群，數量多時可達40頭以上。豺群有共用的排泄場所，群體間會進行密切的交流。

藪犬

貉

北極狐

赤狐

南非狐

藪犬【藪犬屬】

藪犬是藪犬屬唯一的現存種，又名叢林犬。身高30公分，體重5～7公斤。西元1939年曾認為此物種為化石種，而在發現此現存種後，一般推測此物種應為犬科動物中最原始的物種。藪犬主要棲息在阿根廷北部與哥倫比亞等南美大陸的溼潤森林地帶，會利用倒立的方式作記號。由於現存的數量越來越少，巴西和祕魯等國家已將牠們列入保育對象。

貉【貉屬】

貉又稱狸，主要棲息在日本、中國、朝鮮半島和俄羅斯東部。西元1928年因毛皮需求而引進當時的蘇聯，後經由東德傳入歐洲，近幾年在法國和義大利也有目擊報告。日本境內則有棲息在北海道的蝦夷貉以及本州、四國與九州的日本貉兩個亞種。

北極狐【北極狐屬】

為北極狐屬之下唯一的動物，只棲息在北極地區。體長46～68公分。擁有很厚的被毛，因此身體非常耐寒。北極狐的被毛中有百分之七十為下層絨毛，赤狐則僅有一半。短吻小耳的身形可防止體溫從體表散

失，身體蓄積有豐厚的體脂肪，因此體型呈圓形。由於北極狐的數量逐年減少，部分地區的北極狐已瀕臨滅絕。

赤狐【狐屬】

赤狐的棲息區域非常廣泛，包括北美洲、歐亞大陸和非洲大陸，因此擁有許多亞種。日本的狐狸全都為赤狐，分為北海道的北狐和其他地區的本土狐兩個亞種，因此日本習慣直接將赤狐稱為狐狸。相對於北狐的乳頭為6或8個，本土狐的乳頭為8或10個，由於多了2個乳頭，也有人認為本土狐並非赤狐的亞種而是日本特有的新物種。

南非狐【狐屬】

南非狐主要棲息在非洲大陸上的安哥拉、辛巴威、納米比亞等地區，身高30～35公分，體重2～5公斤，擁有細長的耳朵和苗條的體型。生活在草原或半沙漠地區，主要以昆蟲為食，為雜食性的動物。

狼與犬的關係

從狼到犬的過程

在距今2、30萬年前的遺跡中，曾挖掘出狼的骨頭，而犬隻的骨頭則是在1萬4000年前的遺跡中才被發現，且幾乎與現代的犬隻一模一樣，可推測出當時與人類共同生活的犬科動物就是家犬。

那麼，狼是如何演化成為犬隻的呢？諾貝爾獎得主奧地利的動物行為學家康拉德‧羅倫茲曾說過「狐狸犬類的祖先是狼，波音達獵犬則是繼承了胡狼的血液」，不過在數年後，他又自我否定了獵犬即胡狼的說法。不只是羅倫茲，還有許多學者針對犬隻的起源提出了各式各樣的說法，其中甚至有一種說法認為在系統上應該把狼列入犬種之一。雖然有人始終無法認同犬是直接由狼演化而來的，但西元1997年所進行的粒線體DNA分析結果顯示，犬的確是狼的後代。而根據2010年所提出的DNA分析報告，發現家犬在血緣上更接近中東的灰狼。

◆ 澳洲野犬

◆ 亞洲胡狼

◆ 歐亞狼

◆ 郊狼

◆ 墨西哥狼　　　　　◆ 北極狼

■ 家犬的同類

狼與家犬到底有什麼不同呢？最大的差異就在於腦和牙齒。犬的腦容量比狼小了20%，約等於狼出生後3～4個月時的腦容量大小。至於胡狼與郊狼的腦容量則比一般犬隻的大，比狼的腦容量小。犬隻腦容量縮小的原因，可能是因為攻擊行為減少的緣故。不只是狼，幾乎所有野生動物的腦容量都會隨著演化過程而漸漸縮小。

部分的狼擁有與家犬一樣極佳的適應性，因此也有一說認為家犬就是由這些狼所演化而來的。

◆ 美洲狼

郊狼【犬屬】

郊狼的體型比狼小，主要棲息在北美洲，雖然部分學者擔憂近年來郊狼與美洲狼的雜交現象，但從另一方面來說，郊狼與狼雜交後所產生的後代科伊犬（coydog），已成為固定的犬種，並分為雜交種與純種。他們比狼犬（wolf dog，狼與犬之雜交種）擁有更優良的訓練性能與體能，在犬隻的運動比賽中非常活躍。

胡狼【犬屬】

胡狼擁有與狼相似的外觀，大耳，主要棲息在非洲大陸和中東地區，分成四個物種，分別為：亞洲胡狼、黑背胡狼、側紋胡狼和阿比尼西亞胡狼。由於體型較小，部分國家也有將胡狼做為寵物飼養。在俄羅斯則有將亞洲胡狼與哈士奇犬進行雜交，培育出sulimov dog做為偵測犬。

◆ 狼與幼狼

澳洲野犬【犬屬】

一般推測澳洲野犬是原住民在移居至澳洲時，一起帶進當地飼養的家畜。澳洲野犬原本被列為家犬的亞種長達50年，現在已將牠們列為灰狼的亞種。由於牠們可與家犬雜交，因此現在的澳洲野犬多為混種，又稱為混種丁格犬。

◆ 薩爾路斯獵狼犬

由荷蘭人將德國牧羊犬的訓練性能與野生灰狼的特性結合所培育出的犬種，並已獲得世界畜犬聯盟承認。由於體態優美，在國外的犬展中大受歡迎。類似的犬種還有捷克斯洛伐克狼犬。

人類生活中的犬隻

■ 犬隻進入人類生活的途徑

　　與其說家犬是由人類特意將狼馴化轉變而來的動物，不如說是當初狼群自發性地接近人類後，經由生活環境的自然淘汰，使狼的體型大小、習性逐漸產生變化，最後演化成為家犬，並發揮從狼繼承而來的習性，與人類順利地共存生活。

　　由於群體生活是犬隻的習性之一，當犬隻發現周遭有陌生或可能帶來危害的人或動物靠近時，就會馬上通知同伴。這種習性可以幫助人類保護自己重要的家畜或農作物不受外敵侵襲。而犬隻的群體狩獵習性更是對人類生活大有助益，能跟隨人類一同外出狩獵並協助捕獲獵物。由於犬隻的協助，人類可以讓其他家人留在屋內，由犬隻陪同自己出外遠行進行狩獵工作。甚至有學者指出，就是因為這種人犬共同生活的型態，才使得人類進化的時間大幅縮短。我們經常可以從1萬2000年前的洞窟壁畫中，觀察到這種生活型態。

　　在不久之後，犬隻就因為自身各式各樣的能力，逐漸變成人類生活中不可或缺的動物。在舊約聖經中，不但經常出現和犬隻有關的敘述，同時還記載了以色列民族帶著牧羊犬前往荒野的故事，那些景象依然殘存在現代的中歐地區。此外，雖然與家犬無關，但古埃及的阿努比斯神擁有胡狼的頭與人類的身體。古代希臘神話中，更是有大量的犬隻登場。不只神話故事，亞歷山大大帝曾以愛犬的名字為自己所建設的城鎮命名。荷馬的《奧德賽》中，則描述了當尤里西斯回到故鄉時，沒有任何人發現他的歸來，只有他的愛犬阿耳戈斯（Argos）歡迎他的感人故事，這也是歐美地區很多家犬被命名為阿耳戈斯的原因。而醫神阿斯克勒庇俄斯的神殿裡則畫有大量的犬隻，相傳病人被這些犬隻舔過後疾病即可治癒，或許與現代的動物輔助治療有異曲同工之妙。

■ 從洞窟到宇宙，處處皆可看到犬隻的蹤影

　　看門犬、狩獵犬、羅馬時代甚至有負責搬

利比亞的古代洞窟壁畫，描繪犬隻和人類一同外出狩獵的場景。

運工作的犬隻，犬隻的工作能力對人類漸形重要，於是人類開始思考如何提昇犬隻的工作能力，這就是選擇性育種的開始。人類選出工作能力卓越的犬隻，培育牠們的後代。若當時犬隻沒有參與人類社會的工作，或許自古至今都不會有選擇性育種這項技術出現。

　　除了工作犬，犬隻還扮演了陪在人類身邊、調劑人類生活的重要角色。羅馬時代流行以馬賽克鑲嵌在建築物的牆上作畫，當時就有許多馬賽克壁畫描繪出人們與一同生活的犬隻快樂相處的樣子。由於維蘇威火山爆發而被掩埋的著名古城龐貝城，在民宅的門口也有犬隻的馬賽克鑲嵌畫，推測當時的居民可能是以犬隻的壁畫來取代看門犬的功能。

　　而在之後的人類歷史中，犬隻也在各式各樣不同的場景中登場。中世紀歐洲的畫裡經常繪有貴族與犬隻相處的情形，法皇路易十六的皇后瑪麗安東尼或拿破崙等歷史上的著名人物

羅馬時代的馬賽克鑲嵌畫中經常有犬隻登場。

活躍於19世紀初加拿大的紐芬蘭犬隊。

◆ 萊卡　1957年一隻名為萊卡的狗搭乘史潑尼克2號太空船前往宇宙，成為第一隻送往宇宙的動物，許多國家均有發行牠的紀念郵票。

到了20世紀，犬隻不但是兒童的玩伴，也做為家中成員的一份子與人類共同生活。

甚至還曾因為犬隻而改變了人生。永無止盡的戰爭中，做為軍用犬的犬隻與軍人共同殉命。雖然我們已經邁入可以派出火星探測太空船的現代，但當初第一個踏入宇宙的動物，也是狗。西元1957年，從俄羅斯的拜科努爾太空中心發射的史潑尼克2號太空船，上面搭載的就是一隻名為萊卡的狗。當初原本計畫以猴子做為第一個送到外太空的動物，但最後還是選擇了性情穩定、容易訓練且能夠耐受飢餓的犬隻做為實驗對象。雖然萊卡並沒有順利回到地球，但之後又陸續有14隻狗被送往外太空，並有4隻平安返回地球。

從太古時代的狩獵到現代的外太空計畫，人類的歷史也可以說是犬的歷史。邁入21世紀後，或許大家會認為諸如狩獵或搬運等犬隻的工作會越來越少，但其實不然，做為人類最忠實的夥伴，犬隻的新功能仍在持續地增加中。

協助人類的犬隻

■ 工作犬與社交犬

　　從犬隻開始和人類共同生活之後，在這段長久的歲月中，牠們漸漸在各個領域中發揮特長，從旁協助人類。而這也幾乎就是不同犬種發展的歷史。正因為犬隻有了工作，所以人類才開始進行犬種的選擇性育種，期望讓犬隻的某些能力更為增強，若犬隻沒有協助人類執行工作，或許牠們就不會像現在一樣如此深入人們的生活當中。

　　不過在邁入機械化時代的現代，犬隻的工作內容已與古代或中世紀不同，其中也有邁入21世紀以後才開始出現的工作。到底犬隻可以進行怎麼樣的工作呢？在介紹這些工作之前，先說明一下犬隻工作的分類。

　　首先是工作犬（working dog），以警犬或緝毒犬為代表，從事與社會工作有關的犬隻。另一個分類則是社交犬（social dog），包括導盲犬或協助犬等輔助人類生活的犬隻。由於有些工作涵蓋了這兩種工作性質，因此並不容易進行嚴密的分類，但可想而知犬隻能從事的任務，在將來會有更多的發展。

　　工作犬的培訓方式因不同國家而異。在日本，警犬之類的工作犬大多是委託民間機構，由專門的訓犬師對犬隻加以訓練，但目前自行訓練工作犬的專業團體也逐漸在增加。這些專業團體與民間的訓犬師並不互相排擠，而是針對不同領域的工作犬分別進行訓練。

　　另外在機場執行毒品搜查工作的緝毒犬，是由厚生省（相當於我國衛生署。另我國的緝毒犬訓練與日本不同，是由海關緝毒犬培訓中心負責進行訓練。）的專門人員進行訓練，而同時在海關執行食物偵測工作的檢疫犬，則是委託民間機構的訓犬師加以進行訓練。在國外，包括掃雷犬、炸彈偵測犬、黴菌偵測犬、白蟻偵測犬等工作犬，還有禁止帶入蔬菜的澳洲所培訓之蔬菜偵測犬（相當於我國的檢疫犬）等，有各式各樣的工作犬活躍在不同領域中。另外像是可以協助偵測人類癌症的醫療偵測犬，也是目前人類醫學注目的焦點。未來到底還能培育出什麼樣的工作犬呢，筆者非常拭目以待。

　　另一個備受注目的工作犬則是最近活躍於世界各地的救難犬。在日本，救難犬主要是由各團體的訓犬人員加以培訓，但一般飼主也可以培訓出救難犬。在訓犬方面領先日本的歐美國家，幾乎所有的救難犬都是由一般飼主進行訓練，不過這些人雖然號稱一般飼主，但訓練技巧高明，在面對救災工作時，擁有比專業人員更優秀的能力。順帶一提，日本的自衛隊中也有受過訓練的犬隻。

導聾犬，協助聽障人士生活的協助犬。聽障人士由於聽不見聲音而在生活上有諸多不便，藉由導聾犬的協助可大幅改善生活品質。左上方的照片是導聾犬通知飼主計時器響了的情形。

（照片提供：日本導聾犬協會）

■ 治癒人類的治療犬（therapy dog）

在社交犬（social dog）的分類中，這幾年最廣為人知的就是治療犬（therapy dog）。治療犬是一般常用的稱呼，指的是協助進行動物治療（animal therapy）的犬隻們。動物治療依其性質還可以分為與醫師、獸醫師、護士等醫療人員合作，共同進行醫療行為的動物輔助治療（animal assisted therapy）、不從事醫療行為，而是藉由與動物互相接觸來撫慰人類心靈，提高生活品質的動物輔助活動（animal assisted activity），以及透過動物協助，強化教育效果的動物輔助教育（animal assisted education）。

透過動物來進行療癒的行為可追溯到古羅馬時期，而真正做為醫療用途則大概是到中世紀左右才開始。日本方面，雖然自古以來也有這種行為，但將犬隻正式用在動物治療上則是從1990年代中期開始。一開始積極訪問的對象以醫院為主，但近年來也逐漸擴展訪問對象的種類。

至於動物治療的效果，則有數篇不同領域的臨床案例報告證明，與犬隻共同生活的確會有正面的效果。例如1992年在澳洲針對抽煙、運動等生活習慣幾乎完全相同的人所進行的調查，發現飼養犬隻的人其血壓和血脂肪濃度明顯低於沒有飼養犬隻的人。而在2002年再度進行相同的調查顯示，飼養寵物的人在過去一年進出醫院的次數，比沒有飼養寵物的人低了15～20%。

而最能感受到動物治療效果的，則是高齡人和病患們。大部分的老人安養院、精神病患醫療機構、日間照護中心等，經常會請狗醫生們去拜訪他們，此外還會有一般飼主帶著自己的愛犬以義工方式協助這些機構進行動物輔助活動，不過仍然供不應求。

此外，也有做為動保教育而到小學進行訪問與協助教學的犬隻們。還有某些發展障礙病童的醫護機構，為了能對這些病童產生治療效果而改建成農場模式，開始自行飼養動物。而近年來也有些老人安養機構會自行飼養治療犬。

數隻治療犬前往高齡人日間照護中心與老人們進行互動。由於老人安養機構不斷增加，治療犬的數量無法提供這麼大量的需求，因此也開始出現老人安養機構自行飼養治療犬的情形。

治療犬拜訪的醫療機構除了醫院，還包括臨終關懷中心和復健中心等設施。

純種犬

◆沙皮狗

■犬種是依循人類需求而產生的

　　如果要讓某種特定外型（相同的外觀或體型）的犬隻聚集在一起，有兩個必要條件。一個是其他地域的犬隻無法進入的邊陲地帶，另一個則是人為的介入。

　　現今存在的犬種，在從狼演化成犬隻的時期並不存在。而數量極為稀少的古老犬種，經過基因分析結果顯示，主要可分為四類。其中最古老的犬種是亞洲的狐狸犬類、沙皮狗及柴犬。這一類的犬隻散布在世界各地，並演化成巴仙吉犬之類的非洲犬、阿富汗獵犬之類的中東犬、以及北極附近的西伯利亞雪橇犬（哈士奇）等犬種。在這之後，由於人為的介入，開始出現所謂的純種犬。

　　一開始的契機，是因為人類想要培育出優秀的工作犬，於是選擇了特定的犬隻彼此交配，開始進行選擇性育種的工作。在此同時，人類也將所培育出的犬種應有的理想特徵加以列出，即演變成如今的犬種標準。能達到此種犬種標準的犬隻，就稱之為純種犬。

　　而另一方面，即使在沒有任何人為力量的介入下，某些特定區域也會產生當地才有的原生犬種。這一類的犬種在經過愛好者自行訂出犬種標準後，也可以申請成為純種犬。那麼，到底是由誰來決定哪些犬種是純種犬呢？

　　每個國家都有針對自己國內飼養的犬隻品種加以管理並掌握國內犬種現況的犬種團體。而另一方面，位在比利時的世界畜犬聯盟（FCI），則是負責認定世界上的各個犬種，並擁有多個國家的犬種團體加盟。FCI設立於1911年，當時認定的犬種僅有5種，而成員也僅有德國、奧地利、比利時、荷蘭、法國五個國家。第一次世界大戰時曾一度消失，但在1921年又再度成立，到2011年為止大約有80個會員國。

　　日本國內的日本畜犬協會（Japan Kennel Club，JKC）也是FCI的會員國之一，並以FCI認定的犬種做為日本國內的犬種依據。

◆邊境牧羊犬

邊境牧羊犬是非常優秀的工作犬，同時也是犬類運動競技中不可或缺的主角之一。牠們的祖先是西元8世紀移入英國的古老犬種，但意外的是直到1987年才獲得FCI承認。過去在英格蘭的邊境地區，曾有一隻名為老漢普（Old Hemp）的優秀牧羊犬，於是人們利用牠來育種。現今在邊境牧羊犬身上經常可以看到的招牌「潛行前進」姿勢，就是繼承自老漢普的特色。

◆巴仙吉犬

◆西伯利亞雪橇犬（哈士奇）

■25年內認定了300種犬種

若要讓FCI認定某種犬種，各國必須遵循FCI對犬種認定的規定，並提交該犬種是否在三代內沒有進行近親交配、繁殖作業的詳細狀況、犬隻的健康情形和行為等各項報告，向FCI提出犬種認定申請。1950年代到70年代之間，FCI總共認定了30多種犬種，而之後25年間，則認定了300種以上的犬種。到2011年為止，FCI認定的犬種數約400種，等待認定的犬種則維持在30種左右，經認定的犬種每一年都在新增中。雖然說經過FCI認定的犬種數是400種，但世界上仍有許多各地區獨有的犬種，因此專家認為全世界至少有1000種以上的犬種。此外，世界上最大的畜犬團體——美國畜犬協會（AKC）以及最古老的團體——英國畜犬協會（KC）都並非FCI的會員，因此有些犬種在某些國家並沒有受到認定，而且各國的犬種標準也有所不同，不同的畜犬團體間彼此有著微妙的差異性。FCI同時還規定，一個國家只能有一個畜犬團體可以成為他們的會員。

由於FCI以歐洲為根據地，因此與各國的現狀也會有些許差異。例如蘭西爾犬（Landseer），FCI將其認定為獨立犬種，但在美國和日本則認為牠只是紐芬蘭犬的毛色變種而已。而一般提到秋田犬，大家都知道指的是日本的秋田犬，但在美國則另有一種與秋田犬在外觀上有些許差異的美國秋田犬。為了避免犬種認定上的誤會，日本的秋田犬保存會提出申述，最後將美國秋田犬改名為巨型日本犬（Great Japanese Dog）。美國秋田犬其實與日本的秋田犬並非完全沒有關係，牠是當初駐紮在日本的美軍將秋田犬帶回美國後，以秋田犬為基礎所繁殖出的犬種，所以繼承了日本秋田犬的血脈。而在美國很受歡迎的白色牧羊犬，雖然是在北美洲培育出的新犬種，但由於瑞士也在對此犬種進行繁殖並提出申請，結果FCI就將此犬種認定為白色瑞士牧羊犬（White Swiss Shepherd）。

雖然不同的人或國家對純種犬的看法有很大的差異，但如何培育出與人類共同生活的最佳犬種，一直是大家都很重視的重要課題。

◆巨型日本犬
（美國秋田犬）

當初駐紮在日本的美國軍人將秋田犬帶回美國後，與獒犬或德國狼犬等深色犬種混種後培育而成，體型較日本秋田犬大。

選擇性育種的目的

■ 選擇性育種的目的與近年來的選擇性育種

所謂的選擇性育種，指的是為了實現特定目的，於是選擇符合理想、擁有優秀的性能或外型的犬隻，持續進行繁殖配種的方法。經過數個世代的選擇性育種之後，這些改良過後的犬隻性能或外型會逐漸穩定，最後固定成為某種犬種。

如果去查看FCI認定的各個犬種，會驚訝地發現我們熟知的純種犬只佔了其中一小部分而已，裡面還有很多其他我們完全不熟悉的犬種。不只如此，還有許多我們以為是同一犬種但實際卻是分屬不同犬種的犬隻，以及枝繁葉茂般的各種變種。近幾年來，由於犬隻在舊東歐國家越來越受歡迎，因此有不少被認定的犬種都來自那些國家，例如最近的可蒙犬（Komondor）、波蜜犬（Pumi）及庫瓦茲犬（Kuvasz）等畜牧犬。雖然這些犬種在東歐國家都擁有悠久的歷史，但因為如今已幾乎不需要牠們的工作犬特質，若牠們無法在寵物市場受到歡迎，或是無法在犬展或犬類運動競技中大放異彩的話，很可能會漸漸衰微而消失。因此我們也可以推測這些犬種的認定申請，或許是為了要讓牠們流傳到後世。

再以鬥牛犬這種過去在鬥犬場上很有名的犬種為例，由於牠們的鬥犬性質，鬥牛犬的脾氣非常兇暴。當法律禁止進行鬥犬活動後，有人認為身為英國國犬的鬥牛犬可能會因此而消失，為了避免這種情形發生，於是開始針對鬥牛犬進行選擇性育種，最後培育出個性溫和的犬種。而這也列入鬥牛犬的犬種標準內，因此鬥牛犬目前已經堂堂正正的屬於溫和犬種了。由此可知，配合不同的時空背景，有時候也必須進行選擇性育種。

由於日本在過去非常重視狩獵時獵犬的性能，因此在選擇性育種上也朝向這個方向發展，培育出擁有不同優秀性能的日本犬。而日本狆犬雖然也曾在某個時代進行過系統性的育種，但並未進行一般性的選擇性育種。

而目前被FCI認定的日本犬，雖然是以FCI的犬種標準為準則，但也綜合了原產地日本的犬種標準。這種情形不只是在日本，目前各國也都朝向「以原產國的標準為準則」的方向進行。原本每一個犬種都有其發展的歷史，牠們會發展出怎樣的性格與能力，本就與牠們所處的環境有關，因此這種作法也可以說是回歸到原點。加上犬隻是很容易適應環境的動物，一旦離開原產國，在國外當地經過數年的繁殖後，犬隻整體的型態很可能都會出現變化。例如原本生長在寒帶地區的犬種，牠們擁有很厚的下層絨毛，但若在溫暖的國家內持續進行數代的繁殖後，下層絨毛就會出現漸漸減少的現象，而離原本的犬種標準越來越遠。為了防止這種情形發生，有時候就必須選擇比較符合標準的犬隻，以選擇性育種繁殖後代。

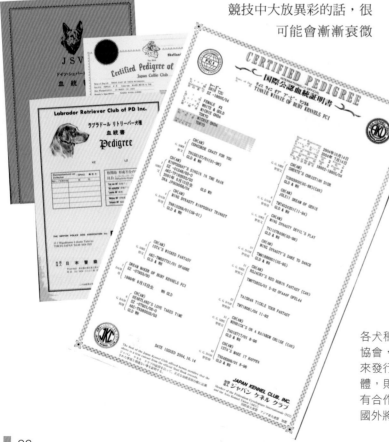

各犬種團體發行的血統書。像JKC這種管理所有犬種的協會，在發行已認定犬種的血統書時，是透過繁殖業者來發行。而像德國狼犬登錄協會這種管理單一犬種的團體，則只發行該犬種的血統書。若單一犬種團體與JKC有合作關係，則所發行的血統書可進行更換。此外，從國外將犬隻帶回國內時，也可以更換成國內的血統書。

由於對選擇性育種來說，交配雙方的犬隻身份非常重要，因此畜犬團體會發行血統書做為紀錄。血統書上登載的內容雖然在各團體間會有些許的差異，但一般而言會將前幾代祖先的犬隻姓名、得獎經歷、比賽成績等資料登載在血統書上。有些團體最近也開始將各犬種可能會有的遺傳性疾病檢查結果登記在血統書上，讓原本以家系、得獎經歷為主的血統書，轉變成包含有犬隻健康狀態的證明。

■ 雙純種雜交之選擇性育種

在日本，血統書是由日本畜犬協會發行，但也有很多國家是由特定的犬種團體針對該犬種發行血統書。例如德國，發行血統書的畜犬團體就有100多個，若是沒有所屬團體的純種犬，則依據FCI的標準，由德國畜犬協會（VDH）發行。也因為如此，誕生了蘭伯格犬（Leonberger）或歐亞犬（Eurasia）這一類符合時代的犬種。

蘭伯格犬的由來，是因為德國蘭伯格州的議員，為了想培育出外觀類似獅子型州徽的犬種，於是將紐芬蘭犬、聖伯納犬以及大白熊犬（庇里牛斯山犬）等犬種彼此交配，進行雜交育種後所培育出的犬種。而歐亞犬則是由鬆獅犬與德國狐狸犬交配後誕生的犬種。這種育種方式或許不能稱之為選擇性育種，而應該稱之為雙純種雜交。所謂的雙純種雜交，就是將兩種純種犬經過數代的交配繁殖後，培育出外型介於兩種純種犬之間的固定犬種。經常有人會把雙純種犬與雜交一代所產生的混種犬搞混，其實這是兩種完全不一樣的概念。雙純種雜交能提高工作犬的性能，所以自古以來就經常進行。而其中最具代表性的就是1980年代澳洲所培育出的拉布拉多貴賓犬（Australian Labradoodle），牠是為了協助對動物過敏的盲人而培育出的犬種，並花了30年才將牠的外型固定下來。培育這一類犬種的目的，還包括減少犬隻遺傳性疾病的發生，不過對於這一點也有人持反對意見，至於誰是誰非，則有待後世來評斷了。

◆ 拉布拉多貴賓犬

因美國歐巴馬總統欲飼養而聲名大噪的犬種。就如同牠的名稱，拉布拉多貴賓犬是由拉布拉多犬與貴賓犬雙純種雜交後所培育出的犬種，並花了30年才將此犬種的型態固定。從花費的時間看來，應該早已能獲得世界的認定，但直到2011年為止FCI仍未認定此犬種。不過由於當初培育的目的是為了當做導盲犬，因此這個犬種在做為協助犬和治療犬方面極受歡迎。

歐亞犬是德國最新的犬種，於1973年獲得FCI的認定。牠是由一位名為尤里烏斯·威伯福的男性愛犬家，將鬆獅犬與德國狐狸犬雜交後培育出的犬種。據說這位愛犬家是因為受到勞倫茲（Konrad Lorenz，奧地利動物行為學家。）所說「鬆獅犬和牧羊犬的混種犬氣質實在太棒了」這句話的感動與啟發，才培育出此犬種。

◆ 歐亞犬

染色體與遺傳基因

■ 犬隻的染色體數與郊狼和胡狼相同

　　所謂的染色體，是記載了生物體內各項生命訊息的物體，並由負責表現生物性狀的遺傳基因排列組合而成。每種動物都有固定的染色體數，例如貓的染色體數為38條，馬有64條染色體，犬隻則有78條染色體。順帶一提，人類的染色體數為46條，雖然狗的染色體數是人類的1.5倍，但兩者的長度幾乎相等。

　　由於狼、澳洲野犬、郊狼、胡狼的染色體數都和犬隻相同，這一點可以證明牠們擁有共同的祖先。此外，雖然狼或澳洲野犬能夠與犬隻進行繁殖是因為牠們的染色體數相同，不過有時候染色體數相同的動物間並非一定能進行繁殖，因此能夠與犬隻交配並產生後代的狼或澳洲野犬，在血緣上與家犬更為接近。

■ 遺傳基因的法則

　　遺傳基因內不同構造的遺傳密碼，是控制生物性狀的必要物質，而染色體就是遺傳基因的載體。犬隻體內約有四萬個遺傳基因，每一個基因所含的序列皆不相同。基因是由4個鹼基所組成，分別為腺嘌呤Adenine（A）、胞嘧啶Cytosine（C）、鳥糞嘌呤Guanine（G）、胸腺嘧啶Thymine（T）。每個基因所發出的命令都有其特定的性質與作用，若是某個鹼基發生變異時，通常可以在同一條染色體上的同一個位置（基因座）上發現。下一節所要介紹之遺傳性疾病的遺傳基因，就是透過這個方法發現的。

　　以犬隻來說，短毛的基因以L表示，長毛的基因以l表示。通常大寫英文字母代表的是顯性基因，小寫英文字母則代表隱性基因，也就是說短毛的基因屬於顯性基因，長毛基因則為隱性基因。兩者組合起來，會有LL、Ll及ll三種結果。其中只要有一個顯性基因，就會讓犬隻擁有該基因的表現，因此當犬隻擁有的基因是LL或Ll時，牠

就會是一隻短毛犬，而只有當基因是ll時，牠才會是一隻長毛犬。再進一步，LL又可稱為顯性同型合子，Ll可稱為顯性異型合子。由於長毛基因l在對應到顯性的L基因時並不會表現，因此L基因才是決定犬隻毛髮長短的基因。而一隻短毛犬所擁有的基因是LL還是Ll，光從外觀是無法分辨的，但在繁殖育種時，卻會出現截然不同的結果。

■ 透過犬隻基因組的分析瞭解人類疾病

　　2004年4月，以麻省理工學院的博德研究所為中心的國際研究團隊，開始進行犬隻基因組序列的分析。而選擇犬隻做為基因組分析對象的原因，無非是因為犬隻擁有非常多種的遺傳性疾病。

　　為了進行選擇性育種，犬隻變成一種在長時間下經常進行近親交配的動物。有些犬種甚至還可能在數量不到10頭的情況下進行繁殖，導致牠們的基因庫變得極為有限。而這種近親繁殖的行為，造成了犬隻擁有400種以上的遺傳性疾病。由於這些犬隻的遺傳性疾病人類幾乎都會發生，因此科學家們認為犬隻的基因組分析或許能有助於進一步瞭解人類的疾病和治療方法。

　　至於人類本身的基因組分析，雖然正在建立當地居民基因資料庫的冰島目前備受矚目，但是要蒐集跨越無數世代的人類家族史，仍是一項極為困難的工作。相對的，經過好幾個世代，血統卻仍然受限的犬隻，其遺傳基因就成了尋找致病基因的最佳研究對象。再加上人類基因中有75％與犬隻重複，現在已知的2萬4500個人類遺傳基因中，有1萬8500個（約75％）基因也存在於犬隻體內。

◆ 拳師犬

2004年麻省理工學院進行犬隻基因組序列分析的研究對象，是一隻名為塔莎的拳師犬。拳師犬是犬隻中遺傳基因變異最少的犬種，因此才選擇此犬種做為基因組分析的對象。（照片中的拳師犬並非塔莎）

◆ 混種丁格犬

將澳洲野犬與家犬交配後產生的後代，稱之為混種丁格犬，澳洲當地則直接稱為野犬（wild dog），或單純稱為混種犬。由於目前幾乎所有的澳洲野犬都已與家犬雜交形成混種犬，因此也演變成一個嚴重的問題。不過由於混種丁格犬的遺傳基因極為強勢，身體健康不容易得到疾病，平均壽命又長，因此也有人喜歡將牠們做為寵物飼養。

犬隻的遺傳性疾病

■ 不知不覺中逐漸增加的遺傳性疾病

　　由於犬隻在極為有限的基因庫中重複地進行繁殖，導致許多問題出現，而其中最嚴重的，就是患有遺傳性疾病的犬隻越來越多。所謂的遺傳性疾病，指的是造成疾病的遺傳基因，一代一代地遺傳給後代，既無法預防，也無法控制它不要發病。有的遺傳性疾病會造成犬隻身體健康極大的影響，甚至有可能造成死亡。儘管目前已知的犬隻遺傳性疾病有四百多種，但其中已找出致病基因的卻是少之又少。前一節所介紹的犬隻基因組序列分析，或許有助於發現這些致病基因，但目前為止仍有許多遺傳疾病是我們尚未明瞭的。

　　除了影響身體健康外，遺傳性疾病的另一個麻煩之處就是不容易發現。面對出現疾病症狀的犬隻，我們當然可以知道牠身上帶有疾病的遺傳基因，但若是犬隻毫無症狀，我們就無從得知牠身上是否有這些基因了。而不同的疾病其遺傳的方式也不盡相同，一般常見的是「體染色體隱性遺傳」（請參考右頁內容），也就是說，雖然親代帶有疾病基因，但所誕生的後代並不會發病，而是該種基因的帶原者。當兩隻都是帶原者的犬隻交配後，就有可能生下會發病的後代，再加上牠們還會生下其他不發病的帶原者，導致帶有疾病基因的犬隻越來越多。

■ 遺傳性疾病的檢查

　　要怎麼避免患有遺傳性疾病的犬隻不斷增加呢？最簡單的方法，就是不要讓帶有疾病基因的犬隻繁衍後代，這樣遺傳性疾病自然就會漸漸減少。歐美國家早在數年前就已經有針對遺傳性疾病的基因進行檢查的機構，並會將檢查結果載明在血統書上。有些國家還規定，若沒有血統書證明犬隻未患有遺傳性疾病，就不得進行交配繁殖。歐美各國和日本一樣，很少

◆ **查理士王小獵犬親子**
根據遺傳法則，親代與子代的毛色不盡相同。

表1

3：1的顯隱性法則		
	A	a
A	AA	Aa
a	Aa	aa

透過棋盤方格，可推測雙親的對偶基因如何組合。以此方式，也可以輕鬆得知表2之第二子代（F2）可能會出現的基因組合。

有一般飼主自行繁殖犬隻，因此對於不打算進行犬隻繁殖的飼主，也開始漸漸不發給血統證明書了。這也是一種避免讓毫無繁殖知識的人們任意進行犬隻繁殖的防範對策。

目前JKC已開始將好幾種遺傳性疾病的檢查結果載明於血統證明書上，且現在日本國內也有越來越多擁有遺傳性疾病檢查技術的私人公司登場。雖然這些公司還無法針對所有遺傳性疾病進行檢查，但像是髖關節發育不良、漸進性視網膜萎縮症、膝關節脫臼等多數犬種可能發生的遺傳性疾病，都可以進行檢查。檢查的方法極為簡單，只要用湯匙狀的刮杓在犬隻口腔內側刮取黏膜，再送交給檢查機構即可，一般飼主當然也可以委託他們進行檢查。

近年來也有不少繁殖業者開始自主性地檢查自家繁殖的犬隻是否患有遺傳性疾病，在大家的努力之下，讓遺傳性疾病漸漸減少已不再是遙不可及的夢想。

表2

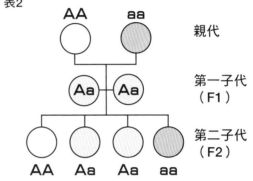

親代　AA　aa

第一子代（F1）　Aa　Aa

第二子代（F2）　AA　Aa　Aa　aa

當A基因的對偶基因為a時，AA稱為顯性同型合子，aa稱為隱性同型合子。當親代的遺傳基因分別為AA和aa時，會產下遺傳基因為Aa的子代，而基因同為Aa的子代互相交配後，則會產下帶有AA、Aa、aa三種遺傳基因的第二子代，比例為1：2：1。

表3　問題就在於當沒有症狀的帶原者互相交配時，一般人很可能以為會產下沒有症狀、身體健康的後代，但其實在生產的後代中，很有可能出現發病的犬隻。

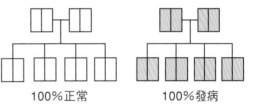

100%正常　　100%發病　　0%發病
50%帶原 50%正常

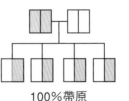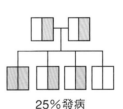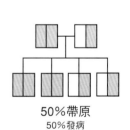

100%帶原　　25%發病　　50%帶原
50%帶原 25%正常　　50%發病

 正常　　 帶原　　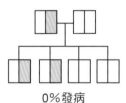 發病

會讓犬隻毛色出現混色（例如藍灰混色）的混色基因（merle基因）雖然屬於控制毛色的基因，但也與聽覺異常和小眼症有關，因此務必避免讓同為藍灰混色的犬隻彼此交配。

表4　所謂的疾病基因，指的是基因發生突變後，導致遺傳性疾病的發生。如下圖所示，相對於上排的正常基因序列，下排的基因序列則發生了變異，而那就是基因突變發生的位置。

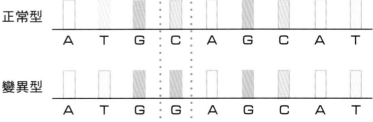

正常型　A T G C A G C A T

變異型　A T G G A G C A T

牧羊犬競賽

牧羊犬競賽是以牧羊犬趕羊能力進行競技的一種比賽。歐美國家經常趁著舉行全國性邊境牧羊犬犬展的同時辦理預賽，而日本則是由牧羊犬愛犬俱樂部在各地舉行比賽。

第2章
犬隻的身體構造
澈底解說犬隻身體的各個構造

監修／立川動物醫院　　　太刀川史郎
　　　小野動物醫院　　　　小野裕之
　　　AC PLAZA薊谷動物醫院
　　　葛西橋分院　　　　　白井活光

身體各部位名稱

犬隻身體的各部位名稱

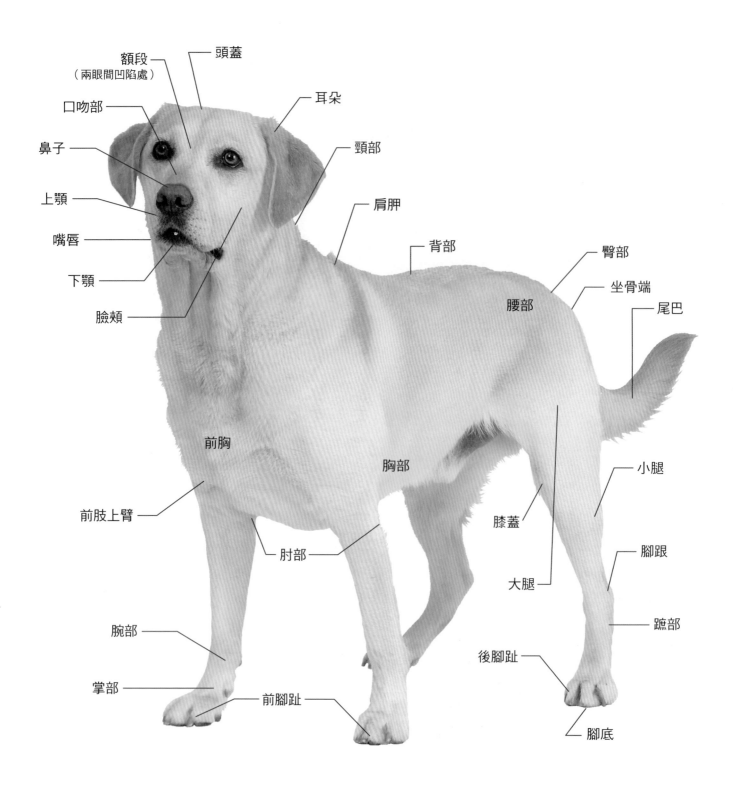

額段（兩眼間凹陷處）

頭蓋

耳朵

口吻部

鼻子

頸部

上顎

肩胛

嘴唇

背部

臀部

下顎

坐骨端

臉頰

腰部

尾巴

前胸

胸部

小腿

前肢上臂

膝蓋

腳跟

肘部

大腿

腕部

蹠部

後腳趾

掌部

前腳趾

腳底

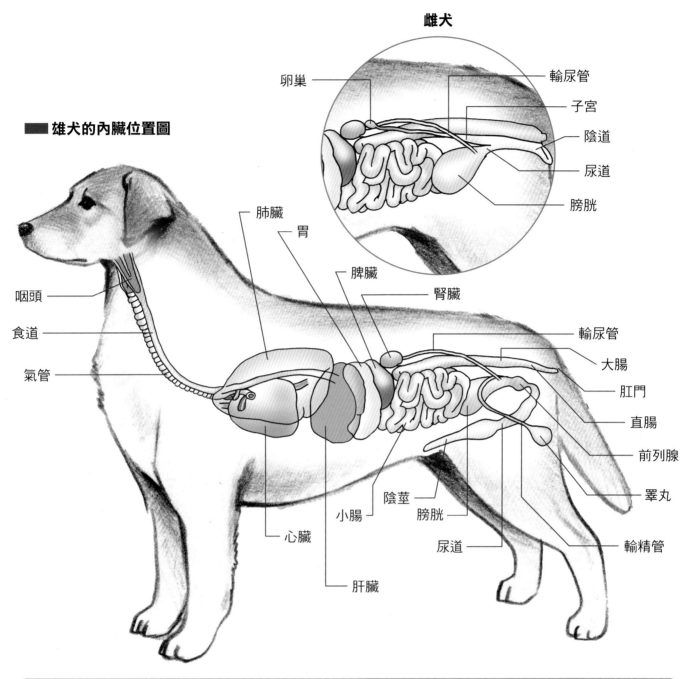

雌犬

卵巢
輸尿管
子宮
陰道
尿道
膀胱

■ 雄犬的內臟位置圖

肺臟
胃
脾臟
腎臟
咽頭
食道
氣管
輸尿管
大腸
肛門
直腸
前列腺
睪丸
輸精管
陰莖
小腸
膀胱
尿道
心臟
肝臟

■ 消化器官的位置

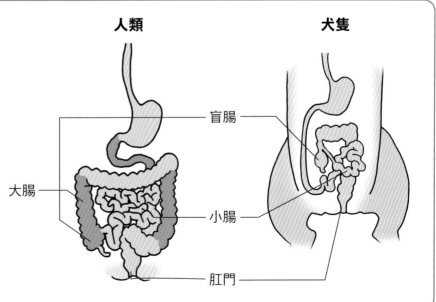

動物的消化器官會根據牠們所吃的食物種類而有不同的型態。牛、馬之類的草食動物，由於需要長時間來消化植物纖維，因此擁有較為發達的消化器官。而相反地，肉食動物消化食物的過程就簡單許多，因此消化器官較不發達。至於像人類這種雜食動物，則介於草食和肉食之間。已經家畜化的犬隻，擁有比狼稍微長一點的腸道。此外，左圖的人類消化器官中，塗成紅色的部分會附著在腹壁上，而犬隻的消化器官則與腹壁完全分開。

人類　**犬隻**

盲腸
大腸
小腸
肛門

骨骼

■ 關於骨骼

犬隻的體型與外觀，在不同犬種間有很大的差異性，但骨頭的基本數量是一樣的。小型犬與大型犬的骨骼成長速度也大不相同。當犬隻邁入性成熟期後，骨骼會停止成長，而由於大型犬的性成熟期來得比較晚，因此擁有比較長的骨骼成長期。

■ 犬隻骨骼解剖圖

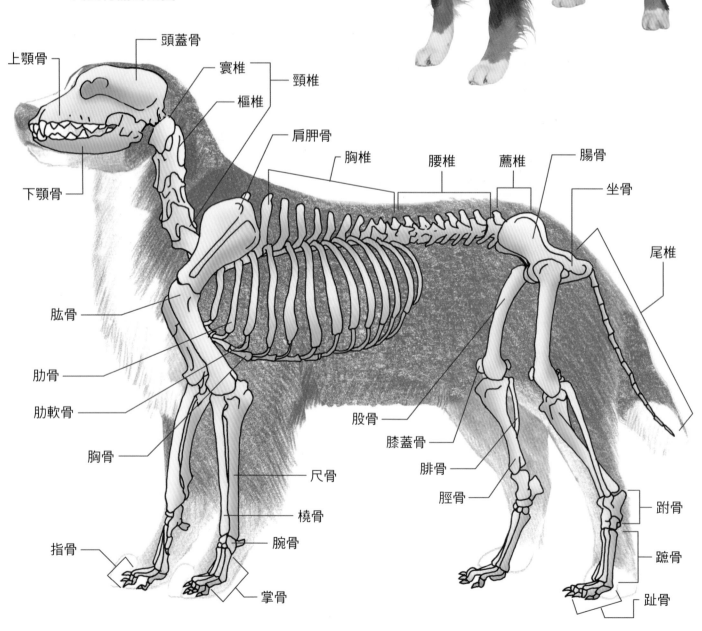

頭蓋骨
上顎骨
寰椎
頸椎
樞椎
肩胛骨
胸椎
腰椎
薦椎
腸骨
坐骨
下顎骨
尾椎
肱骨
肋骨
肋軟骨
胸骨
股骨
膝蓋骨
腓骨
脛骨
跗骨
尺骨
橈骨
蹠骨
指骨
腕骨
趾骨
掌骨

若想透過選擇性育種來培育出小型犬，有兩種方法可行。一個方法是讓犬隻整體的骨骼漸漸小型化，例如約克夏犬或吉娃娃犬。另一個方法是讓腳骨縮短和膝關節增大，讓犬隻體型縮小的侏儒化，例如臘腸犬或巴吉度獵犬就是這一類的犬種。

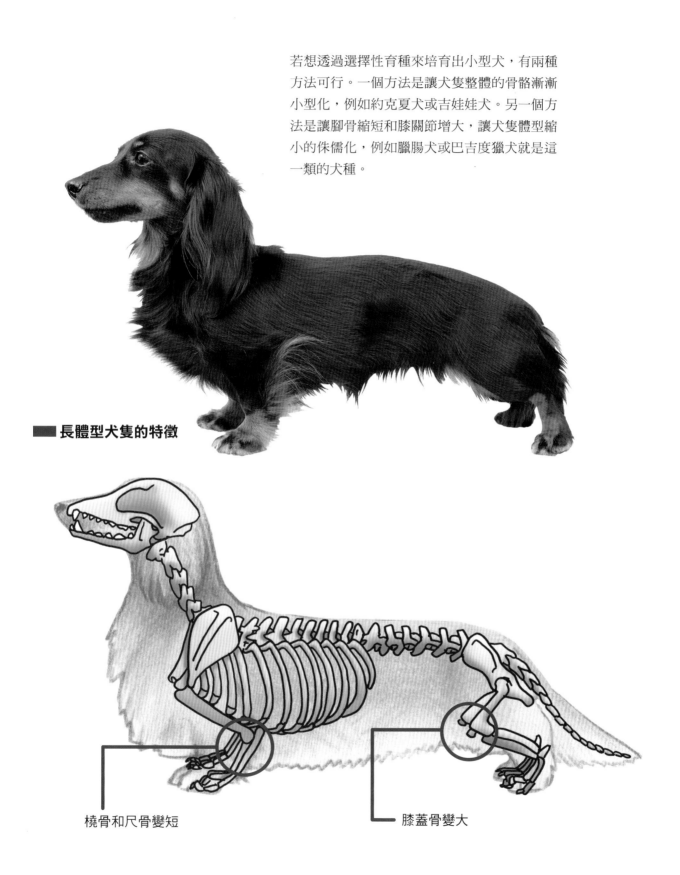

■ 長體型犬隻的特徵

橈骨和尺骨變短

膝蓋骨變大

肌肉

■ 關於肌肉

　　犬隻肌肉的功能與人類幾乎完全相同，支撐身體及運動。但犬隻骨骼肌的數量比人類多，且後肢肌肉極為發達，遠非人類所能相比。由於這些發達的肌肉，犬隻擁有驚人的瞬間爆發力與跳躍能力。

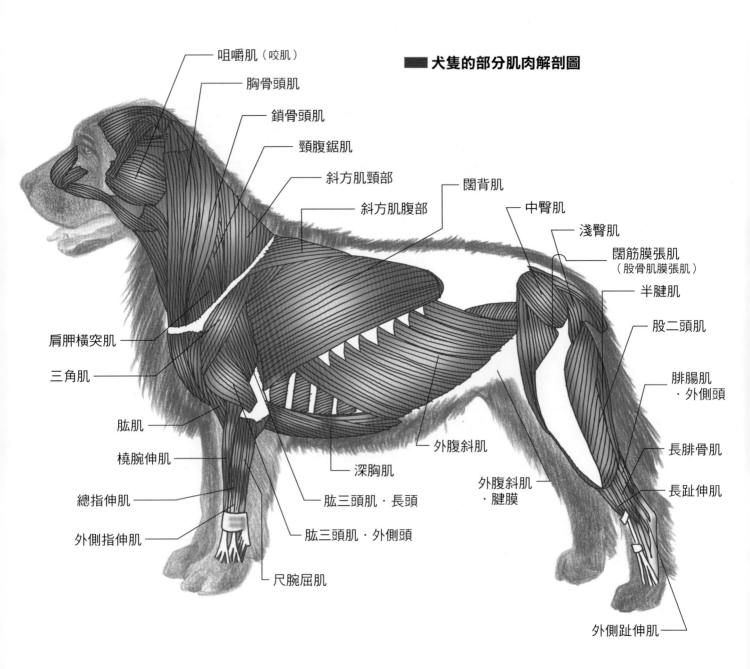

■ 犬隻的部分肌肉解剖圖

咀嚼肌（咬肌）
胸骨頭肌
鎖骨頭肌
頸腹鋸肌
斜方肌頸部
斜方肌腹部
闊背肌
中臀肌
淺臀肌
闊筋膜張肌（股骨肌膜張肌）
半腱肌
股二頭肌
腓腸肌・外側頭
長腓骨肌
長趾伸肌
外側趾伸肌
外腹斜肌・腱膜
外腹斜肌
深胸肌
肱三頭肌・長頭
肱三頭肌・外側頭
尺腕屈肌
外側指伸肌
總指伸肌
橈腕伸肌
肱肌
三角肌
肩胛橫突肌

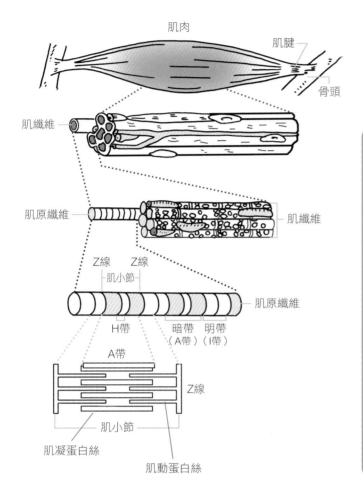

骨骼肌是由多個又稱作肌纖維的肌細胞所組成、外圍並包覆有肌膜。肌細胞為多核細胞，每個肌細胞裡有數百個細胞核，再往細部觀察，可發現肌細胞是肌原纖維的集合體。

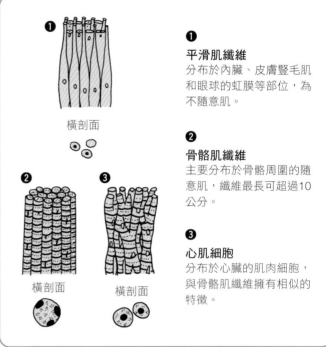

❶ **平滑肌纖維**
分布於內臟、皮膚豎毛肌和眼球的虹膜等部位，為不隨意肌。

❷ **骨骼肌纖維**
主要分布於骨骼周圍的隨意肌，纖維最長可超過10公分。

❸ **心肌細胞**
分布於心臟的肌肉細胞，與骨骼肌纖維擁有相似的特徵。

獵狐犬（Foxhound）
擁有高比例I型肌肉纖維的代表犬種，能長時間的奔跑。

靈堤（Greyhound）
II型肌肉纖維的比例高，擁有短距離高速奔跑的能力。

　　受運動神經作用的骨骼肌不只一種，依不同的分類方法可以分成好幾種肌肉，其中一種是以纖維的類型來進行分類。身體能運動是靠肌肉收縮，而緩慢收縮的肌肉為I型，快速收縮的肌肉則為II型。I型的肌纖維收縮力較弱，但能抵抗疲勞。根據最近的研究顯示，不同的犬種間肌纖維的組成也會有所差異，而犬隻體內I型纖維和II型纖維的組成比例雖然是由遺傳決定，但已有實驗證明透過訓練也可以改變肌肉的組成比例。

腦與運動器官

■■ 腦與運動器官的關係

　　腦部擁有許多功能，而對犬隻來說極為重要的運動機能，也與腦部有著密切的關係。一般提到運動能力，通常會聯想到肌肉或骨骼的健康狀態或能力，但事先了解腦部與運動器官的關聯性也極為重要。

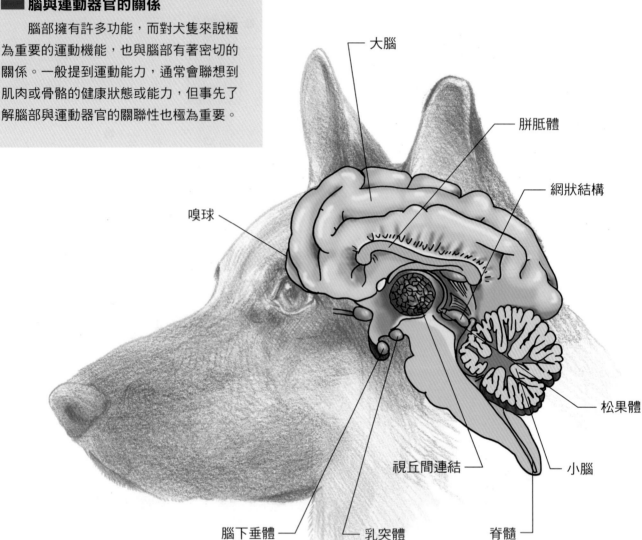

大腦

胼胝體

網狀結構

嗅球

松果體

視丘間連結

小腦

腦下垂體

乳突體

脊髓

■■ 腦部決定運動能力

　　犬隻的腦部中，大腦負責學習、感情和行動控制，小腦則負責協調運動。那麼要怎麼把得到的情報累積下來呢？有兩種方法可以辦到，一個是條件反射，另一個則是學習，兩種方法都需要靠腦神經系統的運作才能完成。犬隻的腦內有數十億個神經元，神經元與神經元之間有超過一萬條以上的神經迴路彼此連結，並透過神經傳導物質進行情報交換。

　　而負責協調學習與本能的大腦邊緣系統，則與情緒性的行為息息相關。面對某種狀況發生時該採取主動式或是被動式的反應、表達能力、情緒反應、邏輯思考與自信心等，都是大腦邊緣系統的功能，而且還能感知到奇妙、怪異或預料不到的現象。

　　一般提到犬隻的運動能力，通常會聯想到是由發達的肌肉或強壯的骨骼來決定運動能力的好壞，但其實並非僅此而已，運動能力與腦部息息相關，再加上犬隻的行為極容易受到情緒左右，因此若想提昇犬隻的學習能力或運動能力，就必須了解犬隻的情緒與感覺。

◆ 腦部的感覺與運動區域

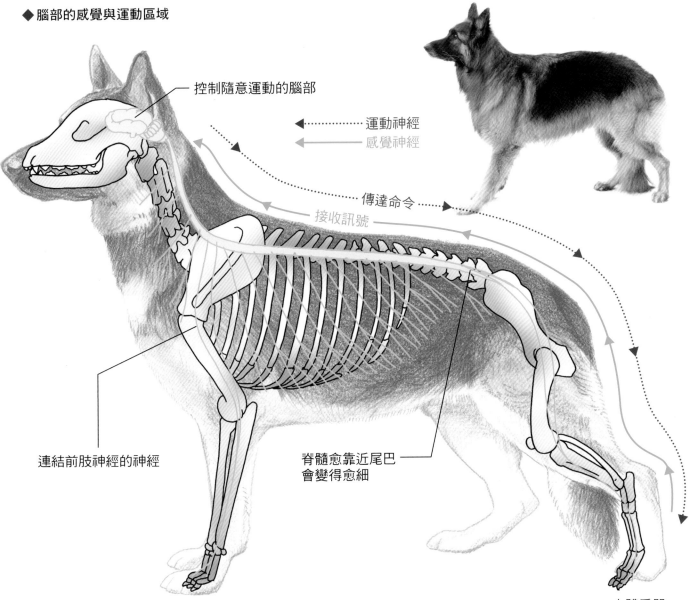

控制隨意運動的腦部

運動神經
感覺神經

傳達命令
接收訊號

連結前肢神經的神經

脊髓愈靠近尾巴
會變得愈細

本體受器
（對伸展動作
產生反應）

■ 優秀的隨意運動

　　犬隻能做出比人類更出色的隨意運動，這是因為犬隻出生時所擁有的隨意運動能力就比人類發達得多。所謂的隨意運動，是指以自己的意志所控制做出的運動，是隨意肌在接收來自大腦皮質的刺激後產生收縮所引起的運動。與隨意運動緊密相關的是遍佈犬隻體內的末梢神經，末梢神經藉由數百萬條的神經纖維，將腦部發出的訊號傳達給肌肉纖維。

　　本體受器分布在韌帶、肌腱、關節和皮膚等處，能感受到觸壓覺、痛覺等外界刺激與身體內部的狀態（如肌腱的長度、關節的位置等）。有了這些感受器，動物才能接收與傳送體內必要的資訊，調整身體的姿勢與協調運動。當肌腱的位置不對或身體突然遭到拉扯時，本體受器為了調整這種身體不平衡的狀

態，就會發出必要的訊號，並將訊號傳送給脊髓與腦部的中樞神經，中樞神經在接收到這些訊號後，會再發出命令讓身體做出適當的反應。例如地面上有一個大洞，當腳踏向地面卻踩空的一瞬間，就會馬上將腳收回來，這就是體內情報交換的結果。

　　當中樞神經接收到位於肌肉、肌腱或韌帶深處的本體受器所發出的訊號後，會對訊號加以分析，並發出讓肌肉收縮或伸展的命令，使身體做出適當的對應姿勢或運動，最後讓四肢回到平衡狀態。而感受刺激及產生反應的速度快慢，則是由神經系統內的傳導速度來決定。另外，由於不同的犬種間其神經傳導速度有所差異，可得知神經傳導速度是受到遺傳因素所左右的。

關節與韌帶

■關節與韌帶的構造

　　所謂關節，指的就是骨頭與骨頭連接的部分，連接兩個骨頭的稱為單關節，連接三個以上骨頭的則稱為複關節。如右下圖所示，不同部位的關節其外形與移動方法也有所不同。若是讓關節過度移動導致韌帶過度拉扯而受傷，稱之為扭挫傷，而當關節連接的兩個骨頭脫離原有位置時，則稱為脫臼。這一類骨頭或肌腱的損傷，通常是因為激烈運動、突然的動作、或是長時間運動過度導致肌肉疲勞所造成，但近年來則有越來越多的病例與遺傳性因素有關。而隨著犬隻年齡增長，因關節腔內滑液減少、骨頭互相摩擦所導致的關節炎病例也有增多的趨勢。此外，肥胖也是造成關節損傷的病因之一。

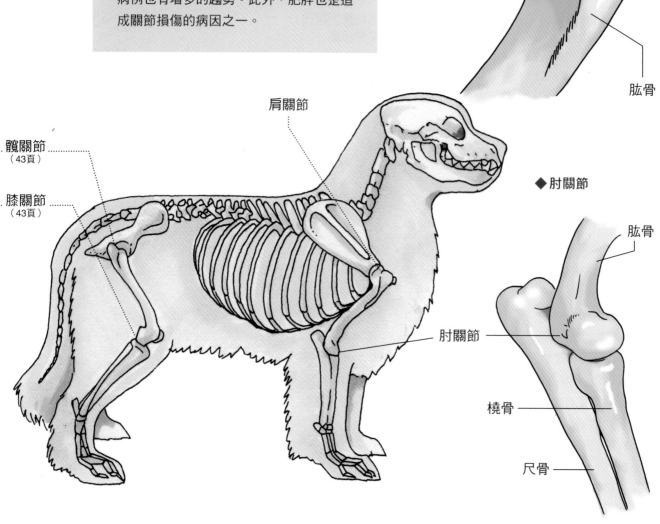

◆肩關節

肩胛骨

肱骨

髖關節
（43頁）

膝關節
（43頁）

肩關節

◆肘關節

肱骨

肘關節

橈骨

尺骨

關節與韌帶常見疾病

退化性關節炎

　　由於關節軟骨退化變形所造成的疾病，症狀包括不喜歡走動、跛行、腳踏在地面上時會出現不自然的動作等。

【原因】雖然發病的真正原因並不清楚，但一般認為是因為關節軟骨隨著犬隻年齡老化而退化變形，最後導致關節無法自然地運動。除了老化，肥胖的犬隻或雪橇犬這類關節長時間承受過重負擔的犬隻，也有很高的發病率。這一類的關節炎稱之為原發性關節炎。相對於原發性，次發性關節炎的病因，除了可能因為骨折導致骨頭位置發生偏移，骨頭與骨頭間無法完全密合外，其他包括股骨頭缺血性壞死、髖關節發育不全、骨軟骨病或前十字韌帶斷裂等也都是病因之一。

◆ 關節囊

關節囊是一種包覆在關節周圍的構造，內部含有滑液及軟骨、韌帶等組織，可幫助關節順利移動。

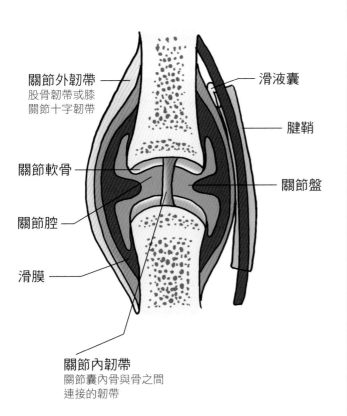

關節外韌帶
股骨韌帶或膝
關節十字韌帶

滑液囊

腱鞘

關節軟骨

關節盤

關節腔

滑膜

關節內韌帶
關節囊內骨與骨之間
連接的韌帶

◆ 狗腳與人腳的差異

犬隻是用四肢步行的動物，前進的推進力幾乎全是由後腳發出，因此與用兩腳步行的人類在腳部構造上有很大的差異。犬隻平常走路時，都是用人類所謂的踮腳方式在走路。

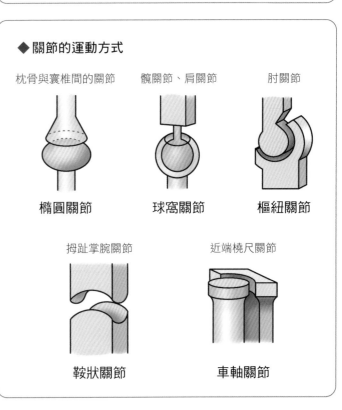

脛骨

腓骨

蹠骨

近端趾骨

中端趾骨

遠端趾骨

◆ 關節的運動方式

枕骨與寰椎間的關節　　髖關節、肩關節　　肘關節

橢圓關節　　球窩關節　　樞紐關節

拇趾掌腕關節　　近端橈尺關節

鞍狀關節　　車軸關節

關節與韌帶常見疾病

前十字韌帶斷裂

【原因】後肢膝關節的前十字韌帶斷裂是犬隻常見的關節問題。造成斷裂的原因眾說紛紜，但突然而激烈的運動、老化、體重過重造成韌帶負荷過大等原因，都有可能使得韌帶容易發生斷裂。此外，膝蓋骨容易脫臼的犬隻，也會因重複性的習慣性脫臼而讓韌帶容易斷裂。

【症狀】韌帶斷裂後，由於後肢無法承受體重，犬隻會將後腳抬起不願接觸地面。在斷裂初期雖會感到疼痛，但過一段時間後疼痛會消失，因此看起來似乎沒有立即動手術的必要，但若是不儘早加以處理，可能會留下步行異常的後遺症。前十字韌帶斷裂的治療方法基本上以外科手術為主，有多種手術方法可以修復膝關節，但一般採用的都是強化關節外側的方法。

膝蓋骨脫臼

【原因】膝蓋骨脫臼的症狀可以分成四個等級，一般可透過外科手術等方法加以治療。不同等級有不同的治療方式，雖然飼主可與主治獸醫師討論後再決定是否需為犬隻進行手術，但最好還是儘早接受手術，以免犬隻因為老化而讓脫臼的關節變形，導致修復手術不易施行。膝蓋骨脫臼與遺傳有很大的關係，若犬隻的雙親都曾有這個疾病的病史，那生下的犬隻也會有可能發生，為了預防發病，應避免讓犬隻在容易打滑的地面上活動，同時也要避免讓牠從高處跳下來。

【症狀】當後肢膝關節中的膝蓋骨脫離了它原本所處的「滑車溝」位置時，就叫做膝蓋骨脫臼。膝蓋骨可能往內側旋轉或外側旋轉，而分成內側脫臼和外側脫臼。內側脫臼因為膝蓋下方會往內側旋轉而導致犬隻的後肢變成O型腿，外側脫臼則因為膝蓋下方往外側旋轉而會導致犬隻的後肢變成X型腿。發生脫臼後的主要症狀為疼痛和腫脹，但有時犬隻可以靠著伸展後肢而自行將膝蓋骨復位，而使得飼主沒有發現，若經常重複這種狀況，犬隻很可能會因為膝蓋骨越來越容易脫臼而導致症狀惡化。

髖關節發育不全

【原因】因髖關節變形而使得後肢行走不便的疾病，經常發生在大型犬，但近幾年來在小型犬也有病例出現。雖然大部分的病例都與遺傳有關，但最近有研究發現犬隻身處的飼養環境也有很大的影響。例如犬隻在發育期時過度肥胖，除了可能會讓髖關節的骨頭與軟骨因為負擔過重而造成骨組織的變形外，犬隻出生後60日內軟組織的過度發育也會影響到髖關節的穩定性。而此病會經常發生在大型犬的原因，也很可能是因為大型犬在成長期體重增加的速度比小型犬快上許多。正確的診斷需要靠X光檢查來診斷，但並非每一家動物醫院都具備此病的診斷能力，必須尋找專科的動物醫院來進行適當的檢查。

【症狀】犬隻後肢的股骨頭原本是緊密嵌合在坐骨的髖臼窩中，但若是髖臼窩的凹槽過淺，或是股骨頭有變形的情況，就會使得股骨頭無法穩定地置放於髖臼窩內。雖然在出生後的6個月內不會有明顯症狀，但不久之後犬隻就會出現討厭上下樓梯、須花較長的時間才能站起或是走路的姿勢怪異等症狀。

【治療】選擇治療方法時，必須考量犬隻的年齡和疾病進行的狀況等各種因素再決定要用內科或是外科療法。症狀輕微時可採取內科療法以及嚴格的運動限制，若症狀較為嚴重時，則需使用消炎藥和止痛劑來緩解犬隻的疼痛，同時限制運動與維持靜養。若內科療法無法有效緩解症狀，就必須採取外科療法。由於此病與遺傳因素極為相關，最好的預防方式還是避免讓患有此病的犬隻繁殖下一代。而即使是同一胎的犬隻，也會因餵食的方式不同而有極為不同的發病率，因此飼主在犬隻的幼犬時期務必

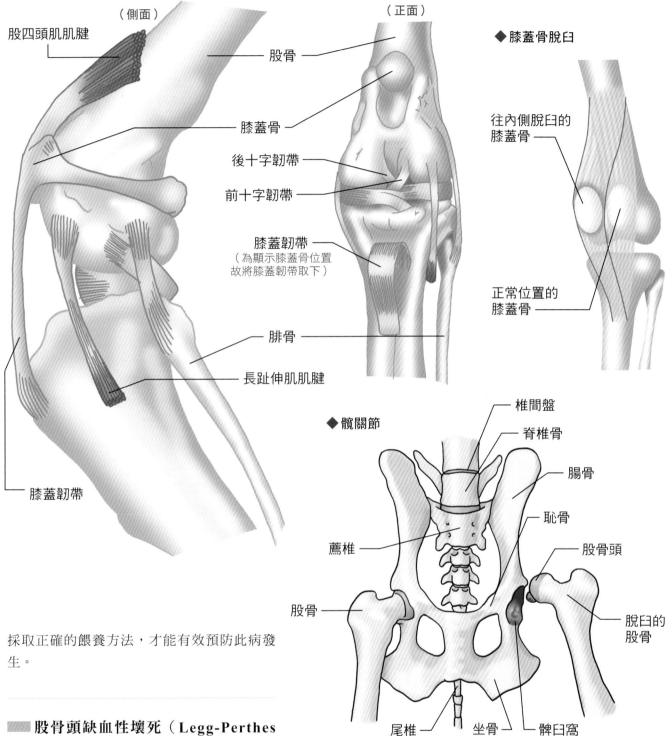

◆膝關節

（側面）

股四頭肌肌腱

（正面）

股骨

膝蓋骨

後十字韌帶

前十字韌帶

膝蓋韌帶
（為顯示膝蓋骨位置
故將膝蓋韌帶取下）

腓骨

長趾伸肌肌腱

膝蓋韌帶

◆膝蓋骨脫臼

往內側脫臼的
膝蓋骨

正常位置的
膝蓋骨

◆髖關節

椎間盤

脊椎骨

腸骨

恥骨

股骨頭

脫臼的
股骨

薦椎

股骨

尾椎

坐骨

髖臼窩

採取正確的餵養方法，才能有效預防此病發
生。

股骨頭缺血性壞死（Legg-Perthes Disease）

【原因與症狀】此病症是因為髖關節的股骨頭
血液供應不足，而造成骨頭發生變形、壞死
的疾病。大部分發生在4～12月齡的小型犬身
上，且多數只發生在單側後腳。症狀為後腳
突然出現跛行，之後大腿肌肉逐漸萎縮、股骨
變形並持續跛行狀態。造成股骨頭缺血的原因
雖尚未明瞭，但有研究指出可能與遺傳因素及
營養不良有關。診斷方式為X光檢查，但在疾

病初期或併發膝蓋骨脫臼時，則不易在第一次
檢查就診斷出來。症狀輕微時限制犬隻的行動
讓牠們多休息可有所改善，但若症狀加重且讓
犬隻休息也不見好轉時，則必須以外科手術治
療。手術的方法是將壞死的股骨頭切除，讓它
形成新的假關節，只要手術方法得當，犬隻一
般都可以回復到行走自如的生活。

骨骼與肌肉常見疾病

■ 骨折

【原因】骨頭因外力的作用而折斷的狀態稱為外傷性骨折，若骨折的部分刺穿皮膚而造成周圍組織受傷則稱為開放性骨折。近年來犬隻因為從高處落下或交通事故等突發性的意外所造成的骨折病例有增加的趨勢。此外，營養不良、佝僂病、骨感染、腫瘤等原因也會造成病理性骨折。

【症狀】依骨折部位的不同，犬隻會表現不同的症狀，不過由於大部分的骨折都發生在四肢部位，因此最常見的症狀是疼痛造成的跛行。若飼主沒有察覺到犬隻的症狀而延誤治療，可能會因為患部神經血管的損傷或肌肉血液循環不良，造成肌肉或骨折端壞死。

■ 骨發育不全

【原因】因骨骺端的軟骨部分形成塊狀，導致骨頭變形的疾病。由於四肢的骨頭均發生變形，因此犬隻並不會出現嚴重的跛行，導致經常有飼主沒發現自己的愛犬患有此病。會造成此病症的原因大部分與遺傳有關。

【症狀】由於骨骼變形使得關節的負擔加重，患犬比正常犬隻容易感到疲勞。此病症沒有治本的治療方法，若關節尚未出現嚴重問題，犬隻仍可正常生活，但若症狀較為嚴重，則可用外科方式切除增生的骨化部位來緩解症狀。

■ 骨軟化症

【原因】犬隻因過度的營養或發育速度太快等原因，使得軟骨部分的血管發育追不上身體成長的速度，導致軟骨部分在僅受到極小的外力時也會產生裂痕，或是骨骺形成棘狀。

【症狀】發炎反應所產生的液體會蓄積在關節部位，導致關節的可動範圍變窄，犬隻會出現跛行症狀。

■ 骨感染

【原因】因傷口感染等原因，讓細菌沿著血流感染到骨頭部分的疾病。雖然犬隻的骨頭對感染擁有很強的抵抗力，但已知有好幾種細菌可造成骨頭感染發炎。

【症狀】若骨頭發生急性感染，則感染部位會出現腫脹和發熱症狀，若是全身症狀，則會有高燒、食慾減退、體重減輕等症狀出現。急性感染時需投與抗生素進行治療，若是慢性感染，則有時也必須採取外科療法加以治療。

■ 多發性肌炎

【原因】全身的骨骼肌發生發炎現象，導致肌肉無力的一種疾病。此病可能伴隨著全身性紅斑性狼瘡這一類的自體免疫疾病一起發生，或是因感染或藥物造成。

【症狀】初期的症狀為跛行和肌肉無力，有些犬隻也會出現疼痛症狀。當疾病進行一段時間後，就會出現步行困難、肌肉萎縮等症狀。若食道的肌肉出現症狀時，可能會有吞嚥困難的情形出現。若已確定是因為感染而造成，則針對感染症加以治療，但若是不明原因的特異性疾病，則必須使用免疫抑制等內科療法。

■ 肌營養不良症

【原因與症狀】骨骼肌出現變性和肌肉無力的遺傳性疾病。症狀包括肘部外轉、兔跳的步行方式、四肢及頭側肌肉萎縮等，到6個月齡時則會出現肌肉無力症狀。至今仍無有效的治療方法。此病症的致病遺傳基因位於X染色體上，主要發病在雄犬，雌犬則為基因帶原者。

■ 重症肌無力症

【原因】當神經要將刺激傳導給肌肉時，會釋放出一種名為乙醯膽鹼的化學物質。若乙醯

膽鹼的釋放出現異常，神經訊號就無法順利傳送至骨骼肌，而會導致肌肉無力的症狀出現，這就是重症肌無力症。發病的原因可能是先天性或後天性，先天性疾病可能發生在萬能㹴（Airedale Terrier）、傑克羅素㹴（Jack Russell Terrier）、軟毛獵狐㹴（Smooth Fox Terrier）、英國激飛獵犬（English Springer Spaniel）等犬種。若在幼犬時期發病，病情進展快速時甚至會造成全身麻痺。後天性的重症肌無力症則會發生在任何犬種，大多是局部症狀，可能伴隨胸腺瘤、肝臟腫瘤、肛門囊腫、骨肉瘤、皮膚型淋巴腫瘤等病一起發生。

扭傷、挫傷

【原因】挫傷可分成肌肉挫傷和肌腱挫傷，肌肉挫傷指的是肌肉因為拉傷而使得肌纖維或肌膜斷裂，造成跛行、疼痛、或肌肉局部腫脹等症狀。扭傷也是肌肉挫傷的一種，通常是指韌帶因過度拉扯而受傷。嚴重的扭傷可能導致韌帶炎或肌腱炎。

【治療】若透過X光檢查確定並非骨折或脫臼等骨骼損傷時，可先讓犬隻維持靜養，在籠子或圍欄等限制的活動空間內休息。發熱腫脹的部位在受傷後的24小時內可用冰袋進行冰敷，若經過一日患部仍感疼痛的話，則改用熱敷緩解疼痛。

肌腱損傷

【原因與症狀】若肌腱因過度伸展或長時間負擔過重，就有可能造成肌腱發炎。若肌腱周圍的腱鞘也發炎，則稱為肌腱滑膜炎。兩者都會造成犬隻跛行和患部腫脹。大部分會造成肌腱受傷的原因是因為突然而激烈的運動，但若犬隻平常運動過多，讓肌腱長期處在緊張狀態，也很容易讓肌腱發炎。在犬隻的運動競技賽中，為了讓犬隻集中精神，通常會在出賽前將犬隻放在運輸籠內，但這樣很容易導致肌腱受

傷，應該先讓犬隻熱身後再進行運動，才能避免這種情形發生。

【治療】讓犬隻在籠內維持靜養，並幫患部進行冰敷。若不只肌腱受傷，連肌肉或關節也出現腫痛症狀時，則在受傷當時先用冰敷處理，之後再改用熱敷。

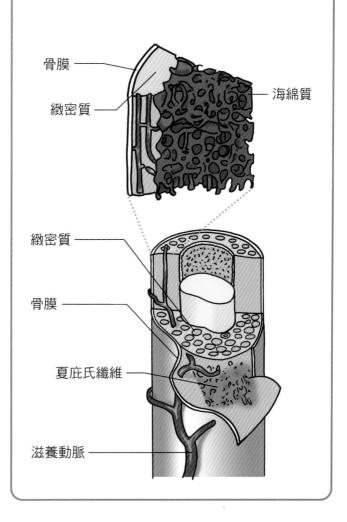

◆ **骨骼的結構**

骨骼一般分成「骨膜」、「軟骨質」、「骨質」和「骨髓」四個部分。「骨膜」是除了關節軟骨與肌肉附著處之外，包覆在骨表面，富含感覺神經與血管的膜狀結締組織。在骨骺處連結關節囊，並以夏庇氏纖維附著於骨骼上。「骨質」分為「緻密質」和「海綿質」，長骨的骨幹部分由堅固的緻密質組成，中間為骨髓腔，腔內為骨髓。骨髓分成紅色骨髓及黃色骨髓，紅色骨髓擁有造血機能。

骨膜
緻密質
海綿質
緻密質
骨膜
夏庇氏纖維
滋養動脈

眼睛與視覺

■ 眼睛的構造

從外觀看來，犬隻的眼睛有上、下眼瞼，眼瞼柔軟，上下完全分離，有大量的色素沈積，而為了保護眼球，眼瞼上生長有許多睫毛。眼瞼內側的粉紅色黏膜稱為結膜，上眼瞼的後方為淚腺，分泌的眼淚能溼潤角膜。眼瞼內側的角落（內眼角）有鼻淚管通往鼻腔，並在鼻腔內有開口。

除了上、下眼瞼之外，犬隻尚有第三眼瞼（瞬膜），通常隱藏在下眼瞼後方，無法從外觀上直接看到。第三眼瞼的主要功能是保護眼球，它擁有類似雨刷的功能，能清除進入眼睛的異物。

接著是角膜，也就是人類戴隱形眼鏡時的部位。角膜是犬隻體內唯一的完全透明組織，擁有保護水晶體的功能。角膜內皮分為四層，從外而內分別為角膜上皮細胞層、基底膜、角膜實質層及戴氏膜（Descemet's membrane）。

【明朗氈】

即所謂的照膜，是位於視網膜後方的細胞層，人類並沒有這層組織。照膜能反射極微弱的光線並傳導至視神經，因此若在夜間用光線直射犬隻的眼睛，會發現牠們的眼睛在發光。幫犬隻照相時若有使用閃光燈，就會發現牠們的眼睛在發光，這也是因為照膜反射閃光燈的緣故。

■ 犬隻的視覺

眼睛是接收光線訊號的器官，當光線通過角膜和類似鏡片功能的水晶體後，會投射到眼球最深處的視網膜上並形成影像。視網膜上有一億個以上的感光細胞，將所接收的光線訊號轉換成動作電位傳送至大腦，由大腦產生「看到東西」的視覺。一般來說，動物的視覺功能可從「視力」「色覺」「光覺」「眼球屈折率」「形態視覺」「動態視覺」「視野」「立體視覺」等方面來進行評估。

【視力】

所謂的視力，是指眼睛分辨物體外形及細節的能力。犬隻的視力測定，可利用電子儀器針對每一度角度中能分辨出多少黑白相間條紋的數量，來測定犬隻的視覺能力。視力的單位為cpd（cycles perdegree），人的視力為3.6 cpd，犬隻的視力約為人類的1/3。簡單來說，人類可以分辨條紋狀的襯衫花樣，而對犬隻來說，就只是素色的襯衫而已。

【色覺】

色覺是指眼睛能否辨別所接收的外界光線是什麼顏色的能力。光是電磁波的一種，可用波長來表示從紅色～紫色的連續光譜。其中380～770 nm為可視光，而人類對於430 nm、530 nm、560 nm附近的波長特別敏感，因此可以辨別以藍色、綠色、紅色為基調的顏色。相對於人類，犬隻能感知的波長為429～435 nm及555 nm，因此犬隻對於人類看到的紫色～藍紫色會看成藍色，黃綠色、黃色和紅色會看成黃色，藍綠色則會看成白色或灰色。也就是說，犬隻無法辨別綠色、黃綠色、黃色、橙色、紅色的不同。但是對於灰色和黃綠色之間的差異，犬隻的辨別力則比人類還優秀。

【光覺】

光覺是能夠分辨光線強弱的感覺能力，主要是由感光細胞的感光度來決定這項功能，而眼睛的感光度在明處與暗處也會有所差異。一般而言，犬隻的感光度比人類高出約1000倍，因此犬隻即使身處黑暗也能行走自如。

【眼球屈折率】

所謂眼球屈折率，指的是為了讓光線在視網膜上成像，應該要用多少度數的鏡片才能達到這個目的。屈折率基本上是由角膜和水晶體來決定，而大部分的犬隻都有度數不深的近視

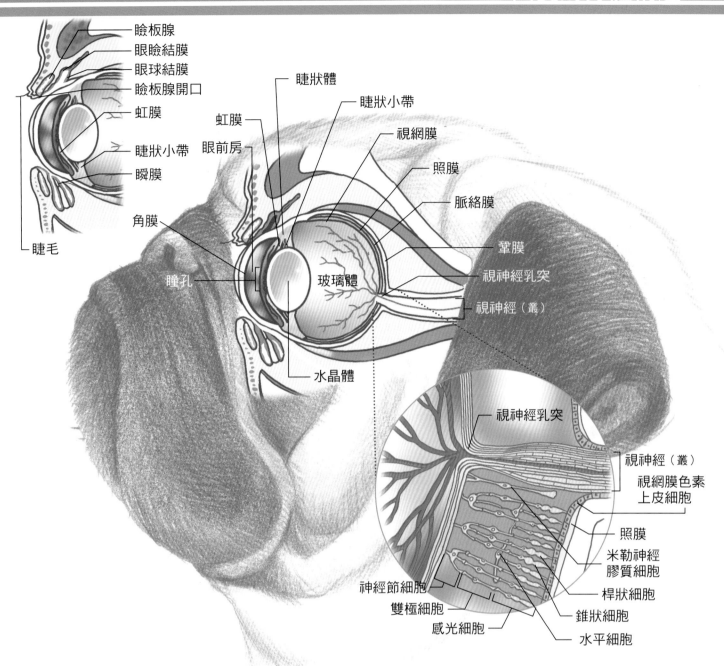

瞼板腺
眼瞼結膜
眼球結膜
瞼板腺開口
虹膜
睫狀小帶
瞬膜
睫毛

睫狀體
睫狀小帶
虹膜
視網膜
眼前房
照膜
脈絡膜
角膜
鞏膜
瞳孔
玻璃體
視神經乳突
視神經（叢）
水晶體

視神經乳突
視神經（叢）
視網膜色素上皮細胞
照膜
米勒神經膠質細胞
桿狀細胞
神經節細胞
錐狀細胞
雙極細胞
感光細胞
水平細胞

眼，不過巴哥犬和鬥牛犬這一類短吻犬種則是遠視眼。

【形態視覺】

　　形態視覺指的是辨別物體外形的能力。由於犬隻的視力大約只有人類的1/3，因此若只靠犬隻的視覺，牠們只能辨認出「這個物體是人」，而不容易辨認出「這個人是不是飼主」。

【動態視覺】

　　動態視覺是指視線對於移動中物體的追蹤能力，也就是眼球或頭部捕捉動態影像的運動協調能力。比起人類對於靜物的認知能力，犬隻擁有更高的動態認知力，但還是比不上貓的動態視覺。

【視野】

　　人類的眼睛位於臉的正前方，通常是以雙眼來捕捉物體的影像，這種視覺稱為雙眼視覺，視野約為100度。而犬隻的眼睛則分別位於鼻子（臉部中心線）左右偏20度的位置，因此不只使用雙眼視覺，還包括了以單眼視物的單眼視覺。犬隻雙眼視覺的視野為限定於頭部前方的60度，以及單眼視覺的視野90～120度。

【立體視覺】

　　所謂立體視覺指的是辨別物體遠近之間差異的視覺能力。若要評估犬隻的立體視覺，可讓犬隻上下樓梯或走在有高度落差的地面，觀察牠是否能夠辨認地面的遠近來調整自己的步伐。

眼睛常見疾病

結膜炎

【原因】細菌、真菌、病毒、寄生蟲的感染，或是免疫異常、異物跑到眼睛裡等等，有很多原因可能造成結膜炎。若結膜炎的症狀只發生在單眼，則通常是因為睫毛刺到眼睛這種物理性的原因。若兩眼皆出現症狀，就可能是因為感染或過敏等全身性疾病所造成。

【症狀】結膜會充血發紅，加上犬隻會因為眼睛癢而搔抓，使得眼睛周圍腫起，有時會分泌大量的眼屎或眼淚。若病程進展迅速，可能會嚴重影響視覺。由於青光眼和葡萄膜發炎的初期症狀結膜也會充血，因此鑑別診斷顯得非常重要。

白內障

【原因】高齡型、幼年型、糖尿病型、外傷性等多種原因都可能造成水晶體變白混濁，藥物或輻射也是可能的原因之一，若白內障病程持續進展，有可能會導致犬隻失明。幼年型白內障幾乎都與遺傳有關，通常在犬隻未滿一歲或兩歲時發病。

【症狀】水晶體在白內障的初期會局部性變白混濁，但由於其他部分仍是透明的，因此並不影響視覺。若白內障持續惡化，混濁區會逐漸變大，導致犬隻視力漸漸下降，而會出現走路撞到物體或柱子的情況。白內障嚴重時，將導致犬隻完全失明。

角膜炎、角膜潰瘍

【原因】包括睫毛刺激角膜、與其他犬隻打架或互咬而受傷、雜質、砂石或洗毛精等外在刺激物傷害到角膜、細菌或病毒感染、代謝異常等原因，都有可能導致角膜受傷或發炎。若角膜炎持續惡化波及到角膜深處時，就會因為嚴重發炎而導致角膜呈現潰瘍和缺損狀態。

【症狀】角膜炎或角膜潰瘍的症狀很多，包括犬隻的眼睛外觀異常、用腳搔抓眼睛、用臉摩擦地上、畏光（看到光線會瞇起眼睛）、經常眨眼、眼屎增加、一直流淚等等。若持續惡化，則會發現結膜充血、眼瞼痙攣或腫脹、增生的血管延伸到角膜表面等現象。

青光眼

【原因】因遺傳、外傷或腫瘤等原因，導致眼壓升高、視野變窄的疾病。若病程持續進行，則會出現眼球劇痛、瞳孔持續放大等症狀，嚴重時會併發角膜炎及結膜炎，若未及時治療可能會導致失明。犬隻一旦發病，就必須終生持續治療。

【症狀】犬隻罹患青光眼時，會出現眼球浮腫、眼珠呈現藍綠色或紅色、眼睛充血、討厭別人碰觸自己的頭部、嘔吐、食慾變差等症狀。若持續惡化，則還會出現視力減退、眼球劇烈疼痛、眼球變大凸出等症狀。

葡萄膜炎

【原因】虹膜、睫狀體、脈絡膜三者合在一起，就稱為葡萄膜。當葡萄膜因外傷、感染、角膜潰瘍等原因而發炎時，就稱為葡萄膜炎。不論造成葡萄膜炎的原因是什麼，當此病持續惡化時，會導致白內障或青光眼發生。

【症狀】若葡萄膜發生炎症反應，會讓眼球因虹膜收縮及痙攣而出現劇烈疼痛。角膜後方的眼前房會有混濁、出血現象。大部分患犬的眼壓會降低，進一步惡化後可能會失去視力。

乾性角結膜炎

【原因】此病又稱為乾眼症，因為眼淚的分泌量減少或淚膜成分不佳，導致眼球乾燥、角膜或結膜發炎。乾眼症的病因包括先天性、炎症

性、神經性、免疫性等原因,突發性的乾眼症也經常發生。

【症狀】就如同角膜炎或結膜炎的症狀,眼睛會發癢、充血、眼屎增加,隨著病程進行,角膜會失去透明度,結膜也會紅腫增厚,若進一步惡化則可能造成角膜缺損甚至失明。

視網膜剝離

【原因】因先天性因素或發炎、意外等原因,使部分或整個視網膜從眼底剝落的疾病,嚴重時可能會造成失明。因症狀不明顯,經常會有犬隻在飼主沒發現的情況下持續惡化,導致病況嚴重。

【症狀】犬隻會因為視力減退而經常在步行途中撞到物體,並因此變得不喜歡活動。由於此病症狀不明顯,常常是在檢查其他眼科疾病時偶然發現此病。

眼瞼內翻、眼瞼外翻

【原因】眼瞼內翻是指眼瞼往眼球方向向內側翻入的異常狀態。由於角膜持續受到眼瞼及睫毛的刺激,使得角膜非常容易發生角膜炎或角膜潰瘍。幾乎所有的眼瞼內翻都與遺傳有關,在犬隻6個月齡即可確認是否得到此病,大部分發生在短吻犬種。

　　相反地,眼瞼外翻則是眼瞼向外翻出的異常狀態,幾乎只發生在下眼瞼。由於角膜或結膜暴露在外,導致容易發炎或潰瘍。若發生在臉皮鬆弛的犬種則多半是先天性因素造成,但也可能因外傷而發生。

【症狀】通常可以觀察到犬隻眼睛出現奇怪的反應、用腳去摩擦或搔抓眼睛、眼瞼周圍紅腫發炎等症狀。眼淚或眼屎的分泌量也會異常增加。

溢淚症(淚溢)

【原因】因角膜炎或結膜炎等原因使得眼淚分泌量增加,或是淚液無法順利排出等原因,導致淚水無處可排放,不斷從眼睛溢出的疾病。眼睛周圍肌肉的收縮力不夠或是鼻子方面的問題也可能造成此病。

【症狀】眼睛周圍的毛髮因不斷流出的淚水而呈現髒污狀態,尤其是白毛犬的眼睛周圍會變成茶褐色而看起來非常明顯。而隨著眼淚一同流出的眼屎可能造成皮膚紅腫及溼疹,若不加以治療,也可能導致結膜炎發生。

【瞼板腺阻塞】

【原因】瞼板腺位於眼瞼,是一種會分泌油脂的腺體。當瞼板腺發炎時,就會造成瞼板腺阻塞。此病通常發生在過敏體質的犬隻,發炎時可能是單一腺體發炎,也可能是好幾個腺體同時發炎

【症狀】瞼板腺發炎可能會造成眼瞼周圍長出粉刺或疣狀的小突起、眼瞼底部紅腫導致眼睛不易睜開、眼屎和眼淚分泌量增多等症狀。犬隻還可能因為發癢而用腳搔抓眼睛或在地面磨蹭臉部,導致角膜受傷發炎。

耳朵與聽覺

■ 耳朵的構造

犬隻的耳朵可以分為三個部分,分別為外耳(耳殼、外耳道)、中耳(鼓膜、聽小骨、耳咽管、鼓室、鼓室泡)及內耳(耳蝸、前庭、半規管)。耳殼的主要構造為軟骨,外圍包覆著皮膚,功能是收集聲音。外耳道分為垂直耳道和水平耳道,是聲音傳到鼓膜的通道。耳朵的表面構造與皮膚相同,上皮內含有毛囊、皮脂腺、耳垢腺(頂泌腺,apocrine gland)等附屬器官,真皮則富含彈性纖維和膠原纖維。

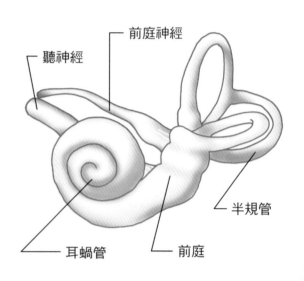

聽神經　前庭神經

半規管

耳蝸管　前庭

【外耳】

外耳是由耳朵外側的耳殼(即一般我們所知的耳朵外觀)與通往鼓膜的外耳道所組成。耳殼是哺乳動物特有的結構,擁有收集外界聲音的功能。而犬隻與人類不同的地方,是耳殼的左右側擁有多條肌肉,因此能夠活動自如。另一個不同點則是犬隻的外耳道分為垂直耳道和水平耳道,兩者互相垂直形成L型。

【中耳】

外耳與中耳的分界點為鼓膜。從鼓膜開始,加上聽小骨、鼓室及耳咽管等部分,即為中耳。聽小骨是三塊小骨的總稱,分別為鎚骨、砧骨及鐙骨,鎚骨與鼓膜相接,能讓鼓膜保持張力。耳咽管(又稱為歐氏管)則是與咽喉相通的管道,能調節外耳與中耳之間的壓力差,平衡中耳內的壓力。

【內耳】

內耳為頭蓋骨內的複雜器官,其中負責聽覺的耳蝸,內部包括基底膜(也稱為振動板)與感應振動的柯蒂氏器。內耳還有一個非常重要的功能,就是由前庭及半規管負責身體的平衡感覺,它們能感覺身體的平衡狀態及細微的動作,幫助身體保持平衡。內耳的前端與聽神經相連,聽神經分為掌管聽力的耳蝸神經與掌管平衡的前庭神經,負責將接收到的訊號傳遞給大腦。

■ 犬隻的聽覺

所謂聲音的傳導,就是將聲音產生時所造成的空氣振動(=音波)加以傳導。犬隻的耳殼就如同音波的收集器官,當音波進入耳殼後,振動就會透過外耳道內的空氣傳導至鼓膜。鼓膜將所接收的振動傳達給緊鄰的鎚骨及其他聽小骨,再傳導到耳蝸,造成耳蝸內部的淋巴液產生振動,耳蝸內的纖毛細胞感應到振動後,透過耳蝸神經將訊號傳送給大腦中樞,完成辨認聲音的機制,產生聽覺。

■ 可聽音域與音源探查能力

我們都知道犬隻能聽到的聲音頻率,比起人類的可聽音域(約20赫茲～20,000赫茲)高出好幾倍,但不同的檢查機構所測出的數值卻十分零散。另一方面,犬隻對於聲音來源的探查能力也是人類的兩倍,因此不論從哪方面來看,犬隻的聽覺都明顯比人類優秀許多。

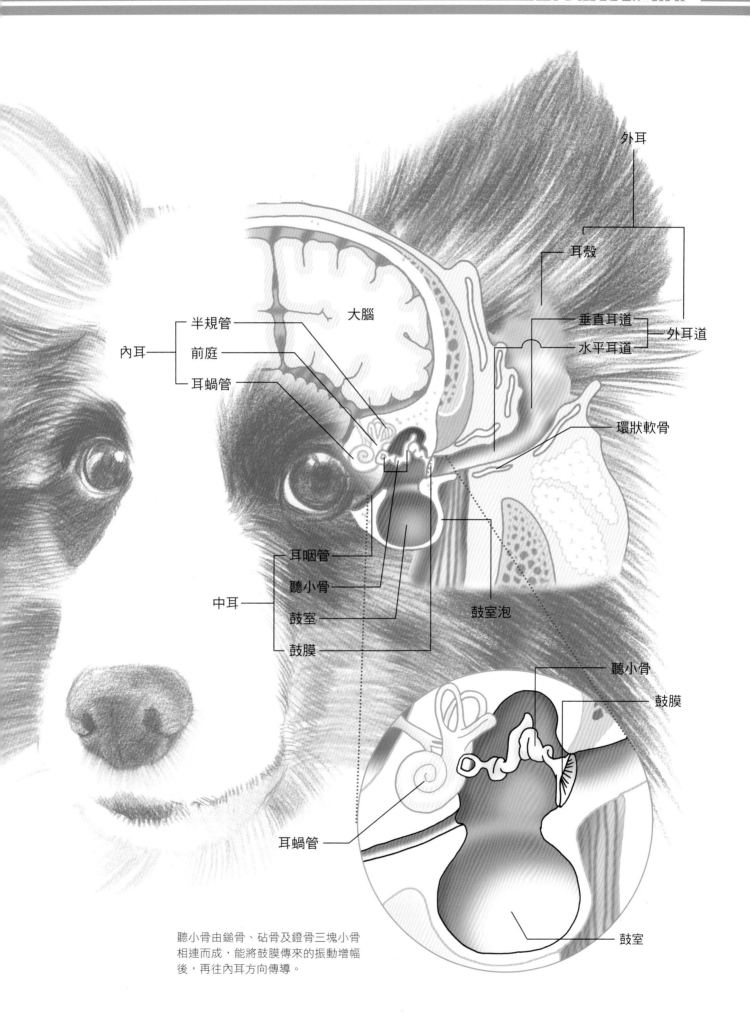

外耳

耳殼

垂直耳道
水平耳道

外耳道

大腦

半規管

內耳　前庭

耳蝸管

環狀軟骨

耳咽管

聽小骨

中耳　鼓室

鼓膜

鼓室泡

聽小骨

鼓膜

耳蝸管

鼓室

聽小骨由鎚骨、砧骨及鐙骨三塊小骨
相連而成，能將鼓膜傳來的振動增幅
後，再往內耳方向傳導。

耳朵常見疾病

外耳炎

【原因】外耳炎是指耳殼與外耳道（垂直耳道及水平耳道）上皮層發炎的現象。造成外耳炎的原因非常多，大部分是細菌、真菌、寄生蟲感染或過敏造成，洗澡或游泳後水份殘留在耳內也是發病的原因之一。而錯誤的清耳朵方式（例如用力地挖耳朵）也可能導致外耳炎。另一方面，有些犬種比較容易發生外耳炎，例如耳道內毛髮過多的犬種、垂耳犬種或易胖體質的犬隻等，必須多加注意。外耳炎若不加以治療，會讓外耳道的皮膚增厚、耳道變窄，並可能併發中耳炎或內耳炎。由於外耳炎經常伴隨著搔癢症狀，犬隻會不斷搔抓耳朵，很可能導致耳朵附近的皮膚受傷及發炎。

【症狀】外耳炎可簡單分為急性及慢性外耳炎，由於外耳道的皮膚有發炎現象，因此會伴隨著搔癢或疼痛症狀。犬隻會不斷搔抓耳朵、耳朵下垂、歪頭和經常甩頭，一有人碰觸耳朵附近就會低吼或想咬人。

【引起外耳炎的原因】

◆ 耳疥蟲感染

耳疥蟲體長約0.3～0.4公釐，是寄生在外耳道中的一種壁蝨，棲息在外耳道上皮的角質層表面，靠著耳道內皮膚代謝產生的物質、組織液及耳垢為食，在裡面成長及繁殖。感染耳疥蟲後，耳朵內會產生很多黑色黏稠狀的耳垢、發炎、以及極度的搔癢。

◆ 異位性皮膚炎

異位性皮膚炎是造成犬隻慢性外耳炎的最常見原因，犬隻若患有異位性皮膚炎，外耳炎經常是率先出現的症狀。初期的症狀為耳根及垂直耳道出現紅腫現象，接著症狀往水平耳道擴散，同時會產生大量的耳垢。

◆ 皮脂漏症

皮脂漏症是指皮膚出現皮脂分泌過多以及過度角化的狀態。原發性皮脂漏症通常與遺傳因素有關，繼發性皮脂漏症則是因犬隻過敏或脂質代謝異常所造成。甲狀腺功能不足、腎上腺功能過高、性荷爾蒙失調等也是造成皮脂漏症的原因，發病犬隻會有外耳炎的情形，並伴隨著大量耳垢產生。

◆ 免疫性疾病

患有「落葉型天疱瘡」、「血管炎」、「冷凝球蛋白血症／冷凝纖維素原血症」等免疫性疾病的犬隻，耳殼會出現膿疱、糜爛、痂皮、壞死等症狀。

內耳炎

【原因】位於耳朵深處的內耳發生炎症反應時，即稱為內耳炎。大部分發生在患有慢性外耳炎、中耳炎或牙科疾病的犬隻身上，高齡犬也有較高的發病機率。原因不明的內耳炎也經常發生，有人認為或許與氣壓或天氣等外在因素有關。

【症狀】內耳發炎的情形若波及到不同的神經，會導致不同的神經症狀出現，例如平衡感覺異常、步伐不穩、原地打轉繞圈甚至摔倒等運動失調症狀。也可能出現聽力下降、發燒、反胃、嘔吐等症狀，甚至出現眼球震顫、顏面神經麻痺等情形。若未及時加以治療，則犬隻可能會癲癇發作，甚至死亡。

中耳炎

【原因】外耳發炎的情況若持續往中耳進展，就可能發生中耳炎。此外若鼓膜因某些原因破裂、或犬隻因感冒而感染到病毒或細菌時，也會使發炎反應擴散到中耳而發病。

【症狀】犬隻的耳朵不會發癢，但會產生劇烈疼痛，因此變得非常排斥他人碰觸牠們的耳朵。犬隻會出現發燒、咽喉腫脹等症狀，還可能因病情惡化導致中耳蓄膿、鼓膜破裂而聽力

下降，甚至出現神經麻痺等情況。只靠症狀並不容易確診中耳炎，有時是在外耳炎的治療過程中才發現犬隻得到此病。

耳血腫

【原因】當犬隻因外耳炎、耳疥蟲感染或過敏等原因造成外耳搔癢時，會經常用腳去搔抓，導致耳殼因血液或組織液蓄積而腫脹，這種情形就叫做耳血腫。犬隻之間因打架造成耳朵受傷，或是因免疫異常造成血管內液體滲出和蓄積，都有可能導致此病發生。腫脹的耳殼會出現發熱、疼痛或搔癢等症狀。

【症狀】耳殼部分會膨脹腫大，腫脹的耳朵會輕微發熱並伴隨疼痛症狀，因此犬隻常常會變得很討厭別人碰觸牠的耳朵。大部分發生在單側耳朵，但有時也會兩耳同時出現症狀。

◆ 產生大量耳垢的外耳炎

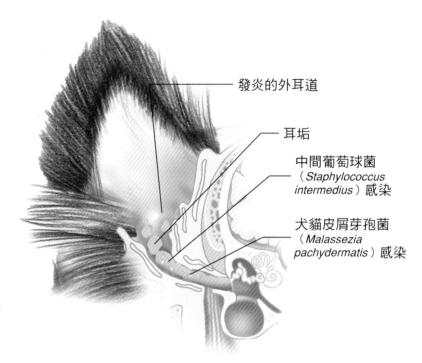

發炎的外耳道

耳垢

中間葡萄球菌
（*Staphylococcus intermedius*）感染

犬貓皮屑芽孢菌
（*Malassezia pachydermatis*）感染

◆ 化膿性外耳炎

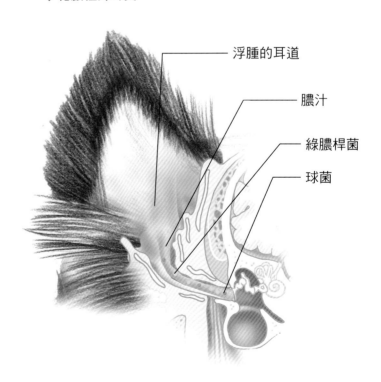

浮腫的耳道

膿汁

綠膿桿菌

球菌

鼻子與嗅覺

■ 犬鼻的構造

犬隻鼻子的構造遠比人類複雜許多，犬隻的外鼻孔由鼻翼包圍，分為鼻前庭和鼻腔，鼻前庭會分泌淚液和鼻腺的分泌液，能溼潤鼻子表面，這些分泌液還有助於將進入鼻腔的異物運往咽喉部位。人類的鼻前庭長有鼻毛，並擁有皮脂腺和汗腺等構造，而犬隻則沒有。

犬鼻和人鼻的另一個不同點，是犬隻的鼻腔裡，充滿了一種皺摺狀的構造，是由背側鼻甲骨、腹側甲骨和篩骨迷路所圍繞而成。藉由這個皺摺構造，不管是多淡的氣味犬隻都能聞到。當空氣和氣味分子進到鼻腔內後，會在腹側鼻甲骨中緩慢地移動而獲得充分的溼度和溫度，之後這些分子會進到篩骨迷路內再度緩慢地移動，嗅覺細胞會收集這些氣味分子，並傳送給大腦中的嗅球。

再來就是犬隻鼻子的鼻樑比人類長，鼻腔也比人類大，因此裡面分布了非常多的嗅覺細胞，人類鼻腔內的嗅覺細胞約500萬個，犬隻鼻腔內的嗅覺細胞則有2億個以上。順帶一提，犬隻鼻子的表面擁有極為複雜的紋路，跟人類的指紋一樣，每一隻狗的鼻紋都是獨一無二的。

【鋤鼻器（賈可布森器）】

犬隻擁有一種名為鋤鼻器（賈可布森器）的嗅覺輔助器官，雖然人類和靈長類也擁有這種器官，但卻幾乎沒有作用。鋤鼻器從上顎門齒的後方一直往內部延伸，與鼻顎管相連，它並非一般的嗅覺器官，而是能感覺費洛蒙類物質的特別器官，主要能偵測繁殖活動相關的氣味，以及辨別不同的犬隻個體，並將這些資訊傳送給腦部。

■ 犬隻的嗅覺

犬隻的嗅覺與其他的感覺器官不同，從出生起的那一瞬間就已能發揮功能，據說比人類的嗅覺還要優秀100萬倍～1億倍。而這種優秀的嗅覺，並非表現在感覺氣味的距離和強度，而是能夠嗅出濃度極為微小的氣味。儘管犬隻的嗅覺能力比人類優秀，但在不同的犬隻間所擁有的嗅覺能力和嗅味方法也大為不同，例如嗅獵犬（scent hound）能聞出地面上殘留的氣味並進行追蹤，因此屬於間接型嗅覺，而波音達獵犬（pointer）則可以直接分辨浮游在空氣中的氣味分子，所以被稱為直接型嗅覺。犬種間的嗅覺能力也有差異，一般而言，短吻犬種的嗅覺能力就比較差，這種差異並非因為嗅覺細胞的數目不同，而是因為嗅覺黏膜的大小不同所致。

【犬隻的呼氣與吸氣】

犬隻優秀的嗅覺是基於牠們大面積的腹側鼻甲骨和篩骨迷路以及鼻腔內的皺摺狀結構，但除此外，在牠們的呼氣與吸氣動作中，還有一個加強嗅覺能力的祕訣。那就是犬隻不像人類一樣吸進與呼出的氣體會在鼻腔中混合在一起，犬隻的鼻腔與咽喉之間有鋤骨突出阻隔，因此吸進與呼出的氣體不會混在一起，讓鼻腔可以充分嗅出只存在吸氣中的氣味分子。

【為什麼犬隻的鼻子會溼溼的】

犬隻的鼻子與淚腺和外側鼻腺相連，因此位於外鼻孔入口附近的鼻腺開口所分泌出的液體以及從鼻淚管流出的淚水會讓犬隻的鼻頭經常保持溼潤，而牠們經常用舌頭舔舐鼻頭的動作也會使鼻頭維持溼潤狀態。這些液體能將進入鼻腔的異物運往咽喉，同時也有助於捕捉空氣中的氣味分子和掌握風向。而位於鼻子中央的上唇溝，據說也有助於讓鼻子常保溼潤狀態。

雖然有一種說法是說犬隻的鼻頭若呈現乾燥狀態就表示身體健康情況變差，但牠們在睡覺和放鬆狀態時，鼻頭也會變乾，這是因為睡

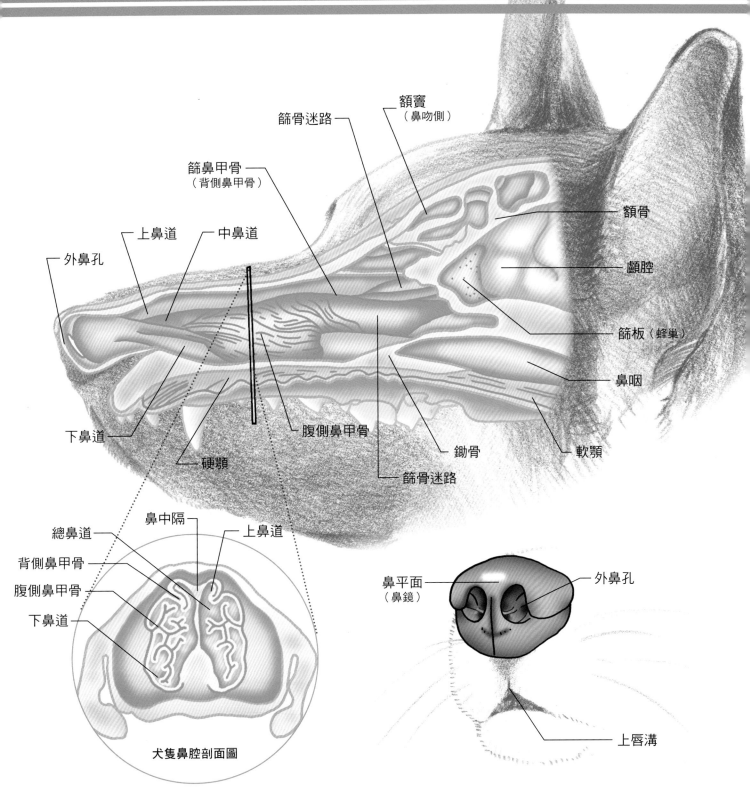

篩骨迷路

額竇
（鼻吻側）

篩鼻甲骨
（背側鼻甲骨）

上鼻道　中鼻道

外鼻孔

額骨

顱腔

篩板（蜂巢）

鼻咽

下鼻道

腹側鼻甲骨

硬顎

鋤骨

軟顎

篩骨迷路

總鼻道　　鼻中隔　　上鼻道

背側鼻甲骨

腹側鼻甲骨

下鼻道

犬隻鼻腔剖面圖

鼻平面
（鼻鏡）

外鼻孔

上唇溝

眠期間腺體的分泌受到抑制而無法溼潤鼻頭的緣故。

【體溫調節功能】

犬隻的鼻子還兼具調節體溫的功能。大多數人都認為由於犬隻的皮膚沒有汗腺所以必須靠嘴巴（舌頭）來散熱，但實際上犬隻的散熱並非靠嘴巴，而是靠鼻子的呼吸運動來散熱。由於犬隻的鼻腔黏膜面積特別大，牠們可以像人類的汗腺一樣排出水份，當水份蒸發時就能夠達到散熱的效果。鼻子越大鼻腔的空間也越大，鼻子在體溫調節的功能方面，與嗅覺一樣擔負著極為重要的任務。

犬隻的鼻子還擁有感覺紅外線的細胞受器，因此可以敏感地察覺溫度的變化，不過由於這項功能僅在剛出生的幼犬在尋找雌犬時會使用，當犬隻其他的感官功能隨著成長開始發揮作用後，這些細胞受器就會漸漸退化消失。

鼻子常見疾病

■鼻炎

【原因】犬隻的鼻炎大部分是因為病毒、細菌或真菌感染、吸入刺激物、鼻腫瘤、鼻骨骨折、外傷、過敏或牙周病等原因所造成。病毒感染所造成的鼻炎大多是犬瘟熱病毒所引起，細菌感染則可能是因為冬天過度乾燥或冰冷的空氣刺激到鼻黏膜而引發，有時會產生類似感冒的症狀。而當鼻子吸進味道強烈且具有刺激性的氣體或細小的異物時，也可能引發鼻子發炎。另外鼻腔內的腫瘤、意外或打架造成的鼻骨骨折、牙齦炎或牙齦嚴重化膿時，都可能間接造成鼻子發炎。而犬隻和人類一樣，當黴菌、灰塵或花粉等過敏原附著在鼻黏膜上時也很容易引發鼻炎，因此首要任務就是找出引發鼻炎的原因。

【症狀】輕微的鼻炎症狀大多是流出水樣的透明鼻水或是在打噴嚏時噴出鼻水，嚴重時則會有鼻腔腫痛、併發結膜炎、眼屎增加及經常流眼淚等症狀出現。若鼻炎惡化到出現化膿現象時，會有膿性或帶有血絲的鼻涕經常殘留在鼻子上，造成鼻子附近的皮膚潰爛發癢，犬隻會變得經常去摩擦鼻子。若鼻黏膜因發炎而腫脹，會造成鼻腔狹窄而出現呼吸困難、開口呼吸等症狀，同時會聽到吃力的呼吸聲。

■鼻竇炎

【原因】若鼻炎未加以治療，就會演變成為鼻竇炎。鼻竇是位在鼻腔深處的空腔，內側覆蓋有黏膜。當鼻炎惡化時，症狀會往鼻腔內部擴散，引發鼻竇的發炎反應。一旦鼻竇因發炎導致入口處變得狹窄或阻塞，鼻竇內部就可能出現化膿現象。此外，由於鼻竇是位於上顎和臉部骨骼之間的空腔，因此若犬隻上排牙齒的牙齦有發炎化膿的情況且症狀持續惡化時，也會往鼻竇方向擴散，最後導致鼻竇炎發生。

【症狀】輕微的鼻竇炎症狀與鼻炎相似，而且流鼻水和打噴嚏的頻率較少，並不會造成嚴重

的健康問題。但若症狀持續惡化，就會產生化膿性或帶有血絲的鼻涕，並出現鼻塞及呼吸困難的症狀。犬隻會因為鼻子上方腫脹隆起而疼痛，變得非常討厭別人碰觸牠鼻子附近的部位。鼻竇炎有時也會併發結膜炎，使犬隻出現眼屎增多及眼淚溢流的症狀。

■鼻腔狹窄

【原因】鼻腔狹窄是一種先天性的疾病，犬隻從出生起鼻孔就異常狹小導致呼吸困難，經常發生在小型短吻犬種。雖然一歲以下的幼犬經常發生，但因為鼻孔會隨著牠們成長而變大，因此並不需要太過擔心。但若是犬隻超過一歲之後仍會在呼吸時出現「嗶嗶」的聲響，且經常出現開口呼吸的現象，就必須尋求獸醫師的協助。此病若不予理會，可能會導致喉嚨或氣管發炎、鼻黏膜腫脹、氣管狹窄等症狀，使得犬隻的呼吸越來越困難。

【症狀】由於犬隻的鼻腔極端狹窄，牠們在每次呼吸時都會發出「嗶嗶」的聲響，而且會經常鼻塞，鼻子的內膜也很容易發炎腫脹。犬隻在運動後或興奮時會經常發生缺氧現象，而變得常用嘴巴呼吸。症狀嚴重時，犬隻會因為持續的呼吸困難而在睡覺時無法呼吸，變得躁動不安而睡不著。由於肥胖有時會讓症狀更加惡化，因此飼主必須嚴格控制犬隻的體重。在某些情況下為了能讓犬隻順利呼吸，可以用外科手術切除鼻腔內的部分軟骨。

■■ 鼻子的顏色

不同的犬隻其鼻子的顏色也各有不同，牠們的鼻鏡上有一種名為鼻鏡小斑的肉色小斑點，在幼犬時期是粉紅色的，隨著成長會漸漸變成黑色，但也有些斑點在犬隻成為成犬後仍不會消失。

有一種說法是說鼻子的顏色與嗅覺能力有關，鼻子色素越濃的犬隻所擁有的嗅覺能力也會越好，但目前這種說法還未獲得證實。

◆ 鼻鏡小斑

長在犬隻鼻鏡上的肉色斑點，有些會隨著犬隻成長而消失，有些則到了成犬時期仍會保留下來。

◆ 冬季鼻（Winter Nose）

又稱為雪鼻（Snow Nose），是一種鼻子在夏天時明明還是黑色的，到了冬天卻因為日照時間變短而褪色成為粉紅色或褐色的現象，之後隨著季節接近夏天，鼻子的顏色又會變回黑色，但也有沒變回黑色的情形。本現象並非疾病，雖然常見於拉布拉多犬與薩摩耶犬，但與犬種並沒有一定的關係，主要發生在原本鼻子的色素就偏淡的犬隻。

※本照片以修圖方式說明鼻子變色的現象。

鼻色	英文名稱	說明
達德利鼻	Dudley nose	缺乏色素的肉色鼻，有時也稱為紅鼻子或Fresh nose。
蝴蝶鼻	Butterfly nose	斑點狀的鼻子，肉色鼻子上有黑色斑點。也稱為雙色鼻（Two-tone nose）。
粉紅鼻	Pink nose	粉紅色或肝色的鼻子，也稱為肝色鼻（liver nose）

口腔與味覺

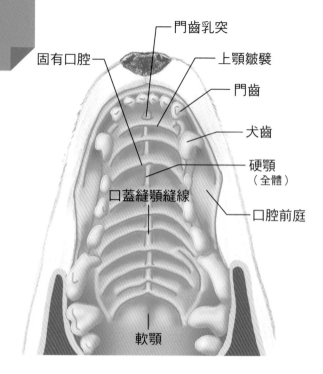

固有口腔

門齒乳突

上顎皺襞

門齒

犬齒

硬顎（全體）

口腔前庭

口蓋縫顎縫線

軟顎

■ 犬隻的口腔構造

　　嘴是消化系統的最前端，包括從嘴唇往內延伸到口腔的整個部位。嘴唇的內側為口腔前庭，齒列的內側則為固有口腔。口腔的上壁為上顎，上顎中央的線狀結構稱為顎縫。上顎前端由顎骨組成的堅硬部位稱為硬顎，後方柔軟的部位則為軟顎。

　　口腔的後方連結口咽部，從上顎到舌底部側緣的連續黏膜皺襞稱為顎舌弓，看到顎舌弓就表示已從口腔進入到口咽部。口咽部的後方為顎咽弓，顎扁桃腺即位於此黏膜皺襞處。顎扁桃腺的後方為喉咽部，連接到食道。

■ 犬隻的舌頭構造

　　舌頭位於口腔的底部，中心為橫紋肌，表面覆蓋有黏膜。黏膜表面的絲狀乳突和蕈狀乳突為機械性的乳突，負責在口腔內攪拌食物並送往咽喉部位，而輪廓乳突和葉狀乳突則擁有能感受味覺的味蕾。擁有這種構造的舌頭，本身即是一種兼具消化、味覺、發聲等多種功能的器官。

■ 犬隻的味覺

　　味覺是透過舌頭表面的味蕾來判斷味道的一種感覺。不同位置的味蕾所感受的味覺不一樣，以人類為例，舌尖為甜味區，後方則分為鹹味區、酸味區和苦味區。而犬隻的甜味區則位於舌尖和舌側，鹹味區位於舌側和舌根，而整個舌頭都能感覺到酸味，但對苦味則不太敏感。不過由於犬隻的味覺是人類味覺的十二分之一，因此能品嘗到的味道並不多。

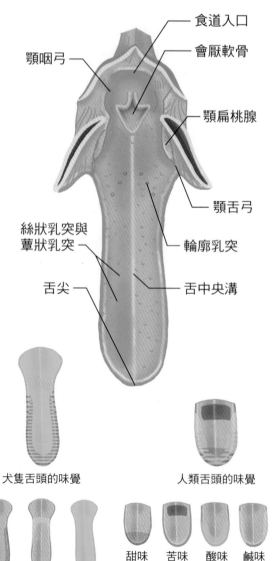

食道入口

會厭軟骨

顎扁桃腺

顎舌弓

輪廓乳突

舌中央溝

顎咽弓

絲狀乳突與蕈狀乳突

舌尖

犬隻舌頭的味覺

人類舌頭的味覺

甜味　　鹹味　　酸味

甜味　　苦味　　酸味　　鹹味

口腔常見疾病

上顎裂

【原因】上顎裂可分為先天性和後天性，先天性的上顎裂幾乎都發生在上顎的中央，因上顎中央有空洞或裂隙，而使得口腔與鼻腔相通。而患有先天性上顎裂的犬隻在軟顎的中央也經常出現異常。造成先天性上顎裂的原因，主要與遺傳有關，或是胎兒時期在雌犬的子宮內發生不明原因的外傷、病毒感染或中毒。後天性的上顎裂則可能是嚴重的牙周病、燒傷、交通意外、腫瘤切除等原因所造成。

【症狀】若犬隻患有先天性上顎裂，會在吸奶時因空氣從鼻腔灌入而無法順利吸奶，導致幼犬發育不良。而隨著幼犬成長，上顎的裂隙會變得更大，若未加以治療則可能造成吸入性肺炎，或是無法順利攝取營養導致衰弱死亡。犬隻在進食後會出現流鼻水、打噴嚏及咳嗽的症狀，還會有食慾時好時壞、口腔發出惡臭、吃下去的食物跑到鼻腔等常見的症狀。當犬隻出現這些症狀，或是在檢查幼犬的口腔時發現上顎有裂縫，就必須儘快改成人工餵食，並對裂縫加以修補治療。

軟顎過長症

【原因】大部分是先天性的原因所造成，幾乎都發生在法國鬥牛犬或巴哥犬等短吻犬種。不論是哪個犬種，正常犬隻的軟顎原本就會輕微的下垂，但患有軟顎過長的犬隻，其下垂的部分會塞住一半以上的氣管入口。而先天性鼻腔狹窄的犬隻，牠們在吸氣時所產生的負壓會把軟顎拉得更長。犬隻過度肥胖也是原因之一。

【症狀】患有軟顎過長的犬隻在睡覺時會發出吵雜的鼾聲，興奮時則會發出巨大的呼吸聲，並在進食或大量飲水之後發出吃力的呼吸聲。若症狀持續惡化，則會有氣管塌陷、呼吸困難或發紺等情形出現。犬隻會變得不喜歡運動，有時會顯得焦躁不安，氣候炎熱時會有呼吸急促、體溫上升等現象，還可能導致中暑。

口唇炎

【原因】口唇炎是犬隻特有的疾病，通常發生在嘴角下垂且皺摺多的犬種。主要的發生原因為嘴唇受傷，或是因為對植物或塑膠製品過敏而導致口唇發炎或化膿。

【症狀】發生口唇炎的犬隻由於嘴唇周圍會發癢及疼痛，因此經常會用前腳去搔抓嘴巴，或是用嘴巴去摩擦地面。嘴唇的周圍會起疹子或脫毛，並會發出惡臭和大量流涎，若持續惡化則會發生潰瘍。

口內炎

【原因】口內炎可大致分為因糖尿病等系統性疾病所造成的系統性口內炎、因細菌感染造成口腔內黏膜潰爛的潰瘍性口內炎、以及因牙結石或牙垢堆積所造成的壞死性口內炎。健康的犬隻很少發生此病，但體力衰弱或年老的犬隻則會因為抵抗力下降而容易發病。

【症狀】口腔內會發疹或腫起，並會長出水疱或發生潰瘍，導致犬隻出現嚴重的口臭。有時候即使沒在進食嘴巴也發出咕唧咕唧的聲音。此病惡化時犬隻會流出混有血液的口水，同時還會有食慾減退及發燒等症狀出現。

唾液腺囊腫（黏液囊腫）

【原因】當犬隻的唾液腺或唾液腺管有所損傷時，分泌的唾液會漏出並蓄積在其他組織裡造成囊腫，通常發生在舌下腺和顎下腺。

【症狀】發炎的部位會腫脹、並有柔軟且充滿液體的觸感，若不加以處理，腫脹的部位會越來越大，妨礙犬隻正常的生活。依發病部位的不同，會有不同的症狀和疾病名稱。

皮膚與毛髮

■犬隻的皮膚構造

皮膚是覆蓋身體表面的器官，兼具保護身體、調節體溫和感覺作用等功能。皮膚分為外層的表皮層、內層的真皮層、以及最底層的皮下組織。

表皮細胞會在靠近真皮層的地方不斷產生新的細胞，並一邊分化一邊往表面移動，靠近皮膚表面時會開始角質化，接著與灰塵等雜質混合並形成皮屑脫落。真皮是賦予皮膚彈性和柔軟性的組織，其內包含汗腺、皮脂腺、毛囊、各式各樣的神經、血管等重要的附屬器官。皮下組織由疏鬆的結締組織和脂肪組成，犬隻的皮下組織比人類多上許多，因此可以輕鬆地將皮膚抓起。

■汗腺的功能

位於真皮中的汗腺，可以分成外分泌腺和頂泌腺。人類的所有皮膚均有外分泌腺分布，因此可藉由排汗來調節體內的溫度，但犬隻的皮膚內則幾乎沒有外分泌腺，因此無法像人類一樣藉由排汗讓自己的體溫下降，而是靠著喘氣（淺速呼吸）來調節體溫。不過犬隻的腳掌肉球中含有外分泌腺，因此在天氣炎熱或是緊張的時候肉球會溼溼的。

另一種頂泌腺則在人類和犬隻的皮膚中均有分布。人類主要分布在腋下，犬隻則全身都有分布，其中以肛門周圍的肛門腺最具代表性。頂泌腺將富含蛋白質的汗液分泌到毛囊中，主要的作用是產生費洛蒙吸引異性。

■犬隻的毛髮構造

犬隻的體表幾乎都覆蓋有被毛，被毛分為較硬的保護毛（上層毛）、細而呈波浪狀的絨毛（下層毛）以及觸毛（鬍鬚）。上層的保護毛在犬隻被雨淋溼的時候能發揮防水功能，保護皮膚及維持體溫。下層的絨毛比保護毛短，但生長的數量較多，一個毛根能長出好幾根的絨毛，到了冬天會生長得更密集。觸毛長在臉頰的周圍，對貓而言是維持平衡感的必要器官，但對犬隻而言則沒那麼重要。

■換毛期

擁有上層毛和下層毛兩層毛髮構造的雙層毛犬隻，每一年會換兩次毛，天氣寒冷時下層毛會開始生長，等到天氣變溫暖後就會開始脫落。不過由於近年來大部分飼主都將犬隻飼養在室內，因此掉毛的季節也變得很不一定。

至於像貴賓犬、約克夏犬、迷你雪納瑞犬等單層毛的犬種，因為沒有下層毛，原則上並沒有所謂的換毛期。

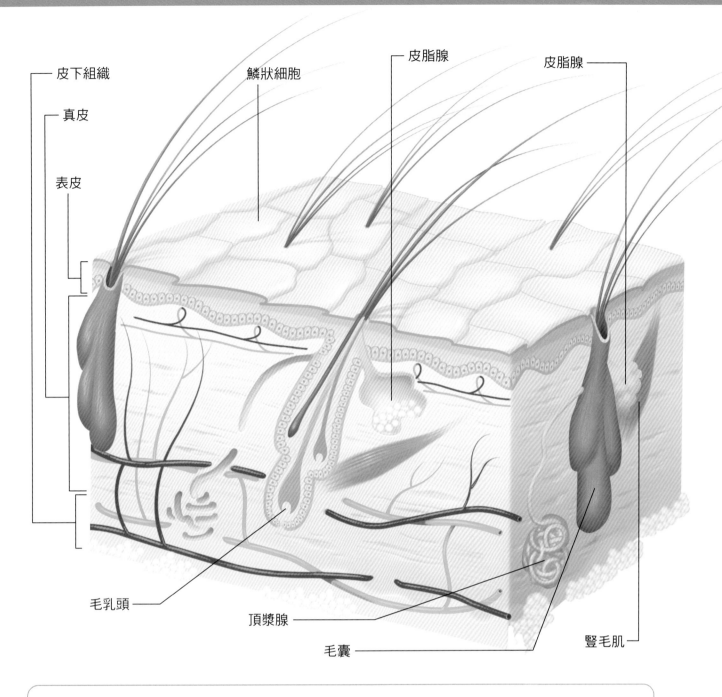

皮下組織
真皮
表皮
鱗狀細胞
皮脂腺
皮脂腺
毛乳頭
頂漿腺
毛囊
豎毛肌

◆ 被毛的種類

單層毛
基本上沒有換毛期，但仍需
定期修剪及每日梳毛整理。
例如：約克夏犬、貴賓犬、
瑪爾濟斯犬等犬種。

雙層毛
每年有兩次換毛期，也有很
多犬種全年都會掉毛，必須
經常打掃飼養環境。
例如：巴哥犬、蝴蝶犬、查
理士王小獵犬等犬種。

皮膚常見疾病

異位性皮膚炎

【原因】異位性皮膚炎是一個我們至今仍未完全瞭解的疾病。造成此病的原因很多，主要和遺傳因素及環境有關。即使是看起來對犬隻完全無害的環境物質（過敏原），也可能因為皮膚原本膚質較弱或過於乾燥而容易引發過敏反應。而皮脂量不足使得塵蟎或黴菌直接接觸皮膚也是引發過敏反應的重要原因之一。發病年齡約有70％在三歲以下，85％在五歲以下。目前能確認的是，季節因素是此病發病初期階段的主要原因。

【症狀】此病之症狀很容易出現在臉部的耳朵或眼睛、腳掌、腋下、關節內側、四肢根部內側等皮膚較為柔軟的部位。初期的症狀為只在某個特定的季節出現搔癢症狀，但經過一段時間之後，搔癢症狀會逐漸變為慢性，最後一整年都會有搔癢情形。犬隻會因為經常搔抓或舔舐身體，導致發生脫毛、嚴重的搔抓傷、皮膚變紅（紅斑）、毛髮或皮膚變黑（色素沈積）、皮膚硬化變厚（苔蘚化）等各式各樣的症狀。

膿皮症

【原因】膿皮症的特徵就是當犬隻因細菌滋生而導致細菌性皮膚炎時，皮膚上會出現化膿性的紅疹。發病的原因可能是因為犬隻的飼養環境髒亂，導致皮膚髒污，再因為擦傷或咬傷引起金黃色葡萄球菌等細菌感染所造成。此外，犬隻送去寵物美容進行洗澡及剪毛時環境衛生不佳、毛髮修剪得太短、洗毛精與犬隻的膚質不合等，也可能造成膿皮症發生。此病的病名會因為引起化膿的細菌種類不同或犬隻是否患有其他原發性疾病而有所變化。此病有時也會與遺傳因素有關，例如容易發生在巴哥犬或鬥牛犬等短吻犬種的「顏面皺摺膿皮症」。

【症狀】初期症狀為患部出現輕微化膿現象，有時可自然痊癒。症狀惡化之後搔癢、脫毛的情況會變本加厲，之後可能出現全身性的膿樣紅疹，且全身各處都出現脫毛現象。幼犬的症狀則通常出現在下腹部等容易弄髒的部位或整個體幹部位。

皮癬菌症

【原因】因真菌感染而造成犬隻的皮膚、毛髮

◆ 如何儘早發現皮膚病？

皮膚病若能儘早發現，在症狀還未變嚴重前加以治療，就能避免它變成慢性皮膚病，影響犬隻的生活品質。飼主及家人平日應該定期保養和梳理犬隻的皮膚，才能儘早發現皮膚是否出現異狀。

搔癢
經常用腳去搔抓身體、全身甩來甩去、啃咬發癢的部位、或用身體去磨蹭地面或牆壁，都是犬隻覺得皮膚發癢的徵兆。

顏色
皮膚出現一點一點的紅斑、全身皮膚發紅、皮膚出現色素沈積的發黑現象、皮屑大量增生等都是犬隻發生皮膚病的症狀。

膚質
皮膚變得黏黏油油或是非常乾澀粗糙，且發癢的部位帶有比體溫還高的熱度，也是皮膚病的症狀之一。

味道
一靠近犬隻就聞到臭味，或是皮膚帶有比平常還重的體味。

其他
若犬隻患有皮膚病，可能會因為皮膚發癢而經常顯得焦慮和躁動不安，有些犬隻則會變得不喜歡移動身體。

或腳掌出現症狀的表層性真菌感染症。不只發生在犬隻，也會感染貓、兔子和人類，是一種人畜共通傳染病。犬隻可能因為接觸到身上帶有真菌但未發病的帶原者或土壤而感染。由於梳子和剃毛剪也很可能被病原菌污染，因此需要特別注意器具的清潔。通常發生在幼犬，但原本患有皮膚病或因全身性疾病而抵抗力下降的犬隻也很可能發生。

【症狀】皮膚上會出現小的圓形脫毛，並會結痂脫皮，症狀通常發生在耳朵、臉部、四肢及腳趾等部位。搔癢症狀和其他皮膚病相比並不明顯，即使有也僅是輕微搔癢。此病若從犬隻傳染給人類，人類皮膚上會出現紅色發癢的輪狀病灶（錢癬，ringworm）。

皮屑芽孢菌皮膚炎
【原因】此病症的病原，皮屑芽孢菌是健康犬隻的皮膚、耳道、嘴巴周圍的常在微生物。當犬隻因異位性皮膚炎、食物過敏等原因引發炎症反應、皮脂分泌增多、皮膚過於潮溼時，皮屑芽孢菌就會急速增殖造成皮膚炎。有時則是因為犬隻抵抗力下降而使得此菌大量繁殖引發皮膚病。而經常散發體臭、皮膚總是油油的犬隻（脂漏症），則更是容易發病。

【症狀】此病是犬隻所有的皮膚病中，最容易造成犬隻皮膚發紅的疾病。尤其在脖子、眼睛、嘴巴周圍、趾間、鼠蹊部、會陰部最容易發生，犬隻會有強烈的搔癢症狀。皮屑芽孢菌也會造成外耳炎和內耳炎，因此也經常可以看到犬隻出現甩頭及耳垢大量增生的症狀。

先天性脫毛症
【原因、症狀】一種犬隻體表毛髮會對稱性地漸漸減少，直到毛髮完全掉光為止的遺傳性疾病。可分為兩種類型，一種情況是耳殼脫毛，主要發生在臘腸犬。另一種則是從耳朵開始掉

毛，並漸漸擴散到全身。

大部分在幼犬時期就會開始發病（約6個月齡時），從耳朵往大腿後側開始逐漸掉毛，隨著病程進行，皮膚會變成帶有黑色光澤的樣子，同時角質層會變得非常明顯。除了掉毛之外，此病症並沒有其他症狀。

肛門腺炎
【原因】肛門腺為一種頂泌腺，所分泌的液體與費洛蒙有關，通常會在排泄或興奮時分泌。不過由於肛門括約肌的收縮力隨著老化而逐漸下降，使得擠壓肛門腺的力量變弱，讓分泌液蓄積在肛門腺中。若蓄積過多，就會導致肛門腺的導管或開口阻塞而引發肛門腺炎。此外當犬隻有下痢或軟便情形而弄髒肛門周圍，也很容易造成細菌感染並導致肛門腺發炎。

【症狀】犬隻會出現便秘或肛門周圍不適的現象，會用屁股去摩擦地面並一邊前進，或是經常回頭舔咬自己的肛門，有些犬隻則會追著自己的尾巴在原地打轉。若病情惡化，則會出現肛門腺膿腫、發燒、食慾低下等症狀，甚至出現肛門腺破裂的情形。

◆ **犬隻的肛門腺**
犬隻肛門口的左右斜下方各有一個肛門腺，其內為肛門腺液。

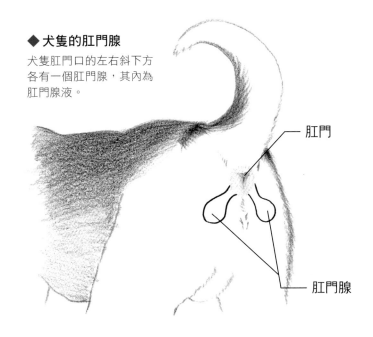

肛門

肛門腺

牙齒

■ 犬隻的牙齒構造

牙齒分為牙冠、牙頸和牙根三個部分。牙冠露出於牙齦之外，表面覆蓋著琺瑯質。琺瑯質是犬隻體內最堅硬的組織，由於不具再生能力，一旦有所缺損即無法修復。中間為牙頸部，最深處為牙根，埋在牙齦之中。

琺瑯質下方為象牙質，是牙齒中的主要組織。象牙質比琺瑯質柔軟，主要的功能是保護牙髓。牙齒的最內層（象牙質的中央）為牙髓，其內含有神經及血管。

■ 牙周組織的構造

包覆在牙根周圍的組織為牙骨質，牙骨質的周圍為牙周膜，它的作用是讓牙根和齒槽骨的結締組織緊密相連，同時還兼具將咀嚼運動所產生的壓力傳達到腦部的功能。再外側則為支撐牙根的齒槽骨。

■ 齒式與牙齒數

牙齒的數量用齒式來表示，是由單側上顎和下顎的牙齒數量所組成。犬隻和人類一樣，剛出生的幼犬還沒有長出牙齒，大約在四週後開始長出門齒，第6～8週時所有的乳齒都生長完畢。犬隻乳齒的齒式為（門齒3/3、犬齒1/1、前臼齒3/3）×2，所以共有28顆牙齒。出生6～8個月後所有的永久齒會生長齊全，齒式為（門齒3/3、犬齒1/1、前臼齒4/4、臼齒2/3）×2，總共有42顆牙齒。

■ 咀嚼運動

雖然會有個體差異，不過大部分的犬隻都不習慣將食物咬碎（咀嚼），幾乎都是直接將食物囫圇吞下。一般來說，若想要順利地咀嚼食物，上下排的牙齒必須咬合良好，不過就犬隻而言，雖然牠們的門齒和人類的門齒功能一樣，但牠們的第一到第四前臼齒在上下排之間

是有空隙的，因此不容易將細小的食物咬碎。

■ 各類型牙齒的功能

牙齒擁有許多功能，雖然人類和犬隻的牙齒在外形上並不相同，但牙齒的構造和周圍的組織則幾乎完全一樣。

牙齒類型	特徵
門齒	和人類的門齒類似。主要的功能在於切斷食物，在整理毛髮和咬住物體的時候也會使用。
犬齒	前端為尖銳狀，在所有牙齒中最為發達。能夠固定咬住的物體，並擁有撕裂物體的力量。
前臼齒	能將食物切斷和固定。每顆前臼齒間有狹窄的縫隙，並排列成波浪狀。上端平坦，能確實將食物咬斷，擁有將物體咬下來的力量。
臼齒	或稱大臼齒，上端的形狀像石臼一樣，能將食物研磨搗碎。但比起雜食性和草食性動物，犬隻的臼齒較不發達。

◆ 成犬的齒式

（門齒3/3、犬齒1/1、前臼齒4/4、臼齒2/3）：21 × 2 = 42顆
I 1～I 3：第一至第三門齒
C：犬齒
P 1～P 4：第一至第四前臼齒
M 1～M 3：第一至第三臼齒

眼窩

I1 I2 I3 C P1 P2 P3 P4 M1 M2 M3

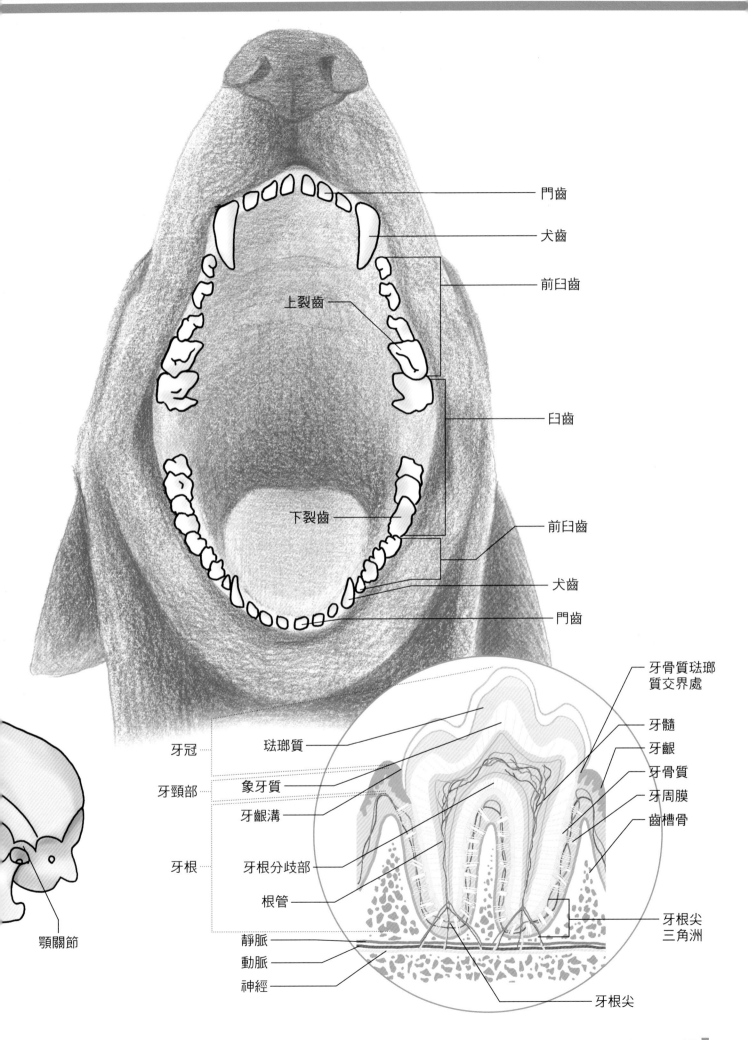

門齒

犬齒

前臼齒

上裂齒

臼齒

下裂齒

前臼齒

犬齒

門齒

牙冠

牙頸部

牙根

顎關節

琺瑯質

象牙質

牙齦溝

牙根分歧部

根管

靜脈

動脈

神經

牙骨質琺瑯
質交界處

牙髓

牙齦

牙骨質

牙周膜

齒槽骨

牙根尖
三角洲

牙根尖

牙齒常見疾病

牙周病

【原因】牙齒周圍組織的疾病可綜合稱為牙周病，初期階段為牙齦炎，症狀惡化後則造成牙周炎。犬隻牙齒的大小未必和體型大小成比例。小型犬（特別是短吻犬種）的牙齒和牠們下顎的厚度比起來特別大，而且也長得比較密集，因此需額外注意牠們牙齒的保健。在牙周病的初期階段，當食物的殘渣殘留在牙齒表面或牙齒與牙齦之間的縫隙（牙齦囊袋）時，會讓細菌開始滋生。牙齦囊袋會隨著牙周病的症狀惡化而越來越深，然後形成牙周囊袋，並造成牙齦腫脹，牙垢和牙結石增多。牙周病還會導致犬隻血液裡的氨濃度上升，對腦部、心臟、肺臟等身體各臟器造成極大的傷害。

【症狀】在牙周病的初期階段，牙齒會出現黃斑（牙菌斑），牙結石和牙齦紅腫則還不明顯。若牙齦炎持續惡化，牙結石會增多，牙齦的紅腫也會更加嚴重，並漸漸演變為牙周炎。若症狀再繼續惡化，牙齒和牙齦之間會出現化膿，犬隻會發出嚴重的口臭。如果口中的細菌仍持續增殖，從牙根周圍的組織到齒槽骨都會溶解，進而導致牙齦或皮膚出現破洞（齒源性口鼻瘻管），犬隻會出現不停打噴嚏、流鼻水、流鼻血等症狀。若下顎的牙周病持續惡化，則可能導致骨質溶解，下顎骨的骨質會漸漸被吸收而越變越薄，最後可能只因為咬了比較堅硬的食物就讓下顎骨發生骨折。

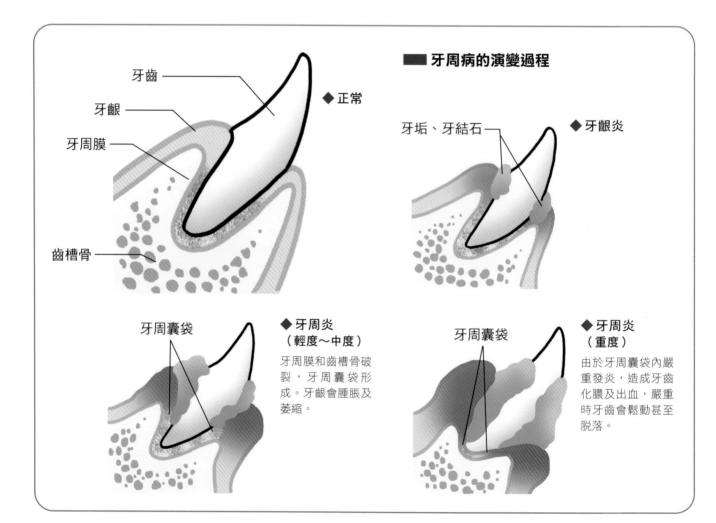

牙周病的演變過程

牙齒
牙齦
牙周膜
齒槽骨
◆ 正常

牙垢、牙結石
◆ 牙齦炎

牙周囊袋
◆ 牙周炎（輕度～中度）
牙周膜和齒槽骨破裂，牙周囊袋形成。牙齦會腫脹及萎縮。

牙周囊袋
◆ 牙周炎（重度）
由於牙周囊袋內嚴重發炎，造成牙齒化膿及出血，嚴重時牙齒會鬆動甚至脫落。

乳齒殘留

【原因、症狀】當犬隻過了從乳齒轉變為永久齒的換牙時期之後，乳齒卻仍未脫落，就叫做乳齒殘留。乳齒殘留大部分發生在犬齒或門齒，若乳齒和永久齒共同存在，不但會造成咬合不正，食物殘渣和牙垢也容易堆積在乳齒和永久齒之間，導致細菌滋生和發生牙周病。若長大為成犬之後乳齒仍殘留在口中，會非常容易發生牙周病，牙周病一旦惡化就可能造成牙根或顎骨溶解，或是在口腔和鼻腔之間產生瘻管，有時還會發生骨折。永久齒也因為被乳齒影響而長歪，導致口腔黏膜受傷、進食時感到疼痛、或是往內側生長而刺到上顎。

牙齒缺損（磨耗、脫落、斷裂）

【原因】犬隻的牙齒有時會因為某些外傷而造成牙齒缺損。

◆ 磨耗

牙齒表面的琺瑯質和象牙質因摩擦而耗損的情形稱為磨耗，而因為持續啃咬硬物而造成牙齒表面損傷的情況也屬於磨耗的一種。若磨耗是漸進性的，那還可因象牙質新生而修補，但若是快速急遽的磨耗，就必須將損傷的牙齒拔掉。

◆ 脫落

牙齒從齒槽部分或完全脫落，牙齒可能留在齒槽內或脫落到齒槽外。

◆ 斷裂

即指牙齒折斷的情況。可能發生在牙冠或牙根部位，有時也會兩者一起發生。斷裂的部位可能包含牙髓或不含牙髓。當牙髓露出時，有可能會因為細菌侵入牙髓而造成牙髓炎。

■ 犬隻的咬合

不同的犬種其理想的咬合狀態也會有所不同。

◆ 剪式咬合（Scissors bite）

犬隻最常見的咬合狀態。上排門齒的內側像剪刀一樣稍微接觸下排門齒的外側。

◆ 下顎突出式咬合（undershot）

因下排門齒超出上排門齒，使得上下排門齒無法互相接觸的情況。嘴部閉起來時下排牙齒會突出。

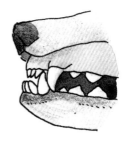

◆ 鉗式咬合（Level bite）

上排門齒的尖端像鉗子一樣正對著下排門齒的尖端互相咬合。也稱為水平咬合。

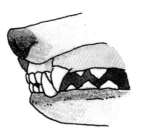

◆ 上顎突出式咬合（overshot）

因上排門齒超出下排門齒，使得上下排門齒無法互相接觸，或是雖有咬合但兩者之間有縫隙的情況。

消化系統

消化系統的範圍與功能

消化系統是指從口腔開始，依序為咽喉、食道、胃、小腸（十二指腸、空腸、迴腸）、大腸（盲腸、結腸、直腸），直到肛門口為止一整串相連的消化器官，以及唾液腺、肝臟、胰臟等消化系統的附屬腺體，負責產生消化液並分泌至消化道內，協助進行食物的消化與吸收。並由機械性消化作用、化學性消化作用和細菌作用三者共同組合發揮消化功能。

消化系統的發達程度視動物平常所攝取的食物種類而定，其中最發達的為草食動物，接著為人類、豬及犬隻等雜食動物，而犬隻的消化系統比起肉食動物稍微發達一點。相對於人類的消化系統中大腸和小腸的粗細不同，犬隻的大、小腸粗細度幾乎沒有變化。由於肉食動物經常攝取容易消化的肉類，因此消化系統不需要特別發達。

胃的構造與功能

胃可說是食物的儲藏空間，因此胃的體積不小，平均每公斤體重有100～250ml的容量。像犬隻這種習慣一次吃大量食物的動物，胃的儲藏機能非常重要。儲藏在胃裡的食物會轉變成類似液體的粥狀食糜，再由胃將食物推送到十二指腸。胃本身並無法吸收食物，胃部的黏膜細胞會分泌名為蛋白酶的消化酵素和鹽酸，並形成胃液。胃液對進入胃裡的食物具有殺菌作用，可防止食物腐敗。

胃有兩個開口，從食道進入胃部的入口稱為賁門，而連接十二指腸的出口則為幽門。控制幽門的肌肉為幽門括約肌，在食物變為食糜之前，幽門括約肌會將幽門口緊閉，不讓食物進到十二指腸中。胃部的主要部分稱為胃體部，而胃體部中靠近食道端的突出部分則稱為胃底部。

小腸的構造與功能

變成食糜狀態的食物從胃排出後，會進入到小腸。小腸的最前端為十二指腸，腸壁會分泌腸液等消化液，先對三大營養素進行加工（將蛋白質轉化為胺基酸、醣類轉化為葡萄糖、脂肪轉化為脂肪酸），再加上膽囊分泌的膽汁和胰臟分泌的胰液，這些消化液能將食物進一步地消化分解成非常細小的分子而容易被腸壁吸收。

連接十二指腸的依序為空腸和迴腸，胺基酸、葡萄糖和脂肪酸這三種營養素就在此處被消化和吸收。小腸黏膜的內壁上長有類似地毯絨毛的小突起，就稱為絨毛，絨毛能增加黏膜的表面積，使腸壁可以吸收更多的物質。被小腸黏膜所吸收的物質會進入微血管，並送往門脈系統。

肝臟、膽囊的功能

門脈通往位於橫膈膜後方的肝臟，將各式各樣的物質送往肝臟進行代謝。肝臟是犬隻體內最大的消化器官，從嘴巴吃下的食物幾乎全都會運往肝臟。肝臟擁有多項功能，包括醣類和蛋白質的代謝、合成膽汁、以及分解對身體有害的物質。

連結肝臟和十二指腸的膽管中間，有一個稱為膽囊的囊袋狀構造，負責儲存肝臟生成的膽汁，膽汁透過膽管流入十二指腸，在那裡進行消化作用。

大腸的功能

經過小腸而沒被吸收的食物，之後會送往大腸。大腸負責將這些不需要的食物中的水分吸收後，形成糞便以排泄出體外。大腸分為結腸和直腸，直腸連接到肛門，最後糞便即由肛門排出體外。由於犬隻主要以肉類為食，因此牠們的腸道較不發達，大腸也比人類還要細、短，對纖維的分解吸收功能也不佳，以吸收水分為主要的功能。

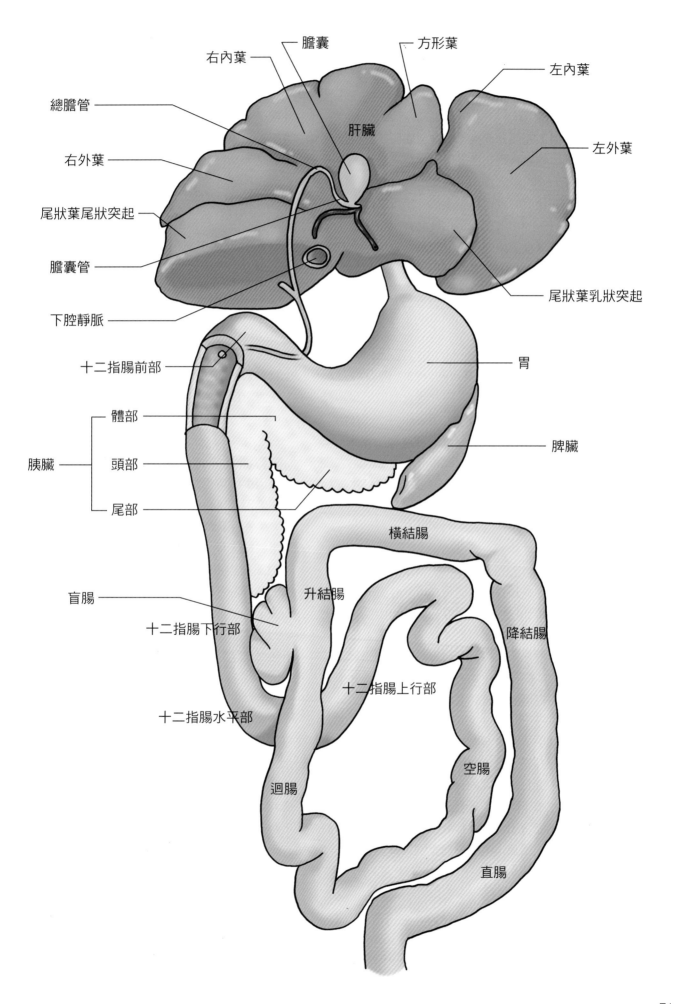

膽囊

方形葉

右內葉

左內葉

總膽管

肝臟

左外葉

右外葉

尾狀葉尾狀突起

膽囊管

尾狀葉乳狀突起

下腔靜脈

十二指腸前部

胃

體部

胰臟　頭部

脾臟

尾部

橫結腸

升結腸

盲腸

降結腸

十二指腸下行部

十二指腸上行部

十二指腸水平部

空腸

迴腸

直腸

消化系統常見疾病

巨食道症

【原因】因部分或全部的食道膨脹及蠕動能力過低，導致食物在進入胃部之前就吐出。可分為先天性或後天性，患有先天性巨食道症的犬隻，在食道的神經和肌肉都會出現原因不明的功能異常，幼犬在一出生後就會出現症狀。後天性的巨食道症則可能是因為神經或肌肉的疾病、食道腫瘤、食道異物、先天性血管異常等原因導致食道受到外部壓迫，或是因腎上腺皮質功能低下、甲狀腺功能低下等內分泌疾病而造成。

【症狀】犬隻在進食後約1～3小時會發生嘔吐，將食物或水吐出，導致營養攝取不足、體重減輕和衰弱現象出現，還可能因為將吐出的嘔吐物吸入鼻子或肺部而併發吸入性肺炎，使犬隻出現鼻炎、呼吸困難和發燒等症狀。犬隻也會因食道發炎而出現食慾不振、流口水等症狀。

食道炎

【原因】食道炎指的就是食道壁發炎的狀態，若不及時加以治療有可能造成食道潰瘍。發生的原因包括胃食道逆流（食物或胃酸）、魚骨或雞骨等異物的接觸刺激、刺激性化學物質或感染造成食道受傷和發炎。巨食道症等其他食道疾病也可能併發食道炎。

【症狀】依食道發炎的程度，犬隻可能出現流口水、長期食慾不振、嘔吐等症狀，還可能因為吃下食物所造成的食道疼痛，而有明顯的衰弱及體重下降等情形發生。若演變為重度食道炎，可能會引發脫水症狀或吸入性肺炎。由於食道疼痛不適，犬隻會討厭別人碰觸牠的脖子或胸口部位。

胃炎

【原因】胃炎可分為急性胃炎和慢性胃炎。急性胃炎可能是因為吃到腐敗的食物、異物、有毒植物、化學物質等原因所造成。慢性胃炎則可能是因為胃黏膜反覆受到刺激或對食物過敏而造成，尿毒症、胃蠕動能力下降、幽門狹窄等也可能是原因之一。

【症狀】急性胃炎最具特徵性的症狀就是嘔吐，輕度急性胃炎的症狀可能只有嘔吐，但若伴隨其他的併發症，或是胃部發炎的範圍擴大，就可能出現食慾不振或腹部疼痛的症狀。若嘔吐持續不止，還會出現脫水症狀。慢性胃炎的犬隻精神會漸漸變差，並有偶發性的嘔吐症狀。若胃部黏膜發生糜爛或潰瘍情形，則會有吐血、黑便等症狀。

胃擴張、胃扭轉

【原因】因胃部過度膨脹（胃擴張），甚至發生扭轉現象（胃扭轉）所造成的疾病。特別容易發生在深胸的中、大型犬隻。發生胃擴張、胃扭轉的犬隻，因胃裡有大量的氣體蓄積且流經胃部的血液量減少，很可能會陷入休克狀態，若是急性的胃擴張、胃扭轉，由於致死率極高，必須即刻施行緊急治療。雖然此病症確切的發生原因仍不明，但經常發生在進食或飲水後馬上進行劇烈運動的犬隻，也可能與胃韌帶過長或遺傳因素有關。

【症狀】發生胃擴張、胃扭轉的犬隻，會有作嘔想吐卻吐不出東西的現象，並會大量地流口水，有的患犬會精神萎靡且腹部漸漸膨大，之後可能出現呼吸困難、精神沈鬱的現象。隨著病程進行，脾臟也可能發生扭轉及鬱血，接著下腔靜脈、門脈受到壓迫，使得血液無法回到心臟，最後造成胃部壞死、心肌缺血，並陷入休克狀態。

小腸性下痢、大腸性下痢

【原因】下痢指的是糞便含水量過多且排便頻

率增加的現象，若是因小腸異常而引起的下痢稱為「小腸性下痢」，若是因大腸異常而引起的下痢則稱為「大腸性下痢」，兩者都可再分為「急性下痢」和「慢性下痢」。急性小腸性下痢的可能原因包括突然更換狗食、犬隻在散步途中亂撿東西吃、或是因飼主不在家等環境變化所造成，若沒出現嘔吐症狀，則通常是暫時性的。但慢性小腸性下痢就可能是發生其他嚴重疾病的徵兆，並且有許多病因。至於急性大腸性下痢，大多是因為吃到腐敗的食物所造成，而慢性大腸性下痢最常見的原因則是腸內寄生蟲，食物過敏也是可能的原因之一。

【症狀】發生「小腸性下痢」的犬隻，排便的頻率僅會稍微增加，但排便的量則可能比平常多上一倍。而由於小腸是吸收營養的主要器官，一旦小腸發生異常，犬隻可能因為無法順利攝取營養而體重下降。若犬隻出現口臭、腹部異常膨脹、腹鳴等症狀，也可能是因為小腸性下痢。當小腸性下痢伴隨脂肪便或出血時，則會出現焦油狀的黑色糞便。「大腸性下痢」的症狀則是排便次數增加且很難忍住便意，排便量則無明顯變化，體重也不會明顯下降，糞便中可能混有果凍狀的黏膜，有時會發現鮮血。

腸阻塞

【原因】犬隻因吃下異物（如玩具）或無法消化的食物，導致腸道阻塞的疾病。大量的腸內寄生蟲寄生、腸腫瘤、腸沾黏等原因也可能造成腸阻塞。若不加以治療，有可能引起敗血性休克對犬隻的生命造成危害。

【症狀】腸阻塞的犬隻可能出現嘔吐、下痢、排便不順、便秘、精神與食慾不佳以及脫水等症狀，若不加以治療，體重也會漸漸下降。此外，由於腸道阻塞使得糞便無法排出，會讓腸胃道中產生氣體，造成腹部異常膨脹。犬隻可能因腹部劇痛而經常採取弓背的姿勢。

肝門脈分流

【原因】肝門脈分流是一種血管異常連接的疾病，大部分是先天性的，但慢性肝炎、肝硬化等肝臟疾病惡化後有時也可能造成後天性的門脈分流。正常情況下，在腸道吸收的氨會經過門脈送到肝臟進行代謝和解毒，但若是有門脈分流的情形發生，則從腸道所吸收的營養、氨以及細菌毒素會無法進入肝臟，而是直接進入全身的血液循環，導致血中的氨濃度上升，對腦部產生不良影響並引起多重障礙。

【症狀】輕微的情況下犬隻會出現食慾不振、下痢和嘔吐等消化道症狀，若演變為重症，則會發生肝腦症，並出現大量流口水、走路搖晃、精神沈鬱、來回行走、繞圈、癲癇、昏睡等症狀。也因為在尿路容易生成尿酸銨結石，導致膀胱炎、血尿、頻尿、尿道阻塞等泌尿道的症狀。有些犬隻則會出現暫時性的失明或行為改變，並在進食後症狀會特別明顯。

膽囊炎、膽結石、膽泥症

【原因】膽囊炎是指膽囊發生急性或慢性的發炎現象，主要因細菌感染而發病。細菌可能經由腸道逆行進入膽囊，或是透過血液循環而感染膽囊。另一方面，膽結石則是因為膽囊內的膽汁成分發生變質，最後膽汁結晶化而形成結石，若膽汁因成分異常而形成泥狀的情形則稱為膽泥症。有時膽結石或膽泥症會造成慢性膽囊炎。

【症狀】不論是哪種膽囊疾病都不會出現明顯症狀，因此有可能在沒被發現的情況下變成慢性膽囊疾病，有時還會導致膽囊突然破裂。若膽囊疾病惡化，可能會有黃疸、食慾不振、精神沈鬱、腹水、腹痛等症狀發生。

呼吸系統

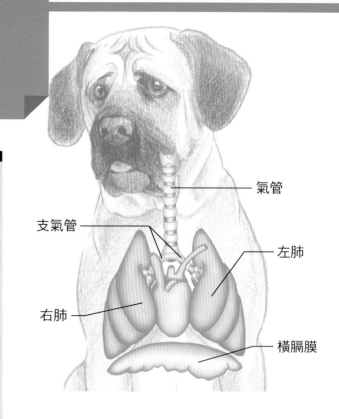

氣管

支氣管

左肺

右肺

橫膈膜

■ 呼吸系統的範圍與功能

對於進行有氧呼吸的生物而言，呼吸系統是不可或缺的氣體交換（外呼吸）器官，藉由這個系統，才能將維持生命所需的氧氣吸入體內，並在經過利用與代謝之後，將所產生的二氧化碳排出體外。在解剖學上，呼吸系統是由上呼吸道（口、鼻、鼻孔、鼻腔、鼻咽腔、咽喉、喉頭等）、下呼吸道（氣管、支氣管、小支氣管）、氣體交換器官（肺、肺泡）、胸腔和橫膈膜等器官所組成。

呼吸指的是藉由吸氣與呼氣的連續運動，在肺泡內執行氧氣與二氧化碳的換氣行為。吸氣動作能將鼻子所吸入空氣中的氧氣，經由鼻腔、咽喉、氣管到達肺臟。肺臟內分布有小支氣管和動脈、靜脈，氧氣從小支氣管前端進入肺泡，再穿透圍繞肺泡表面的微血管進入血液，含有氧氣的血液藉由肺靜脈送入左心室，並透過血流擴散到全身的各臟器組織。呼氣動作則是相反的路程，含有二氧化碳的血液藉由上腔靜脈與下腔靜脈回到右心室後，再透過肺動脈送往肺臟並排出到肺泡中，最後將二氧化碳排出體外。

■ 氣管的構造與功能

呼吸道是吸氣和呼氣的通道。呼吸道從鼻孔（口）開始，接著為鼻腔（口腔）、咽喉、喉頭及氣管，氣管在肺門處分成左右兩條支氣管，分別連接左肺及右肺。支氣管在肺部內再分支出小葉間支氣管以及最細的終末小支氣管。

終末小支氣管的末端為葡萄串狀的細小氣囊，即為肺泡。肺泡壁由兩種肺泡上皮、微血管網及彈性纖維組成，內部為密集的微血管所組成的網狀組織。由於氣體和微血管之間的血管壁非常薄，氧氣能從肺泡內進入血液中，二氧化碳也能從血液中移動到肺泡內，進而進行氣體交換。

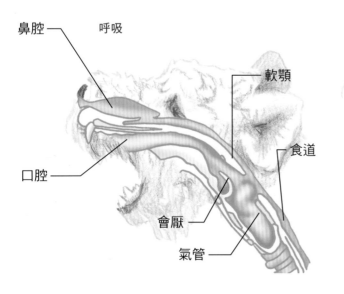

鼻腔

呼吸

軟顎

口腔

食道

會厭

氣管

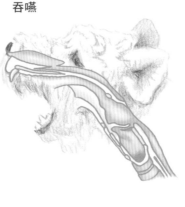

吞嚥

◆ 呼吸與吞嚥

呼吸與吞嚥是維持生命的重要機能。呼吸時氣體是從鼻、鼻孔、咽喉、喉頭而到達氣管。而吞嚥時食物或水則是從口、口腔、咽喉、喉頭而抵達食道。而軟顎與會厭則會功能性地移動，避免氣體在呼吸時進入食道，以及防止食物在吞嚥時進到氣管內。

◆ 呼吸次數標準

犬	小型犬	20～30次／分鐘
	大型犬	10～15次／分鐘
貓		20～30次／分鐘
人類		12～20次／分鐘

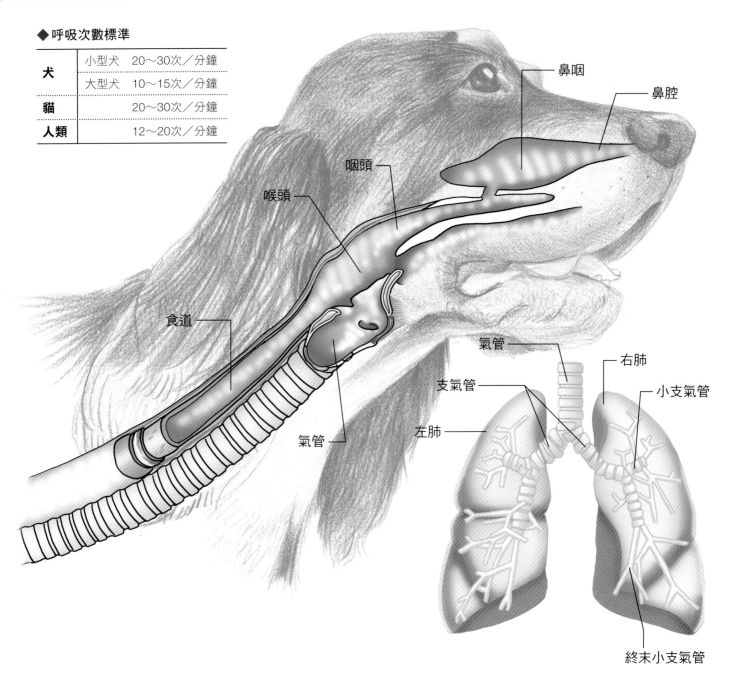

鼻咽

鼻腔

咽頭

喉頭

食道

氣管

氣管

支氣管

左肺

右肺

小支氣管

終末小支氣管

■ 肺臟的構造與功能

肺臟分成左、右肺，分別透過左、右支氣管與氣管相連。左、右肺各自分成數葉，右肺分為4葉，分別為前葉、中間葉、後葉及副葉，左肺分為2葉，分別為前葉及後葉，前葉再分成前部及後部。

肺臟和胸壁內側都被光滑的胸膜包覆著，由於胸膜十分光滑，因此肺臟在呼吸運動的同時能夠滑順地來回移動，再加上肺臟側和胸壁側的胸膜之間存在著少量的潤滑液，在潤滑液的作用下，即使肺臟因呼吸動作而改變大小也能滑順地移動。

左右肺之間有一空腔稱為縱膈腔，內部包含有心臟、胸腺、淋巴結等器官，同時還有主動脈、腔靜脈、氣管、食道及數條不同的神經。縱膈腔將左右肺隔開，讓兩邊能機能性地獨立運作。當單側胸壁有破孔時，該側的肺臟會因為塌陷而失去功能，但另一側的肺臟則仍可保持膨脹狀態而維持呼吸功能，這就是因為左、右肺能夠各自獨立運作的結果。

肺臟挾著心臟，位於肋骨、胸椎和胸骨所包圍的胸腔裡，幾乎佔滿了整個胸腔，而胸腔的下方則以橫膈膜與腹腔相隔。由於胸腔內經常維持著負壓狀態，加上肺部本身具有會縮小的性質，藉由胸腔壁對肺部的拉扯作用以及橫膈膜的收縮、放鬆運動，使呼吸運動能自發性地反覆進行。進行吸氣時，藉由外肋間肌及橫膈膜收縮而使得胸腔擴大，進行呼氣時，藉由內肋間肌收縮及橫膈膜放鬆而使得胸腔縮小。

呼吸系統常見疾病

氣管塌陷

【原因】因氣管塌陷、狹窄導致犬隻發生呼吸困難的疾病。小型玩賞犬、短吻犬種及三歲以上之肥胖犬經常發生。患有慢性呼吸道疾病的犬隻在激烈運動、過度興奮或強力壓迫氣管時也經常會突然發病。此病症在犬隻容易興奮或高溫多溼的環境下容易惡化，因此必須讓犬隻待在安靜而涼爽的地方。而為了減輕呼吸系統的負擔，也必須控制犬隻的體重。飼主在帶犬隻外出散步運動時，也最好以胸背帶取代項圈，以免壓迫到氣管。

【症狀】犬隻會發出類似鴨子叫聲般的咳嗽聲以及明顯的吸氣聲。嚴重呼吸困難時會有發紺現象，並因為拼命呼吸而使得體溫上升，且無法透過呼氣來調節自身的體溫。若不及時加以治療可能會危及生命，或是急救成功卻留下腦部或肺部的後遺症。症狀輕微時雖可利用內科療法減輕症狀，但犬隻會經常復發。有些嚴重的病例即使使用外科療法也無法完全根治。

支氣管炎

【原因】支氣管周圍發炎的疾病，可以分為急性支氣管炎和慢性支氣管炎。導致發病的原因很多，包括細菌、病毒、真菌感染、吸入刺激性的煙霧或氣體、過敏、遺傳、老化、吸入化學藥劑、吞食異物而產生的外傷等。其中較為人所知的原因為病毒或細菌感染，例如抵抗力較弱的幼犬或高齡犬因數種病毒和細菌的混合感染而得到的「犬舍咳」，即會引發支氣管炎，不過由於目前已有疫苗可預防此病發生，因此只要記得為犬隻定期施打疫苗，就無須擔心此病。

【症狀】犬隻在進食或運動時會連續性的乾咳，咳嗽的時候會低頭像是想要吐出東西的樣子，因此有可能被誤認為嘔吐。若症狀持續惡化，犬隻會從乾咳演變成溼咳，並因為喉嚨部位感到疼痛而不喜歡被人碰觸。其他還包括不想運動、食慾減退、呼吸急促等症狀，若不加以治療可能會導致呼吸困難。

支氣管狹窄

【原因】犬隻因不慎吸入異物或喉頭、氣管、食道、支氣管等部位的腫瘤或炎症反應，導致氣管或支氣管狹窄的疾病。若吸入的異物體積很小，可能不會造成氣管狹窄，也不會出現症狀而能夠正常呼吸，但當異物從氣管進入到支氣管，甚至進到肺部深處時，有可能會傷害到肺部的終末端而造成生命危險。

【症狀】犬隻會發出痛苦的咳嗽聲、急促的喘息聲或鼾聲。若是因食道或胸腔內其他器官的腫瘤所造成，則可能會有頸部肩膀疼痛或噁心反胃的症狀。嚴重時可能因呼吸困難、血氧不足而出現發紺（嘴唇、舌頭變成紫色）現象。

咽喉炎

【原因】因喉嚨發炎而出現喉嚨疼痛及咳嗽症狀的疾病，可能是因為口腔、鼻腔內部發炎或全身性疾病等而導致喉嚨發炎，或是因為有害物質、有毒氣體、藥品或病毒感染直接刺激或傷害到喉嚨所引起。有些短吻犬種則會因喉嚨先天性的構造不良而容易患有咽喉炎。

【症狀】輕度發炎時僅有乾咳而不會有其他明顯症狀，隨著病情發展會出現嚴重咳嗽、討厭被別人碰觸喉嚨附近等現象。有時會因為喉嚨疼痛而食慾減退，或是因過度咳嗽而造成喉嚨出血。若病情更加惡化，則可能發生呼吸困難、呼吸時呈現痛苦狀以及張口呼吸等症狀。由於此病也會造成聲帶發炎，因此犬隻可能會出現叫聲改變或無法發出聲音的現象。

肺水腫

【原因】因流經肺部的血液發生鬱血現象，導

致肺泡周圍血管的血液無法順利流動，氧氣和二氧化碳無法順利進行氣體交換，使得犬隻呼吸發生異常的一種疾病。大多是因為心臟病、肺炎或吃到有毒物質所引起，也有少數的案例是因為藥品中毒而導致肺水腫。

【症狀】症狀輕微時，犬隻會在運動或興奮時出現咳嗽或輕微的呼吸困難現象，但若是嚴重的肺水腫，則會出現嚴重咳嗽、精神沈鬱、快而淺的呼吸，以及呼吸困難的症狀。若呼吸困難的症狀更加惡化，會出現大量流口水和張口呼吸等情形。為了想讓自己能夠輕鬆呼吸，會出現前腳向前伸直或來回步行焦躁不安的動作。肺水腫的咳嗽症狀與喉嚨腫瘤、吞食異物或噁心想吐的症狀類似，診斷時需特別注意。

肺氣腫

【原因】因肺泡異常擴張吸入過多的氣體，導致肺泡膨脹破裂的疾病。犬隻可能因支氣管炎、腫瘤等原因造成支氣管狹窄或阻塞，導致周圍的肺泡發生異常，最後演變為肺氣腫。激烈的咳嗽有可能引發急性的肺氣腫，而患有慢性呼吸道疾病的犬隻在激烈運動後，也可能因肺泡過度使用而導致肺氣腫發生。

【症狀】急性肺氣腫很可能危及犬隻的性命，患犬的口鼻會流出口水或白沫，並有呼吸困難的現象，嚴重時可能死亡。患有慢性肺氣腫的犬隻則很容易疲倦，稍微運動就會呈現呼吸急促、呼吸困難等痛苦的狀態，要花費很長的時間才會回復正常呼吸。

肺炎

【原因】造成肺炎的原因包括犬瘟熱、腺病毒等病毒、細菌、寄生蟲感染等病原感染，其他還包括過敏、刺激性的氣體或藥物、食物或液體誤入肺裡等原因也可能引發肺炎。患有慢性支氣管炎或氣管塌陷的犬隻比較容易發病。

【症狀】肺炎會有咳嗽、發燒、不喜歡運動、食慾減退等症狀。若症狀惡化則會出現呼吸困難的現象，犬隻的呼吸會變得淺而快速，或是痛苦喘氣、無法躺臥下來。犬隻會為了想讓自己呼吸輕鬆一點而將脖子伸直，並有坐立難安的情形。

逆向性噴嚏症候群

【原因】逆向性噴嚏症候群是一種發作性的呼吸行為，犬隻會以鼻腔連續而激烈地吸氣，大部分發生在小型犬種。可能與過敏性疾病、病毒性疾病、心臟病、細菌感染、軟顎過長症有關，但確切的原因至今仍不明。

【症狀】此病症的特徵是犬隻會站著把脖子向前伸直，發出像豬叫一樣的聲音。症狀約維持1～2分鐘，結束後會自然回復正常的狀態。運動或安靜時都可能發生，但症狀均不會維持太久。若發生的次數過多或發作時過於激烈，建議可進行鼻腔或咽喉的檢查。

氣胸

【原因】氣體因某種原因進到胸腔之內，導致肺部被氣體壓迫的疾病。正常狀態下胸腔與外界是隔開的，只透過氣管與外界相連並讓氣體進出胸腔。若犬隻因交通事故、與其他犬隻打架受傷、或是因呼吸道疾病而造成胸腔破孔，使氣體進入到胸腔內，就會妨礙肺部的膨脹而無法發揮正常的呼吸功能。

【症狀】輕微氣胸的犬隻呼吸會變得快而淺，但在投藥治療與讓犬隻靜養後，症狀大部分會獲得改善。若病情惡化，犬隻會有咳嗽、呼吸困難、胸部疼痛等症狀，有時還會有流口水及喀血情形發生。若是勉強犬隻運動或讓牠們過於興奮，呼吸困難的症狀會更加嚴重。若是發現犬隻有不喜歡躺下的情況時，需特別注意。

■ 循環系統的範圍與功能

循環器官除了讓血液和淋巴液能在全身循環外，還能生成血液成分中的血球、進行氧氣與二氧化碳的氣體交換、運送營養物質及代謝出的廢物，是擁有多種功能的器官，而所有的循環器官可總稱為循環系統，其中包括心臟、血管、血液、淋巴管、脾臟、腎臟、骨髓等器官。

為了維持體內組織的正常機能，氧氣、養分、荷爾蒙都是不可或缺的必要物質。而體內各組織所代謝出的二氧化碳和代謝廢物，也必須排出體外才不致傷害身體。循環系統所擔負的主要任務，就是生成血液，並將這些物質溶於血液中加以運送。為了達到此任務，血管會從心臟開始將血液運送至體內各組織之後再回到心臟，就如同「循環」的字面意義一樣，形成一個循環的通路。於是如同幫浦一樣將血液打到全身的心臟，加上遍布全身各角落的血管及其中的血液，才能完成體內最重要的循環任務。

由於循環系統對全身機能是否能正常運作有著極大的影響力，因此一旦循環系統發生疾病，都是攸關生命的重大問題。

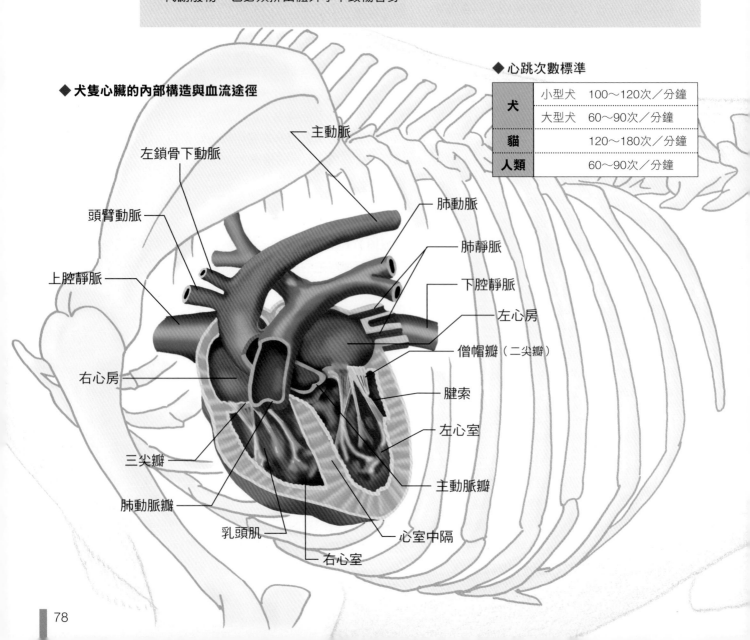

◆ 犬隻心臟的內部構造與血流途徑

◆ 心跳次數標準

犬	小型犬　100～120次／分鐘
	大型犬　60～90次／分鐘
貓	120～180次／分鐘
人類	60～90次／分鐘

左鎖骨下動脈
主動脈
頭臂動脈
肺動脈
肺靜脈
上腔靜脈
下腔靜脈
左心房
僧帽瓣（二尖瓣）
右心房
腱索
左心室
三尖瓣
主動脈瓣
肺動脈瓣
乳頭肌
心室中隔
右心室

◆ **體循環**

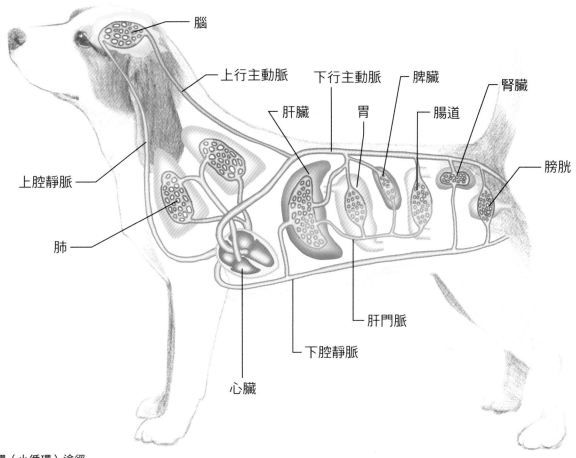

腦

上行主動脈　下行主動脈　脾臟　腎臟

肝臟　胃　腸道

上腔靜脈　膀胱

肺

肝門脈

下腔靜脈

心臟

※[1] **肺循環（小循環）途徑**
右心室→肺動脈→肺部→肺靜脈→左心房

※[2] **體循環（大循環）途徑**
左心室→主動脈→全身之器官、組織→靜脈→腔靜脈→右心房

■ 心臟的構造與功能

心臟是由一種名為心肌的特殊肌肉所構成，能像幫浦一樣同時將血液送到全身以及讓血流回流至心臟。內部分為左心室、左心房、右心室、右心房四個腔室，右心房與左心房之間為心房中隔，右心室與左心室之間為心室中隔。

心室的出口和入口均有瓣膜，心臟每次收縮的時候，瓣膜會打開及關閉以防止血液逆流，讓血液能澈底地送到全身。右心房與右心室之間的瓣膜為三尖瓣，右心室與肺動脈之間的為肺動脈瓣，左心房與左心室之間為僧帽瓣（二尖瓣），左心室與主動脈之間則為主動脈瓣。

心房壁較薄，會接受來自靜脈輸送的血液，並將血液送到心室，是一種輔助性的幫浦

功能。而心室壁的肌肉則厚而有力，能以強烈的收縮將血液集中送出，是心臟幫浦的主要動力。由於心房和心室在接受電位刺激時是有時間差的，因此心房會先收縮，之後心室才開始收縮，藉由此種機制，心房內的血液才能順利送入心室。

如同先前所說的，血液在心臟內的循環，是有著一定的流動順序的。從右心室送出的靜脈血經由肺動脈到達肺部，在肺部進行氧氣與二氧化碳的氣體交換之後，再經由肺靜脈回到左心房，這個部分的血液循環就稱為肺循環（※[1]）。而從左心室送出的血液則經由主動脈送到全身各器官，並透過體內的微血管進行氣體交換後，再經由靜脈、腔靜脈回到右心房，這種血液循環就稱為體循環（※[2]）。

心臟常見疾病

二尖瓣閉鎖不全

【原因】位於心臟左心室入口的二尖瓣無法確實緊閉的疾病。由於老化或遺傳因素，使得二尖瓣的組織變厚，或是固定二尖瓣的腱索發生問題，導致二尖瓣無法確實緊閉而讓血液經常發生逆流，最後造成心臟肥大。此病症通常發生在小型犬種，牠們會在5、6歲開始發病，並隨著年齡增加而症狀更加惡化。

【症狀】疾病發生初期犬隻會在興奮的時候出現輕微的咳嗽症狀，但隨著病情發展，咳嗽會變得越來越頻繁，有時甚至會咳嗽一整個晚上。除了咳嗽之外，還會有呼吸變喘而急促、漸漸不喜歡運動等多種症狀出現。若血液的逆流情形惡化，不但會導致心臟變大，肥大的心臟還會壓迫支氣管，導致肺臟的功能降低，肺部出現鬱血的情形，使犬隻的呼吸越來越不順暢。之後還可能使肺部或其他臟器的血管發生異常，心臟也變得無法維持正常的功能。

三尖瓣閉鎖不全

【原因】由於三尖瓣無法完全閉鎖，造成心臟收縮時右心室的的血液往右心房回流的疾病。發生的原因可能與心臟畸形、三尖瓣發育異常等先天性疾病有關，也可能是心絲蟲感染、擴張性心肌症、二尖瓣閉鎖不全等後天性疾病所造成，幾乎不會單獨發生。此病症在統計學上算是犬隻經常發生的心臟病種類，小型犬種很容易發病。

【症狀】發病初期的症狀包括乾咳、運動後容易疲勞、體型消瘦等，隨著病程進行，犬隻會有四肢浮腫、食慾低下和反應遲鈍等症狀，肺部會開始積水，支氣管內分泌物增多，導致咳嗽症狀變得更加嚴重。犬隻會因為肺部異常和呼吸困難等症狀，在橫躺下來睡覺時覺得非常痛苦，而改用將胸部壓在下面的趴睡姿勢。嚴重時甚至會出現昏睡症狀。

心肌病

【原因】由於心肌的收縮功能變差，導致心臟擴大或心衰竭，血液無法順利送到全身的疾病。通常發生在4～6歲的犬隻，發病原因不明，有些犬種的發病可能與遺傳因素有關。

【症狀】由於心臟無法將血液順利送出，導致血液滯留在心臟而引發鬱血性心衰竭的症狀出現。若血液鬱積在左心室，則會引發肺水腫和呼吸困難，若發生在右心室，則會造成胸水和腹水。嚴重時心房內會產生血栓，並造成血管栓塞。有時腎臟會因為血流不足而引發腎衰竭，或是因肝臟的血管發生鬱血而造成肝臟損傷。

犬心絲蟲感染症

【原因】是一種以蚊子為媒介的心臟病，犬隻會因為心絲蟲寄生在肺動脈內而引起繼發性的右心衰竭。不只限於飼養在屋外的犬隻，即使是室內犬外出的散步也可能被蚊子叮咬，蚊子在吸血時會將心絲蟲的幼蟲注入犬隻的血液中，幼蟲順著血流抵達心臟，在那裡發育為成蟲後寄生在心臟或肺動脈裡。心絲蟲的成蟲長度可達15～20公分，會對心臟造成不小的傷害，而蟲體本身、蟲體產生的分泌物或是死亡的心絲蟲屍體若是堵塞在肺動脈的末梢，則會對心臟造成極大的負擔，並可能引起心衰竭、肝硬化等肝臟病變、以及腎衰竭等疾病。

【症狀】初期症狀為咳嗽及不喜歡運動，隨著病程發展，腹部可能因腹水積存而腫脹。大部分的心絲蟲感染症是慢性的，但也會有急性發病的情形，患犬會突然出現血尿、精神沈鬱、食慾不振、呼吸困難等症狀。

肺動脈高壓

【原因】因肺動脈末梢的小動脈內腔狹窄，血液不易通過，導致肺動脈血壓升高的疾病。而負責將血液送往肺動脈的右心室則會因為無法長期承受過高的肺動脈血壓，久而久之右心室

的功能降低，最後導致右心衰竭。

【症狀】持續的肺動脈高壓會造成右側心臟的幫浦功能降低，無法順利將血液送往肺動脈，導致心搏輸出血量下降、靜脈血液鬱積，使得右心功能漸漸衰竭，患犬會出現乾咳、精神不佳、不喜運動、稍微運動就喘氣、呼吸困難、食慾低下、水腫、下痢、便秘、體重下降等症狀。

主動脈瓣狹窄

【原因】因主動脈瓣發生狹窄現象，使心臟無法順利將血液輸出，對心臟造成極大負荷的一種疾病。由於心臟必須以較大的收縮力才能將血液送出，造成左心室肥大、擴張能力下降、以及左側心臟功能衰竭。犬隻可能繼發性地發生二尖瓣閉鎖不全、主動脈瓣閉鎖不全、主動脈瓣心內膜炎等心臟疾病。

【症狀】輕微的主動脈瓣狹窄幾乎沒有症狀，可能只有活動力比其他犬隻差一點的感覺。若是嚴重的主動脈瓣狹窄，患犬可能會在激烈運動或過度興奮時突然倒下或步履蹣跚，或是經常出現呼吸困難、痛苦喘息的症狀，有些犬隻則會有四肢末端浮腫或腹水等症狀。嚴重時犬隻可能會因為心衰竭而突然暴斃。

肺動脈瓣狹窄

【原因】肺動脈瓣因先天性的狹窄使血液無法順暢流動，導致右側心臟承受極大負荷的一種疾病。血液在流經狹窄處時血流的速度會增快，若持續這種狀態，會造成右心室肥大和擴張能力下降，導致輸出血液的能力變差及右側心臟功能衰竭，還可能繼發三尖瓣閉鎖不全或右心房擴張。

【症狀】症狀輕微時，犬隻會比較容易疲倦，但因為症狀不明顯而經常被忽視。若病情惡化，犬隻會出現呼吸困難、稍微激烈的運動就氣喘不止、四肢末端浮腫、腹水、心臟肥大、

心衰竭、心律不整、昏迷等症狀，嚴重時可能突然暴斃。

永存性動脈導管

【原因】胎兒在母親體內時，由於肺臟還沒有呼吸功能，因此肺動脈的血液會藉由一條名為動脈導管的血管流到主動脈。胎兒出生開始進行肺呼吸後，動脈導管通常會在一週內自然關閉，而永存性動脈導管就是動脈導管在未關閉的情況下持續存在的一種先天性疾病。患有此病的犬隻由於有過多的血液流入心臟，因而造成心臟的負擔，使心臟的功能漸漸變差並導致左心衰竭，若動脈導管的開口過大，還可能造成繼發性的肺動脈高壓以及因血流發生逆流而導致右心衰竭。

【症狀】輕微時無明顯症狀，嚴重時則會有喘氣、後肢虛弱等不同症狀出現。犬隻會變得不喜歡運動或散步，運動後則出現咳嗽及喘氣等症狀。病情會隨著年齡增長而惡化，最後則會有心衰竭的情形發生。

心室中隔缺損

【原因】心臟左心室與右心室之間的心室中隔因發育不完全，使中隔上出現一個孔洞讓左右心室互通的一種先天性疾病。由於血流會藉由這個孔洞由左心室流入右心室，造成心臟功能異常，肺臟也可能因為負擔過大而出現肺水腫的現象。此病症較少單獨發生，通常會與心房中隔缺損或永存性動脈導管等其他先天性心臟病一併發生。

【症狀】若中隔上的開孔很小，犬隻幾乎能沒有症狀地生活下去，但若孔洞較大時，犬隻會有運動耐受力差、容易疲勞、呼吸困難、乾咳、食慾低下、發育不良等症狀。若症狀持續下去則容易併發其他呼吸器官的疾病，嚴重時可能因心臟衰竭而死亡。

血液

█ 血液的功能與造血機制

血液藉由心臟的力量不停地在體內循環，提供全身各組織臟器生存所需的氧氣與營養，並將細胞代謝產生的廢物清除乾淨，同時還擁有保護身體不受細菌或病毒侵害的防禦功能。因此若血液無法到達體內某個部位，該部位的細胞就會無法存活而壞死，組織或器官就會喪失正常機能，不只會造成體內嚴重的傷害，甚至可能直接危及生命。

血液的組成分為兩大部分，分別為統稱為「血球」的細胞成分以及稱為「血漿」的液體成分。血球分為紅血球、白血球及血小板，各自有其特定的形態和重要功能，在維持生命正常機能上扮演極為重要的角色。細胞成分佔全體血液的45％，液體成分的比例則為55％，血液在這種比例的組成下，才能順暢地流動。

在全身進行循環的血球是由位於硬骨中央的骨髓所製造，骨髓是一種海綿狀的組織，含有許多未分化的細胞，其中「造血幹細胞」在經過增殖與分化以及適當的條件與刺激下，先形成未成熟的紅血球、白血球和血小板，這些未成熟的細胞會再進行分裂與生長，最後發育為成熟的血球細胞進入血液中，發揮應有的功能。

雖然造血幹細胞在製造血球後會逐漸減少，但因為它們具有自我複製能力，因此並不會消耗殆盡。不過隨著犬隻年齡增長，骨髓中的脂肪含量會增加，骨髓細胞會漸漸減少，這種現象在正常情況下並不會產生什麼不良影響，但體內若因某些理由而需要更多的血球細胞時，就可能會出現健康問題。這是因為骨髓無法應付身體額外的造血需求，因此出現貧血症狀。

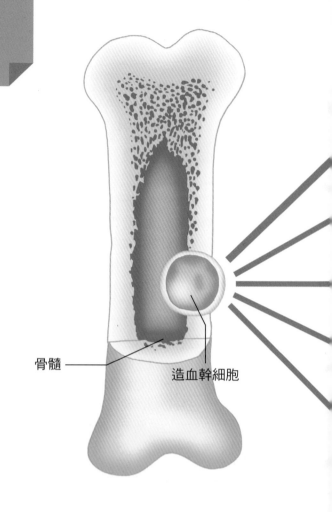

骨髓

造血幹細胞

血液的常見疾病

█ 貧血

【原因】貧血是指體內紅血球數量減少的一種狀態，可能的原因包括體內或體外的出血、健康的紅血球在成熟前遭到破壞、或骨髓製造紅血球的過程受到抑制等。而消化系統或代謝系統疾病、特定藥品或化學物質引起的中毒、懷孕期或分娩時胎兒不同血型的紅血球混入母體、接種過含有同種血液製劑的疫苗或輸血等也可能造成貧血。

【症狀】常見的症狀包括精神不佳、身體虛弱、散步或運動途中經常坐下不想動或一下就氣喘吁吁，嚴重時犬隻會一直喘氣、牙齦發白、脈搏變快等。

█ 血小板減少症

【原因】由於血小板急遽減少，導致身體變得極容易出血或內出血，可能是因為白血病或傳

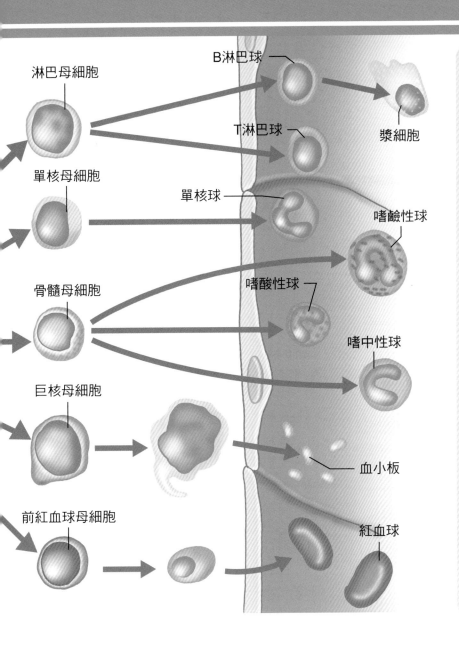

淋巴母細胞
B淋巴球
漿細胞
單核母細胞
T淋巴球
單核球
嗜鹼性球
骨髓母細胞
嗜酸性球
嗜中性球
巨核母細胞
血小板
前紅血球母細胞
紅血球

血液的成分

◆ 紅血球

紅血球佔全體血球細胞的96％，是血液中最主要的血球細胞。紅血球在肺部得到氧氣之後，負責將氧氣搬運到全身各組織內。紅血球中的血紅素含有豐富的鐵質，鐵會與氧氣結合，因此可以攜帶氧氣。若紅血球遭到破壞而無法攜帶氧氣，動物就會出現貧血的症狀。

◆ 白血球

白血球的防禦功能可以保護身體不受到細菌或病毒等病原的侵害。白血球分為數個種類，負責吞食細菌的為「嗜中性球」，會攻擊病毒或癌細胞的則為「淋巴球」。藉由測定不同種類的白血球數量，可以協助診斷出犬隻目前是否發炎或過敏，以及是否有病毒感染、白血病或其他傳染病等疾病。

◆ 血小板

血小板能附著在因受傷而破損的血管壁上，將傷口塞住防止繼續出血，並讓血管壁回復原狀。當皮膚受傷時能立即止血，靠的也是血小板的凝血功能。藉由測定血液中血小板的數量，可判斷血液的凝血功能是否正常。

◆ 血漿

血漿佔血液總體積的55％，是血液中的液體成分，為淡黃色的液體。血漿由水、蛋白質和電解質組成，能載運養分、荷爾蒙、鹽分、糖分和鉀離子等物質，並將新陳代謝所產生的代謝廢物、過多的鈉離子等送到特定的臟器排出體外。

染病所造成，也可能與自體免疫導致體內的血小板遭受攻擊有關。犬小病毒、犬瘟熱等病毒感染、藥物或疫苗接種也是可能的原因之一。

【症狀】由於血小板與凝血功能有關，當血小板不足時，犬隻可能會在眼睛或鼻子的黏膜處發生內出血，皮膚上也可能出現小的出血斑。嚴重時犬隻會出現吐血、血便、血尿、流鼻血等症狀，並引發貧血。

免疫媒介性溶血性貧血

【原因】體內原本用於對抗病毒或細菌等外來病原體的免疫系統，因某種原因而改為攻擊自體組織，這種情形就稱為自體免疫。當體內因自體免疫而產生對抗紅血球的抗體時，就會破壞紅血球而引發貧血。發生的原因通常不明且多為突發性，主要發生在2～8歲的犬隻，雌犬的發生率比雄犬高出3～4倍。

【症狀】當紅血球遭到破壞，會出現眼睛黏膜或牙齦發白等貧血症狀。遭受破壞的紅血球有時會引發黃疸，眼睛和牙齦會有發黃現象。還會有精神不佳等症狀，嚴重時則會容易疲倦。

溫韋伯氏病（類血友病）

【原因】類血友病是一種出血異常，且無法正常凝血的遺傳性疾病。這是因為犬隻體內的溫韋伯因子（vWF）不足或缺陷所引起的疾病，由於溫韋伯因子在凝血過程中扮演極為重要的角色，一旦缺乏會容易出血及流血不止，與血友病的症狀類似，因此又稱為類血友病。依照症狀不同可分為三種類型，其中第三型的症狀最為嚴重，犬隻可能因凝血異常而出血致死。

【症狀】皮膚外傷、口腔黏膜出血不易止血。消化道出血造成可見的血尿、血便。出血量大時，甚至可能併發甲狀腺機能衰竭等症狀。

泌尿系統

■ 泌尿系統的範圍與功能

泌尿系統指的是負責尿液的生成、運送，並在儲存後排出體外的各個器官，包括腎臟、輸尿管、膀胱及尿道（雄犬的陰莖也包含在內）。主要的功能除了處理體內的代謝廢物並形成尿液，還包括將礦物質等微量成分和水分排出與再吸收，以維持體內的平衡。也就是說，若泌尿系統的功能出現異常，不是體內會積存不必要的物質與水分，就是會流失必需的養分與水分，導致身體出現各式各樣的健康問題。

腎臟在過濾血液時，會將其中的廢物過濾出來並形成尿液，再透過輸尿管由腎臟運送到膀胱內。膀胱能暫時儲存尿液，並在收縮時將尿液由尿道排出體外。輸尿管、膀胱、尿道三者合稱「泌尿道」，而腎臟和輸尿管稱為「上泌尿道」，膀胱和尿道則稱為「下泌尿道」。

擁有複雜身體構造的動物，為了不輕易受到外界環境影響，會以特定的身體機能來維持體內環境的穩定，並以專門的器官負責攝取養分、排出廢物，管理與控制體內外的物質交換。其中泌尿系統肩負的就是排泄功能，負責將體內的廢物排出體外，而為了防止體外的細菌藉由此排泄管道入侵體內，尿道在排尿以外的時間都呈現緊閉的狀態。

【腎臟】

腎臟為一對蠶豆形的器官，在過濾血液時將其中的代謝廢物和氨等毒素過濾出來並形成尿液排出體外。腎臟的內部是由許多複雜的構造所組成，其中最重要的構造就是腎小球（絲球體及鮑氏囊）和腎小管，負責血液的過濾與再吸收功能。除了產生尿液，腎臟還肩負許多功能，包括調節體內的水分與礦物質、調節血液的酸鹼值、維持血壓、活化維生素D以維持骨骼的健康、以及刺激骨髓生成紅血球等。

【輸尿管】

輸尿管為一管狀構造，左右各一條，是腎臟生成的尿液輸往膀胱的管道。輸尿管與腎盂和膀胱間的連接部分會藉由蠕動運動進行開合，有效地輸送尿液。

【膀胱】

膀胱是一個袋狀器官，能暫時儲存由腎臟輸送過來的尿液。膀胱的肌肉為平滑肌，由自律神經控制，尿液尚未進入時膀胱呈現皺縮狀，尿液累積後膀胱會漸漸膨脹，膀胱壁會變得薄而飽滿。當膀胱裝滿尿液後，會將刺激傳送到大腦而產生尿意。

【尿道】

尿道是膀胱將積存的尿液排到體外時所經由的管道。雄犬的尿道從膀胱延伸到陰莖的前端，因此公狗的尿道不但又細又長，而且是彎曲的，而雌犬的尿道則粗而短並且是筆直狀。也由於這項差異，因此雄犬和雌犬容易得到的泌尿道疾病也不一樣。尿道的括約肌在平常是緊閉的，只有在接受到大腦傳來的指令時，尿道括約肌才會放鬆讓尿液排放出來，因此尿道除了擁有排泄的功能，也能防止細菌等病原入侵體內。

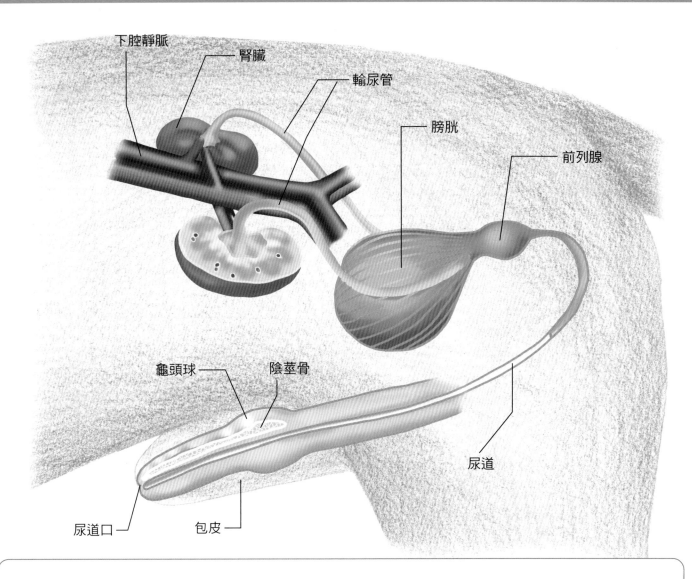

下腔靜脈 — 腎臟 — 輸尿管 — 膀胱 — 前列腺

龜頭球 — 陰莖骨

尿道

尿道口 — 包皮

◆ **腎臟的過濾系統與再吸收**

　　腎臟最主要的功能就在於過濾血液，腎臟中的絲球體是一種非常微小的高效能過濾器，當循環全身的血液經由腎動脈進入腎臟後，絲球體就會在血液通過時將血中的代謝廢物過濾出來並形成尿液排泄出去，而經過過濾的乾淨血液再經由腎靜脈回到心臟。

　　經由絲球體過濾出來的水分和代謝廢物稱為原尿，並非所有的原尿都會被排泄出體外，這是因為原尿中還含有許多身體所需的水分、電解質和葡萄糖等成分，當原尿經過腎小管時，腎小管會再將這些身體所需的水分和成分再吸收，而經過再吸收後所剩下的尿液才會被排泄出體外。

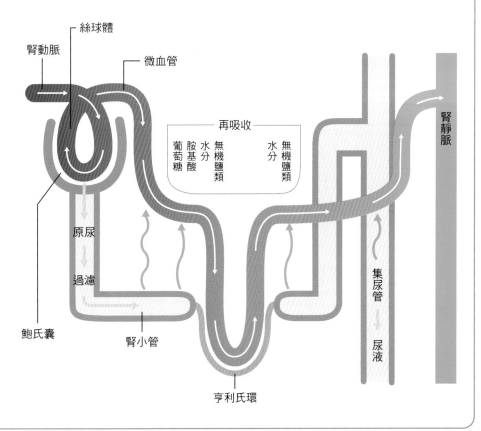

腎動脈 — 絲球體 — 微血管

再吸收
葡萄糖　胺基酸　水分　無機鹽類
水分　無機鹽類

腎靜脈

原尿

過濾

鮑氏囊 — 腎小管

亨利氏環

集尿管

尿液

泌尿系統常見疾病

慢性腎衰竭

【原因】慢性腎衰竭指的是負責過濾血液中代謝廢物的腎臟，因某些原因使得功能緩慢衰退的疾病。大部分發生在高齡犬隻，但先天性腎臟畸形的犬隻也可能發生。通常在腎臟機能已經衰退3/4以上後才會發病，由於是進行性的疾病，因此治療的效果相當有限。

【症狀】慢性腎衰竭的初期除了尿的顏色比較淡之外幾乎沒有其他的症狀，接著犬隻可能出現多喝多尿的現象，但症狀仍不明顯。雖著病程進行，犬隻會開始出現嘔吐、食慾不振、體重減輕和貧血等症狀，最後因體內的廢物和毒素無法排出體外而引發尿毒症，犬隻會頻繁嘔吐和下痢，並出現痙攣、昏睡等神經症狀。

急性腎衰竭

【原因】急性腎衰竭是指因腎炎或循環系統疾病的惡化，導致腎臟功能急遽衰退的狀態。病因依發生的部位可分成三類：「腎前性急性腎衰竭」是因為出血、脫水、休克、心臟病等原因造成腎臟的血液灌流量不足，導致腎臟的過濾機能下降；「腎實質性急性腎衰竭」是因中毒、傳染病、免疫性疾病等原因造成腎臟本身的損傷而發病；「腎後性急性腎衰竭」則是因泌尿道（輸尿管、膀胱、尿道）發生異常，導致尿液無法順利排出體外而發病。急性腎衰竭有時也可能會轉變為慢性腎衰竭。

【症狀】由於腎功能嚴重衰退，犬隻的尿量會急遽減少甚至完全無尿，並有食慾不振、反胃、嘔吐、精神沈鬱等症狀，病情可能在數小時到數日間急速惡化。其他的症狀則通常與引發急性腎衰竭的病因有關。

膀胱炎

【原因】膀胱炎是指雄犬或雌犬因大腸桿菌或葡萄球菌從外陰部逆行感染到膀胱，導致膀胱內壁發炎的疾病。飲水量少且排尿量少的犬隻，也會因為含有細菌的尿液在膀胱內積存過久而容易發病。若演變成慢性膀胱炎，細菌可能會從輸尿管上行感染到腎臟，造成腎盂炎或輸尿管炎。雌犬比雄犬更容易罹患膀胱炎。

【症狀】患有膀胱炎犬隻所排出的尿液，從稍微混濁到紅色的血尿皆有可能，有時會帶有強烈的尿騷味。除了尿液的顏色與氣味變得跟平常不一樣之外，若飼主觀察到犬隻排尿的頻率增加以及出現回頭舔舐自己陰部的行為時，也必需多加注意。由於發炎的膀胱壁在尿液脹滿時會受到壓迫而疼痛，因此排尿時也會伴隨疼痛，並因而導致食慾低下。此外，犬隻的排尿頻率雖然增加，但每次的排尿量卻僅有幾滴，或是做出排尿的樣子卻沒有尿液流出。

急性腎炎

【原因】急性腎炎是指腎臟內絲球體的基底膜因某些原因造成突發性的發炎，因此又稱為「急性絲球體腎炎」。由於腎臟無法將體內多餘的含氮廢物有效地排出體外，因此血中含氮廢物的濃度增高，形成氮血症。雖然子宮蓄膿、免疫媒介性溶血性貧血、腎上腺皮質功能亢進、犬傳染性肝炎等病毒感染以及有毒物質的影響都可能與急性腎炎的發生有關，但發病的確切原因至今仍未確定。

【症狀】此病症初期由於症狀輕微，沒有明顯的病變，因此通常不會被診斷出來。病情惡化時，會因為尿毒症而迅速引起體內各器官的功能異常，臨床症狀包括尿量減少、尿色變濃、血尿、食慾低下、嘔吐、脫水、口臭以及痙攣等神經症狀，口腔內會有出血情形，並散發出氨的臭味。急性腎炎若反覆發生，有時會轉變成慢性腎炎。

腎盂腎炎

【原因】尿液的路徑原本為腎盂→輸尿管→膀胱→尿道，但若是排尿的路徑中任何一個部位出現異常，就有可能導致尿液逆流。此時只要尿道或膀胱因細菌感染而發炎，就會上行感染

到腎盂部位而造成腎盂腎炎。此病症依病情發展的速度可分為急性腎盂腎炎及慢性腎盂腎炎，大部分會併發膀胱炎，若病程持續進行，也可能會演變成腎衰竭。

【症狀】混濁並帶有強烈異味的尿液是此病症的特徵，急性時犬隻會有食慾不振、精神沈鬱、發燒、腹痛、嘔吐、多喝多尿及血尿等症狀。慢性時除了多喝多尿外，通常沒有明顯症狀，直到病程進展到一定程度時才會被發現，並慢慢演變為慢性腎衰竭。

尿路結石

【原因】腎臟、輸尿管、膀胱、尿道等泌尿道的結石統稱為「尿路結石」，其中最容易產生結石的部位為膀胱及尿道，而依結石形成的部位，則可分成4種結石（如A框）。當犬隻從飲食、飲水中所攝取的鈣、鎂、磷等礦物質與尿液中的蛋白質等物質結合時，就有可能形成結石（如B框）。因為喜歡而吃下過量乾糧的犬隻，或是吃太多鈣含量較高的肉乾時，特別容易發生尿路結石，並且經常在寒冷的冬季或梅雨季節時復發。飲水量不足、維生素A不足、內分泌功能亢進等情況也可能引發尿路結石。

A

腎臟結石
在沒有併發腎盂腎炎的情況下，腎臟結石的症狀並不容易診斷。有時腎臟內的結石會引發腎衰竭。

輸尿管結石
輸尿管結石經常伴隨激烈的疼痛，犬隻會有食慾不振、嘔吐等症狀，若發生感染則還會發燒。症狀通常會突然出現。

膀胱結石
膀胱結石會有頻尿、血尿等症狀。

尿道結石
尿道結石會有強烈疼痛、血尿或排尿困難等症狀，惡化時結石可能會將尿道塞住，導致尿毒症、膀胱破裂等情況發生，甚至造成犬隻死亡。

B

磷酸銨鎂結石（Struvite）
最常見的尿路結石，比例將近6成左右。

矽酸結石
約佔尿路結石中的2成比例。

草酸鈣結石
目前已知好發於雪納瑞犬。

尿酸銨結石
目前已知好發於大麥町犬。

【症狀】症狀依結石形成的部位而有所不同，但大多會出現頻繁而少量的排尿和排尿時劇烈疼痛等症狀，有時會有血尿現象。由於結石所造成的疼痛以及尿液沒有排乾淨的殘尿感，犬隻會在平常如廁的地方以外排尿，並經常做出排尿的姿勢。若因結石阻塞泌尿道而造成急性腎衰竭，嚴重的情況下甚至會危及生命。

腎病症候群

【原因】因糖尿病、白血病、過敏、腎澱粉樣變性、絲球體腎炎等疾病造成身體浮腫、腹水等多種不同的腎病症狀，稱之為腎病症候群。發病時由於尿中的蛋白質增加，血中的蛋白質減少，血管內外的滲透壓不平衡，水分會從血管壁滲透到身體的組織裡。

【症狀】患犬通常會出現全身浮腫、腹水（腹部脹大）、蛋白尿、精神沈鬱、食慾減退、下痢、嘔吐等症狀。而由於血液變得容易凝血，因此可能在身體不同的部位出現血栓，且全身抵抗力下降而容易感染。若病情持續惡化，則可能造成腎衰竭或尿毒症，嚴重時甚至死亡。

生殖系統

■生殖系統的範圍與功能

生殖系統指的是為了繁衍後代而進行有性生殖（藉由雌性與雄性交配而產生後代的生殖方式）時，所有必要器官的總稱。雄性的生殖系統包括睪丸（精巢）、副睪、輸精管、前列腺、陰莖和陰囊等器官，雌性的生殖系統則包括卵巢、輸卵管、子宮、陰道等器官。其中精巢和卵巢會分泌不同種類的性荷爾蒙，調節與控制體內各器官的生理反應。

雄犬的精子是由睪丸所產生，並儲存在副睪內，交配時精子會透過輸精管送往前列腺，與協助精子運動的前列腺液混合成為精液後，在射精時由陰莖的尿道射出。雌犬通常一年排卵兩次，終生都會持續進行排卵，卵子從卵巢透過輸卵管送往子宮，並在交配時完成受精之後，會開始重複進行卵裂，接著形成囊胚在子宮著床。期間子宮頸會緊閉直到63天之後胎兒發育完成，在自然分娩時才再度打開，讓幼犬經由陰道（產道）產出。

由前述可知雄犬與雌犬的生殖系統在構造和功能上大不相同，因此與生殖系統有關的疾病在性質上也有極大的不同。

■雄犬的生殖系統

【睪丸（精巢）與副睪】

睪丸位於陰囊內，左右成對，為製造精子與分泌雄性荷爾蒙（雄性素）的器官。製造出來的精子會進入副睪逐漸成熟，並儲存於副睪內，副睪除了儲存精子的功能外，也會將多餘的精子和荷爾蒙加以吸收。

【輸精管】

與左右副睪連接的輸精管，負責輸送精子及排出精液內的部分液體成分。輸精管通過鼠蹊環進入腹腔，形成輸精管膨大部後，前端成為射精管並穿過前列腺與尿道相連。

【前列腺】

前列腺環繞與膀胱相連的射精管及尿道起始部，會分泌清澄無色的前列腺液，前列腺液與精子混合成為精液，除提供精子存活所需的養分及促進精子活動外，同時還能保護精子。前列腺本身則具有將精液噴射進尿道的功能。

【陰莖】

陰莖平時包覆於下腹部的包皮內，發情時才會從包皮伸出。交配時若進入射精狀態，陰莖根部的龜頭球會膨脹成球狀，使陰莖不會輕易從雌犬的陰道中脫落。雄犬的陰莖內有陰莖骨，即使在沒有完全勃起的狀態也能插入雌犬的陰道內。尿道除了排尿的功能外，也是精液射出的通道。

【陰囊】

陰囊為袋狀下垂的構造，功能為保護睪丸。陰囊內的溫度比腹腔低2～3度，同時可調節睪丸的溫度，提供適當的環境溫度以利不耐熱的精子存活。

■雌犬的生殖系統

【卵巢】

卵巢位於子宮的兩側，是製造卵子的器官。卵巢的內部分為皮質和髓質，皮質內分布有許多濾泡，而卵子則在濾泡內發育成熟。當濾泡將成熟卵排出後，濾泡會形成黃體，並分泌黃體素刺激子宮開始準備懷孕。

【輸卵管】

輸卵管與卵巢相連的部位為漏斗狀的卵管繖，接著為蜿蜒蛇行的細長管狀連接子宮，排出的卵子則會以纖毛運動運送到子宮內。正常情況下卵子會在輸卵管內受精並進行初期的卵裂。

◆ 雄犬的生殖器官

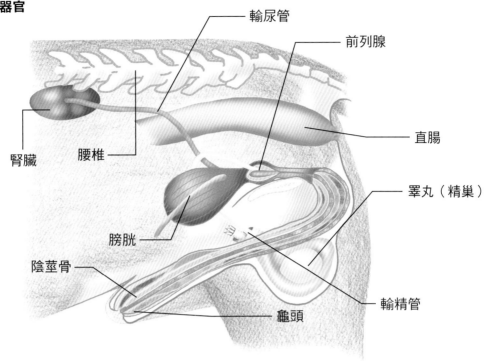

輸尿管
前列腺
直腸
睪丸（精巢）
腎臟
腰椎
膀胱
陰莖骨
龜頭
輸精管

◆ 雌犬的生殖器官

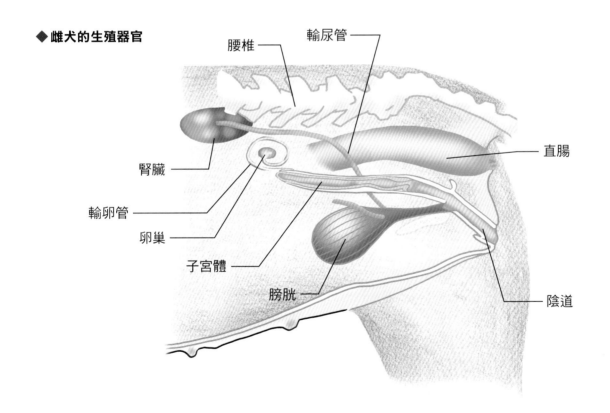

腰椎
輸尿管
直腸
腎臟
輸卵管
卵巢
子宮體
膀胱
陰道

【子宮】

　　卵子受精之後，受精卵會在子宮內著床，並在懷孕期間於子宮內持續發育成為胎兒。雌犬的子宮為雙角子宮，具有兩個角狀的子宮角和中央的子宮體，與陰道相連的部位則為子宮頸。分娩時子宮頸會打開，形成胎兒產出的管道。

【陰道】

　　陰道是子宮通往體外的管道，是交配時的性交器官，同時也是分娩時的產道。陰道最前端的陰道前庭則同時為泌尿器官與生殖器官。

生殖系統常見疾病

子宮蓄膿

【原因】子宮因大腸桿菌、葡萄球菌等雜菌入侵而引起的細菌感染症。雌犬的發情週期內，子宮內膜在排卵後為了讓受精卵能順利著床，會積極地進行細胞分裂使內膜增厚，子宮內膜的腺體也會增生並分泌大量液體，以提供受精卵充分的養分。子宮平時在身體的免疫作用下是呈現無菌狀態的，但在發情週期內為了保護與精子（對雌犬來說為外來異物）結合的受精卵，免疫機能會下降許多。在這種情況下，若子宮受到細菌感染，細菌會侵入富含營養的子宮內膜並開始大量繁殖，於是造成子宮內膜炎，並產生嚴重的化膿及蓄膿現象。而子宮的入口此時又為了保留住精子以及幫助受精卵著床而關閉，使得細菌和膿汁無法排出體外，導致子宮內的發炎及化膿現象更加惡化。此病症若不及時加以治療，大腸桿菌等細菌所分泌的大量毒素會在體內蔓延到其他器官，造成腹膜炎、腎炎、肺水腫、甚至腎衰竭等嚴重的疾病，最後犬隻很可能因多重器官衰竭而死亡。雖然從年輕到高齡的犬隻都可能發生此病症，但沒有生產經驗的中高齡犬比生產過的犬隻更容易罹患此病。

【症狀】子宮蓄膿分為開放型和閉鎖型兩種，開放型子宮蓄膿會在發病初期可發現外陰部腫脹並有膿狀或帶血的分泌物，飲水量和排尿量增加。閉鎖型子宮蓄膿則不會有膿汁流出，細菌的毒素會造成嘔吐、下痢、發燒、腹部膨脹、食慾不振、活力減退等症狀。若症狀持續惡化，子宮可能破裂而導致膿汁及細菌進入腹腔造成腹膜炎，甚至讓犬隻在短時間內死亡。

陰道炎

【原因】是雌犬的代表性疾病之一。包括病毒感染、細菌感染、生殖器官未發育成熟、陰道發育先天異常等都可能是發病原因，有時則是受其他的生殖器官或泌尿器官疾病影響而發病。陰道炎和子宮蓄膿一樣，經常造成犬隻不孕。由於陰道炎為局部的疾病，即使未加以治療，也不會像子宮蓄膿一樣造成全身性的影響，但若細菌感染持續惡化，仍有可能產生致命的危險。

【症狀】陰道炎的症狀包括陰道分泌物增加、經常舔舐陰部、排尿頻率增加及坐立難安等現象，而輕微的陰道炎則經常沒有症狀。

乳腺炎

【原因】乳腺炎主要發生在雌犬生產後哺育幼犬時，因幼犬咬傷或抓傷乳頭導致細菌感染乳腺而發病。或是在生產後的授乳期間，因幼犬死亡或產下的幼犬數量過少，乳汁分泌過多或乳汁長時間蓄積在乳腺內，也可能導致發病。一般乳腺炎若是沒有併發細菌感染，通常可早期治癒，但若併發細菌感染，則症狀有可能更加惡化。假懷孕的時候也很可能造成乳腺發炎。

【症狀】急性的乳腺炎乳房會發熱腫脹，並會分泌出乳汁，乳房可能出現硬塊，一觸摸就感到疼痛，嚴重時可能會有發燒和分泌黃色乳汁等症狀。犬隻會因為疼痛而有焦躁不安和食慾低下等現象。一旦發現犬隻患有乳腺炎，應在症狀輕微時停止讓幼犬吸奶，若乳房有發熱現象則加以冷敷，若乳房不分泌乳汁時，則稍微熱敷乳房刺激它泌乳，盡量避免讓乳汁長時間滯留在乳房內，才能防止症狀惡化。

前列腺肥大

【原因】位於膀胱後面的前列腺，因為受到睪丸所分泌的雄性荷爾蒙與雌性荷爾蒙不平衡的影響，導致前列腺漸漸肥大，並造成排尿困難與排便困難。發病率會隨著犬隻年齡增加而上升，其中7、8歲以上未結紮的雄犬特別容易發病，可以說只要是未結紮的公狗幾乎都有可能發生。除了良性的過度增生之外，前列腺

也可能因為腫瘤或細菌感染而肥大。隨著病程進行，前列腺的組織內會產生間隙，並有體液或血液蓄積在其中而形成前列腺囊腫，當這些囊腫惡化之後，就有可能因感染而化膿，並在膿汁蓄積後引發前列腺膿瘍。而前列腺肥大造成的排尿困難還可能引發膀胱炎，進而從膀胱炎發展為腎炎，若腎炎持續惡化引發尿毒症，則犬隻還會出現嘔吐、下痢等症狀。一旦前列腺肥大發展成上述這些疾病，若不緊急加以處理，犬隻極有可能死亡。

【症狀】前列腺肥大在初期幾乎沒有症狀，但隨著病程進行，肥大的前列腺會壓迫直腸和尿道，導致排便及排尿不順。臨床上可見犬隻排尿的次數增加但僅有少量尿液，每次排尿的時間也會拉長，犬隻會一直維持排尿或排便的姿勢卻沒有排泄物，或是僅排出細長狀且少量的糞便。若病情惡化，除了可能出現排尿困難和血尿等症狀之外，還可能引發細菌感染而併發膀胱炎或前列腺炎。

前列腺炎
【原因】前列腺炎指的是因細菌侵入尿道，使得前列腺受到感染而發炎的疾病。是雄犬常見的疾病，從成犬到高齡犬都有可能發生，尤其容易發生在未結紮的雄犬身上，推測可能與睪丸因年齡增加而功能異常，無法正常分泌雄性素（睪固酮）有關。雖然一般而言前列腺炎是從尿道感染而來，但也有部分病例是從其他地方透過血液而感染到前列腺。幾乎所有的前列腺炎都伴隨有前列腺肥大。

【症狀】初期到中期的前列腺炎症狀與前列腺肥大相似，若感染擴散到膀胱，則會引發膀胱炎的相關症狀。發炎腫脹的前列腺會壓迫到尿道，導致犬隻在排尿時有裡急後重的現象，有時則會有排尿疼痛、尿液顏色混濁或帶血等症狀出現。急性的前列腺炎在臨床上會出現發燒、嘔吐、食慾減退等症狀，慢性的前列腺炎則因為症狀不明顯且前列腺肥大情況輕微而不易診斷出來。

隱睪
【原因】雄犬左右兩側的睪丸通常會在出生後約6～8週時從腹腔下降到陰囊，但若6個月齡時睪丸仍停留在腹腔內或鼠蹊部，就可將這種狀態診斷為隱睪。隱睪大多與遺傳因素有關，但也有部分病例是因為荷爾蒙分泌異常或是睪丸下降的過程受到物理性的妨礙。大部分的隱睪為單側隱睪，且右側睪丸隱睪的發生率是左側睪丸的兩倍。此病症好發於各種小型犬。

【症狀】隱睪雖不會造成全身性的症狀，但若睪丸長時間停留在腹腔內或鼠蹊部，則有可能發展成為腫瘤，因此最好在成犬階段時將睪丸摘除，且必須同時將隱睪和正常下降到陰囊位置的睪丸一併摘除。

內分泌系統

■ 內分泌系統的結構與功能

內分泌系統指的是體內產生及分泌荷爾蒙（激素）這種傳導物質的腺體或器官，能夠在維持體內環境正常運作的情況下，調節與控制體內的各項機能。荷爾蒙是一種傳達各種不同信號到其他器官的傳導物質，能夠作用在身體的成長、新陳代謝、生殖、自律神經等各項生理機能，是維持生命極為重要不可或缺的物質。

分泌荷爾蒙的內分泌腺主要包括腦下垂體、松果體、甲狀腺、副甲狀線、腎上腺、胰臟、腎臟、卵巢、睪丸及胎盤等，與本書之前提到的其他器官不同，它們散布在體內不同地方，彼此間不直接相連也不聚集在同個位置，而是將所分泌的荷爾蒙經由血液循環送至全身各處，作用在需要的器官或組織上，因此除了血管之外並不需要其他的連接管道。而由於荷爾蒙必須透過血液迅速地抵達目的地，因此隸屬於內分泌系統的各個器官都擁有非常發達的血管分布。

依照不同荷爾蒙的類型，有的作用在單一器官，有的則作用在一個以上的器官，其中也有能影響到體內各個部位的荷爾蒙。由於荷爾蒙負責調節與控制體內的各項機能，因此一旦內分泌系統發生問題，就會對身體健康造成極大影響。

【腦下垂體】

腦下垂體位於大腦的正下方，分為前葉、中葉（或中間部）及後葉。前葉分泌促腎上腺皮質素、促甲狀腺素、生長激素、泌乳素、濾泡刺激素、黃體成長素等荷爾蒙，刺激及調節其他內分泌器官的荷爾蒙分泌功能。中葉分泌黑色素細胞刺激素，後葉分泌能促進水分再吸收的抗利尿激素，以及刺激子宮收縮的催產素。

【松果體】

松果體位於腦部中央，能製造及分泌褪黑激素，褪黑激素負責調節日常生活作息的節奏，同時擁有抑制性成熟的作用。

【甲狀腺】

甲狀腺位於氣管的腹側，左右各一個，分泌作用在骨骼和腎臟的降鈣素（calcitonin），能降低血液中的鈣濃度，以及分泌thyroxin（T4）和triiodothyronine（T3）兩種甲狀腺素。

【副甲狀線】

副甲狀線緊鄰成對的甲狀腺，左右各有兩個，所分泌的副甲狀腺素作用於骨骼與腎臟，促進鈣質的再吸收，調升血中的鈣濃度。

【腎上腺】

腎上腺位於腎臟的上方，左右各一個，雖然因所在的位置而得到腎上腺這個名稱，但它其實與腎臟並沒有任何關係。腎上腺能分泌多種類固醇（steroid）類的荷爾蒙，統稱為腎上腺皮質素。

【胰臟】

雖然胰臟這個器官的主要功能為分泌含有消化酵素的液體並送往消化道協助消化，但胰臟內還含有一種稱為蘭格罕氏小島（或稱胰島）的小型球狀細胞團，能分泌胰島素（insulin）和升糖素（glucagon）等荷爾蒙到血液中。

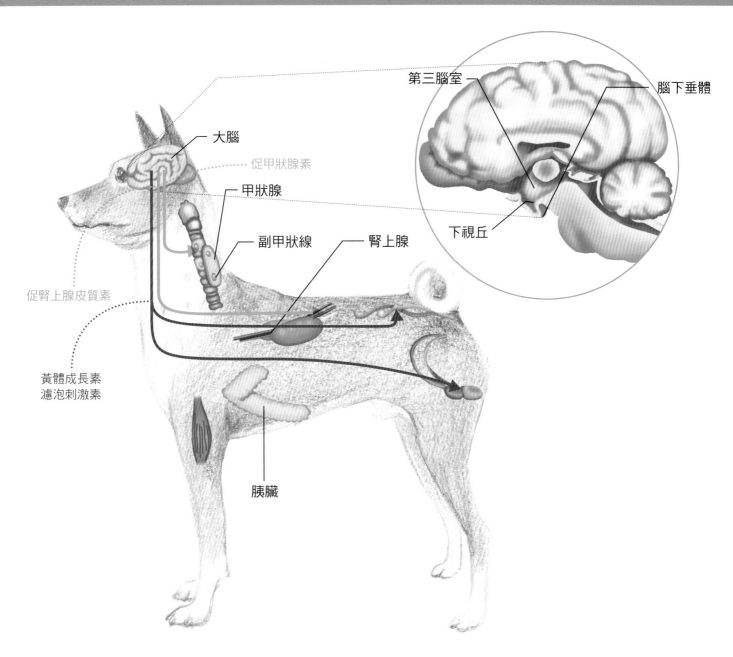

內分泌器官	主要作用
腦下垂體	所分泌的荷爾蒙能控制體內其他內分泌腺的荷爾蒙分泌功能
松果體	製造褪黑激素，抑制性腺刺激荷爾蒙
甲狀腺	分泌甲狀腺素，提高體內細胞的基礎代謝率
副甲狀線	分泌副甲狀腺素，調節體內的鈣濃度
腎上腺	將脂質或蛋白質轉化為醣類／抗炎症作用、降低免疫功能／促進鈉的再吸收／心跳加快／刺激動脈收縮、血壓上升／抑制腸胃的消化功能等
胰臟	α（alpha）細胞：血糖升高（升糖素）　β（beta）細胞：血糖下降（胰島素）δ（delta）細胞：抑制升糖素和胰島素
腎臟	刺激紅血球生成／控制血壓
卵巢	分泌動情素（刺激雌性生殖器官發育、乳房發育、雌性體態形成和維持輸卵管與陰道的機能）和黃體素（讓受精卵能在子宮著床、抑制排卵以免懷孕期間遭受干擾）
睪丸	分泌雄性素（睪固酮），刺激雄性生殖器官發育、雄性體態形成、促進蛋白質合成及刺激肌肉骨骼之發育

內分泌系統常見疾病

庫興氏症候群（腎上腺皮質功能亢進）
【原因】位於腎臟上方的小型內分泌器官腎上腺，其所分泌的腎上腺皮質素又被稱為「壓力荷爾蒙」，能在動物緊張或承受壓力時發揮許多功能用以保護身體。當腎上腺皮質素分泌過多而引發種種症狀時，就稱之為庫興氏症候群。此病可分為腦下垂體性（因腦下垂體病變而發出指令促使腎上腺分泌過多荷爾蒙）和腎上腺本身發生問題的腎上腺性兩大類。通常發生在6歲以上的成犬，但有時也會發生在1歲左右的年輕犬隻身上。

【症狀】犬隻會出現多飲多尿、食量增加、皮膚變薄、左右對稱性脫毛、腹部膨大、肌肉萎縮、異常嗜吃等特徵性症狀。

愛迪生氏症（腎上腺皮質功能低下）
【原因】因腎上腺功能異常導致腎上腺皮質素分泌不足之疾病。而對於原本使用腎上腺皮質素（類固醇藥物）之犬隻突然停藥，或是針對庫興氏症候群投予藥物治療時，也可能引發愛迪生氏症。其他的原因還包括腎上腺皮質因自體免疫而遭受破壞、腎上腺本身發生出血或腫瘤、控制腎上腺皮質分泌功能之腦下垂體或下視丘發生異常等情形。

【症狀】若是慢性的愛迪生氏症，犬隻會有食慾不振、精神沈鬱、多飲多尿、嘔吐下痢、體重減輕等症狀，且病況會時好時壞經常復發。急性時犬隻則會突然失去活力、步伐不穩、虛弱無力，甚至陷入休克狀態，若不及時治療則可能會造成死亡。這些症狀會在犬隻突然受到驚嚇時出現。

甲狀腺功能亢進
【原因】因甲狀腺素分泌過多所引起的疾病。甲狀腺所分泌的甲狀腺素，擁有提高身體活力的作用，因此若分泌過量，會導致身體因各種不同的亢進狀態而出現異常。造成甲狀腺素分泌過多的原因除了因為甲狀腺腫瘤或投予過多的甲狀腺素藥物之外，遺傳因素或壓力等原因也可能造成發病。高齡犬經常發生。

【症狀】患有甲狀腺功能亢進的犬隻會出現容易興奮、激動、經常焦躁不安且具攻擊性、食慾異常增加但卻體重減輕、多飲、多尿、血壓上升、心搏過速、下痢等症狀，並且會因為脫毛而毛髮稀疏，毛髮也失去光澤。

甲狀腺功能低下
【原因】甲狀腺功能低下是指因為甲狀腺素分泌過低或不足，造成細胞無法正常代謝，影響身體各項機能的一種疾病。造成甲狀腺素分泌不足最常見的原因為甲狀腺萎縮或遭受到自體免疫攻擊而損害，而負責調節甲狀腺分泌功能的下視丘或腦下垂體發生異常時也可能引發此病。雖然年輕犬隻也有可能發病，但此病大部分仍發生在高齡犬。

【症狀】患有甲狀腺功能低下的犬隻會有精神沈鬱、虛弱無力、肥胖、皮膚出現色素沈積及肥厚現象、食慾不振但體重卻微微增加等症狀，同時因基礎代謝率下降而造成左右對稱性脫毛或毛髮稀疏，並且變得粗糙而失去光澤。有時則會有體溫偏低、畏寒、不孕、神經麻痺等症狀。

副甲狀腺功能亢進／低下
【原因】由於位在甲狀腺表面或內側的副甲狀腺功能亢進或所分泌的副甲狀腺素不足，導致犬隻體內鈣質代謝異常的疾病。副甲狀腺素的功能在於調節血中的鈣濃度，當血鈣不足時，為了提高血鈣濃度，副甲狀腺會分泌大量的副甲狀腺素而造成功能亢進。相反地，當副甲狀腺因某些原因無法分泌足量的副甲狀腺素時，則會造成血液中的鈣濃度偏低。飲食上未攝取

到足夠的鈣質、日常生活中很少照到陽光、腫瘤、細菌感染等都是可能導致發病的原因。

【症狀】副甲狀腺功能亢進的犬隻除了多飲多尿外沒有其他明顯的症狀。副甲狀腺功能低下的犬隻則會有喪失活力、運動不耐、食慾不振卻體重增加、骨骼脆弱、肌肉顫抖、運動失調等症狀。犬隻會變得怕冷、容易顫抖，若是飼養在屋外的犬隻會一直想要躲進屋內。

低血糖症

【原因】當犬隻體內血糖濃度過低時所引發的一種疾病。包括寒冷造成的緊迫、空腹、胃腸疾病、先天性肝臟疾病、胰臟腫瘤等都是可能造成低血糖的原因。另外在治療糖尿病時給予過多的胰島素也可能引發低血糖症。若是剛出生的幼犬發生此病症，則很容易陷入昏迷狀態。此病症有時也會發生在老犬身上。

【症狀】低血糖症的犬隻會有精神沈鬱、食慾喪失、步伐不穩、疲倦、運動失調、發生痙攣、失去意識或昏睡等症狀。

糖尿病

【原因】因胰臟分泌的胰島素不足或是作用減弱所引起的代謝異常疾病。當胰島素無法發揮正常功能時，細胞會無法吸收及利用葡萄糖，導致血中的葡萄糖濃度升高，引發身體出現各式各樣的異常症狀。若不加以治療，可能造成白內障和糖尿病性酮酸血症，甚至危及犬隻的性命。此病症與遺傳因素有關，肥胖、感染、肝臟或胰臟疾病、免疫異常、長期精神緊迫等原因也可能誘發糖尿病發生。此外胰臟炎、胰臟腫瘤或外傷等原因使製造胰島素的胰臟 β 細胞受到破壞，或是特發性的胰島素分泌量減少等也是糖尿病常見的病因。雌犬發病的機率高於雄犬，特別容易發生在7～9歲以上的肥胖犬隻。

【症狀】患有糖尿病的犬隻會有多飲、多尿、食量增加卻體重減輕、食慾不振等症狀。若出現白內障或膀胱炎等併發症，則會有食慾不振、喪失活力、嘔吐、嗜睡、肌肉無力、脫水、深而快速的呼吸、呼吸帶有甜味（丙酮味）等症狀。

尿崩症

【原因】抗利尿激素能夠根據體內的水分含量來調節尿液的排出量，主要在下視丘合成，並儲存在腦下垂體。當下視丘或腦下垂體因腫瘤、發炎、或意外事故所造成的損傷而無法正常分泌抗利尿激素時，就會無法控制排尿量而造成尿崩症。而代謝異常、輸尿管損傷、給予利尿劑或抗痙攣藥物有時也會造成尿崩症。是經常發生在高齡犬的疾病。每一公斤體重每日飲水超過100毫升就屬於多飲，而每一公斤體重每日排尿超過50毫升就屬於多尿現象。

【症狀】患有尿崩症的犬隻在臨床上可見尿量突然變多且排尿次數增加，而為了補足所排出的水分，患犬會大量地飲水，過多的水量可能造成胃部擴張而出現嘔吐症狀。一旦水分攝取稍有不足即陷入脫水狀態，並出現痙攣或意識不清等現象。若演變成慢性疾病，體重可能會逐漸減輕。若屬於腦下垂體荷爾蒙分泌異常所引起的尿崩症，則患犬會排出大量稀薄的尿液。

神經系統

■ 神經系統的結構與功能

神經系統是動物體內極為重要的系統，它們能接收和感知外界傳來的各種刺激，並將接收到的訊息傳達到體內各處之後，調節各器官或組織的功能以便因應這些刺激，而肩負這些重責大任的所有器官，就統稱為神經系統。在這些器官中，腦和脊髓構成「中樞神經系統」，而從腦或脊髓延伸到體內各處的神經，則構成「周邊神經系統」，包括腦神經、脊髓神經和自律神經。

受到頭蓋骨和腦膜保護的腦部就像發號施令的指揮部一樣，肩負思考、記憶、認知、維持生命等神經活動的核心指揮任務。而脊髓接續著腦部，位於脊椎骨這種小型骨骼互相連接構成的脊椎之內，貫穿整個身體，負責接收散布在全身各處的周邊感覺神經所傳來的衝動（刺激），將冷熱、疼痛等感覺或觸覺訊息傳送到腦部，並參與腦和身體各部位間透過周邊神經所進行的訊息傳遞工作。

神經是由神經細胞（神經元）的大型細胞本體及神經纖維所構成的細長條狀組織。神經纖維負責接收及發送電位信號，正常情況下每個神經細胞都只能單方向地將電位訊號傳遞給下一個神經細胞。神經細胞間的接合處（突觸）會釋放出微量的化學傳遞物質，刺激相鄰的神經細胞的接受器，使它產生新的電位。神經將所接收到的訊息傳遞到中樞神經的傳導速度每秒鐘約60公尺，因此神經系統隨時都在極短的時間內接收及傳送大量訊息，是非常驚人且複雜的通信系統。

■ 中樞神經系統
【腦】

腦是維持生命、正常思考、行為、運動的必要器官，大致上是由大腦（大腦皮質、大腦邊緣系統、大腦基底核）、小腦、腦幹（間腦、橋腦、中腦、延髓）所組成。大腦主要的功能為學習、感情和行為控制，小腦的功能為運動控制，腦幹則負責與其他神經系統互相聯絡與傳達訊息。

【脊髓】

從延髓延伸而出之細長條狀的神經索即為脊髓，位於脊椎之內，受到脊椎的包圍及保護。以形狀來說脊髓雖然僅是一條長條形的結構，但在功能上卻有不同的任務分工，並可分為頸椎脊髓、胸椎脊髓、腰椎脊髓和薦椎脊髓。脊髓是運動神經、感覺神經和自律神經的傳導路徑，同時肩負讓周邊神經與腦部互相聯繫的重要任務。

■ 周邊神經系統
【腦神經】

由腦部不經脊髓直接分支而出的周邊神經，總共有12對，分別為嗅神經、視神經、動眼神經、滑車神經、三叉神經、外旋神經、顏面神經、聽神經、舌咽神經、迷走神經[1]、副神經與舌下神經。除了迷走神經和副神經之外，其他10對神經都與頭部的器官有關。

【[1] 迷走神經】

同時含有脊髓神經與副交感神經纖維的腦神經。從延髓側面透過頸動脈孔離開腦部，分布在咽喉、肺臟、心臟、食道、胃及腹腔內各器官，對多數器官能造成極大的影響。

【脊髓神經】

從脊髓分出、左右對稱分布的神經，分為頸椎神經8對、胸椎神經12對、腰椎神經7對、薦椎神經3對、尾骨神經1對。脊髓神經分為感覺神經與運動神經，感覺神經能將冷熱等從外界環境感覺到的訊息傳送到中樞神經，運動神經則能將站立、走路、抬腳等有意識的運動指令傳達給身體各部位的末梢肌肉。

【自律神經】

自律神經分布在消化器官、血管、內分泌腺體、生殖器官等生理反應與意識無關的內臟器官上，以反射調節方式控制器官及維持生命所須的各項重要生理反應。分為交感神經與副交感神經，這兩種神經以相互拮抗（兩者作用相反）的方式維持各個內臟器官在正常狀態下恆定運作（如右圖）。

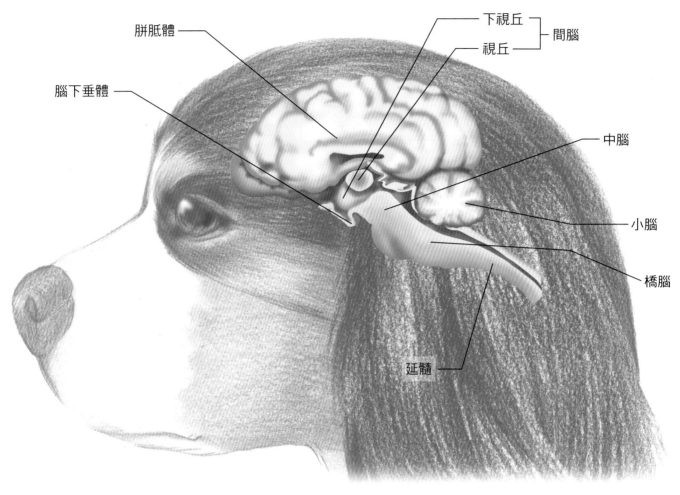

胼胝體

腦下垂體

下視丘 ── 間腦

視丘

中腦

小腦

橋腦

延髓

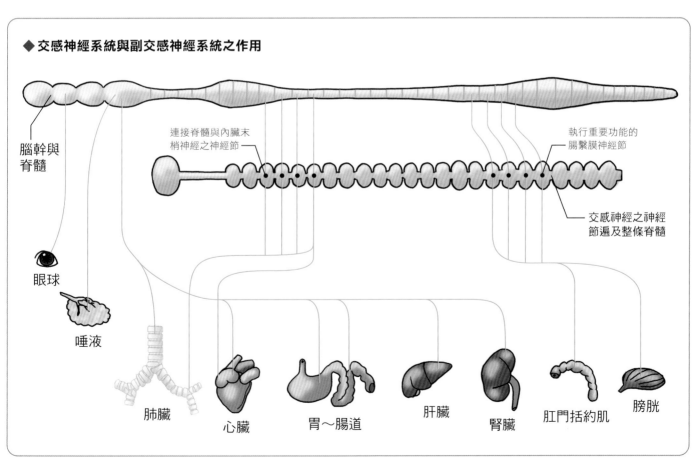

◆ 交感神經系統與副交感神經系統之作用

腦幹與
脊髓

連接脊髓與內臟末
梢神經之神經節

執行重要功能的
腸繫膜神經節

交感神經之神經
節遍及整條脊髓

眼球

唾液

肺臟

心臟

胃～腸道

肝臟

腎臟

肛門括約肌

膀胱

神經系統常見疾病

■ 癲癇

【原因】癲癇指的是一種由於某種原因使犬隻經常重複性癲癇（痙攣）發作的腦部疾病。可分為遺傳性的「原發性癲癇」以及因低血糖或甲狀腺功能低下等原因造成的「繼發性癲癇」。原發性癲癇大部分發生在6月齡～5歲之間，尤其若是只在3歲前發作的癲癇，則多半屬於原發性。至於繼發性癲癇，由於可能引起的原因非常多，包括糖原累積病、水腦症、中毒（例如鉛中毒或砷中毒）、感染（例如腦炎或犬瘟熱病毒感染）、代謝異常（例如低血糖、肝病、腎病、甲狀腺功能低下等）、營養不良（例如維生素B1缺乏症）、外傷、腫瘤等，因此找出原始的病因極為重要。

【症狀】患有癲癇的犬隻會出現虛弱無力、全身痙攣、四肢呈現游泳狀划動、失禁、突然出現像是要抓蒼蠅的動作、嘴巴不停咀嚼等症狀。若是大發作（全身強直性發作），犬隻會全身僵直突然倒下、四肢及口唇震顫或四肢抽搐，有時還會大小便失禁。小發作時犬隻會突然喪失意識，局部性的發作則是因為腦中的部分區域過度興奮而引發。

■ 水腦症

【原因】水腦症大部分發生在小型犬種，是一種由於腦脊髓液分泌異常，液體蓄積在腦室內（顱內的空腔）或蜘蛛膜下腔中，導致腦組織受到液體壓迫而產生多種神經症狀的疾病。除了先天性的腦畸形可能造成水腦症之外，後天性的外傷或腫瘤也是可能的原因之一。

【症狀】水腦症的症狀因受到壓迫的腦神經不同而有所差異，若是大腦皮質遭受壓迫，則會發生四肢麻痺、共濟失調、視力減退等症狀，動作變得遲緩是特徵之一。若是大腦邊緣系統遭受壓迫，則會出現異常的交配行為或強烈的攻擊性。當下視丘受到壓迫時，犬隻則會出現食慾異常（食量忽大忽小）現象，並影響到荷

爾蒙的分泌功能。

■ 腦炎

【原因】腦炎是指包圍腦組織的腦膜因感染而發炎的疾病。最常見的為細菌感染所引起的細菌性腦膜炎，因牙齦炎或中耳炎等疾病入侵體內的細菌藉由血液感染到腦膜而發病，有時會造成嚴重的後遺症。非細菌性腦膜炎的致病原因則尚未明朗，症狀也較為輕微，有完全治癒的可能性。肉芽腫性腦膜腦炎是犬隻第二常見的腦炎，致病原因不明，但推測可能與自體免疫有關。另一種在小型犬種常見的則為壞死性腦膜腦炎，是一種因細胞壞死使腦內逐漸產生空洞的疾病，病例多發生在巴哥犬。

【症狀】由於腦內神經細胞遭受嚴重損傷，患犬會出現視力受損、運動障礙、癲癇發作等多種神經症狀，急性時可能在短短數日內死亡。

■ 認知障礙

【原因】推測可能與人類的阿茲海默症初期階段相似，因 β 澱粉樣蛋白（ β －amyloid）沈積造成腦內神經傳導異常、腦部功能退化而引發犬隻出現各種痴呆症狀，又稱為認知障礙症候群（CDS），隨著犬隻的高齡化而有越來越明顯的發病趨勢。

【症狀】典型的症狀包括對飼主呼喚自己的名字沒有反應、整天都在睡覺、半夜吠叫、卡在狹窄的縫隙出不來、無目的的到處亂走、尿失禁或隨意大小便等。針對犬隻的生活習慣、行為舉止是否出現癡呆症狀，可參考本書第126頁的詳細診斷標準。

■ 臘樣脂褐色質沉著症

【原因】由於先天性缺乏細胞中原本應有的分解酶而導致細胞新陳代謝異常，將原本應分解

並排出的物質漸漸蓄積在細胞內，致使細胞損傷、喪失原有功能的遺傳性疾病。

【症狀】由於此病症發生在中樞神經系統的腦與脊髓，因此產生的症狀都與神經系統有關。初期症狀發生在1～2歲左右，犬隻的視力會漸漸減退甚至失明，之後則會出現震顫、運動障礙、持續性的興奮狀態、異常的攻擊行為、忘記學過的事物、對聲音敏感等症狀，最後則會持續發作癲癇甚至死亡。此病症的症狀與腦炎或腦瘤類似，必須利用CT或MRI才有辦法進行區別診斷。

▓▓ 椎間盤突出

【原因】椎間盤突出指的是椎間盤的髓核發生變性及脫出後，壓迫到脊髓神經所引起的疾病。當脊髓受到壓迫時，除了患部會疼痛之外，由於腦部無法將指令傳達到四肢，會造成四肢出現癱瘓的現象。椎間盤突出的好發部位為脖子（頸椎）和胸腰椎（胸部與腰部的交界處），而發生部位的不同所造成的癱瘓症狀也不一樣，若在頸椎則是四肢癱瘓，若在胸腰椎則是後肢癱瘓。

【症狀】發病初期只會出現疼痛症狀，但隨著病情漸漸惡化，可見犬隻的腳掌會有腳背著地的症狀，更嚴重時，則會有前肢或後肢癱瘓、無法動彈的情形發生。若狀況更加嚴重，連皮膚的痛覺都會消失，還可能因膀胱麻痺而出現排尿、排便困難的症狀。

▓▓ 馬尾症候群

【原因】脊椎中的神經會在腰椎處附近像馬的尾巴一樣多條神經聚集並行後離開脊椎，這些聚集在一起的神經稱為馬尾神經，當馬尾神經通過的部位因椎間盤突出或先天性關節構造不穩定等原因而壓迫到神經時，所引發的多種症狀就統稱為馬尾症候群。通常發生在大型

雄犬，尤其以德國狼犬、黃金獵犬、拉布拉多犬、哈士奇犬等犬種最常發生。

【症狀】患犬一開始會有腰痛、後肢疼痛等情形，隨著病程進行，會出現後肢癱瘓、肌肉萎縮、步伐不穩等症狀。初期症狀還包括躺下後無法順利爬起站立，或是走路時後腿不穩或抬起，病情惡化後，犬隻會因為感覺異常而出現啃咬自己後腳腳掌的自殘行為，有時還會出現尿失禁或排便困難等症狀。

▓▓ 脊髓空洞症

【原因】脊髓空洞症是指脊髓中有部分區域發生空洞化，使腦脊髓液蓄積在該處而造成脊髓神經出現異常的疾病。在人類，一般認為是由於「Chiari第一型畸形」這種先天性枕骨畸形而導致脊髓空洞症發生，在犬隻則通常發生在小型犬種。

【症狀】和其他頸椎神經的疾病相同，脊髓空洞症除了可能會四肢癱瘓之外，頸部和肩膀過度敏感而不願被人碰觸、因感覺發癢而不斷用腳去搔抓肩頸處的皮膚是特徵性的症狀。其他各式各樣的神經症狀也有可能出現，有些病例甚至毫無症狀，是在進行其他疾病的檢查時才偶然發現。

▓▓ 寰樞關節半脫位

【原因】由於負責頭部旋轉運動的第一頸椎（寰椎）與第二頸椎（樞椎）間的結合不緊密而導致半脫位發生的疾病。可能是椎體畸形或韌帶異常等先天性發育不全而造成，比較常發生在小型犬種。

【症狀】由於頸椎發生半脫位，使得頸部的脊髓神經受到壓迫，患犬會出現頸部疼痛（害怕被碰觸、低頭）、頸部肌肉痙攣等症狀，病情惡化時從共濟失調到四肢癱瘓都有可能發生。

狗拉雪橇

狗拉雪橇是日本最古老的犬隻運動競技項目，
自1990年開始許多地方開始積極舉辦這項運
動比賽。由於大多數人認為這項運動帶給犬隻
的負擔過大，最近所舉辦的狗拉雪橇大會幾乎
都以娛樂性質為主。

第3章

犬隻的
日常生活

澈底瞭解如何照顧犬隻的日常生活

取材、監修／齊藤動物醫院　　　齊藤邦史
　　　　　　大村動物醫院　　　　大村知之
　　　　　　JOY動物醫院　　　　九鬼正己
　　　　　　久米川綠動物醫院　　畠中道昭
　　　　　　山崎動物醫院　　　　山崎堅一
　　　　　　埼玉動物醫療中心　　林寶謙治
　　　　　　AC PLAZA薊谷動物醫院　白井活光
　　　　　　戶田動物醫院　　　　藤井忠之

- 飲食與營養
- 健康檢查
- 犬隻的身體護理
- 繁殖與育兒
- 老化與抗老化
- 犬隻的腫瘤
- 最新醫療診斷技術
- 犬隻的復健方法
- 犬隻的急救方法
- 疫苗
- 寄生蟲的預防

飲食與營養

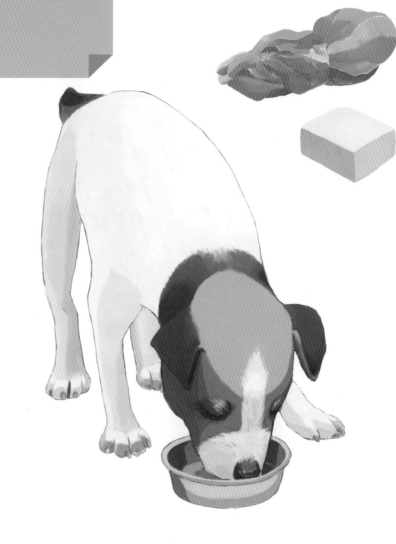

■ 營養與營養素

所謂的營養，指的是生物從體外攝取物質，以做為成長發育與活動所需之用。而營養素指的則是營養所需的必要物質，若沒有營養素，動物就無法維持生命。對動物而言，維持生命不可或缺的營養素為蛋白質、碳水化合物以及脂肪，這三者又稱為三大營養素，是動物體的能量來源。至於維生素和礦物質，雖然並非能量來源，但卻是動物體內將食物轉化成能量並加以利用所需的重要物質，而它們的必需量也會因三大營養素的攝取量而有所不同，須均衡地攝取才能維持動物身體的健康。

【蛋白質】

蛋白質是構成肌肉、血液、毛髮、腳爪、皮膚等身體組織所需的營養素，肉類和魚類中含有豐富的蛋白質，是維持生命的重要能量來源之一。

攝取到體內的蛋白質，除了轉化成能源加以利用之外，剩下的蛋白質會分解為胺基酸，用於構成體內組織。犬隻的細胞約由20種胺基酸所構成，其中有10種是必需胺基酸。並非所有的胺基酸均能在動物體內生成，這些無法生成的胺基酸就只能從食物中攝取。

蛋白質不足時會造成發育異常、貧血、食慾不振等現象，並可能因此而引發多種疾病。另一方面若蛋白質攝取過多，除了可能導致肥胖之外，還可能引發尿結石、腎臟病等疾病。

【碳水化合物】

身為雜食動物的犬隻，身體能夠有效地利用碳水化合物，比起純肉類的飲食，攝取含有均衡碳水化合物的飲食更能維持身體的健康狀態。

吸收到體內的碳水化合物會分解成醣類和纖維素，醣類在血液中以葡萄糖的形式存在，是體內各組織的能量來源。而適量的纖維素則有助於消化器官維持消化功能，同時還能提供飽足感，例如針對肥胖犬隻的減肥飼料裡，所含的纖維量就比一般飼料還多。

碳水化合物攝取不足時會造成低血糖，還會妨礙蛋白質的吸收，身體的恢復能力也會受到影響而減緩。相反地，若攝取過多時，會在體內轉變為脂肪而導致身體肥胖。

【脂肪】

脂肪在植物油和動物脂肪中均含有多量脂肪，是身體的主要能量來源，同時還提供亞麻油酸和 α 次亞麻油酸等必需脂肪酸，並可促進動物體內對脂溶性維生素（A、D、E、K）的吸收。

必需脂肪酸是維持皮膚和毛髮健康的必要物質，均衡地攝取必需脂肪酸才能讓犬隻的毛髮產生光澤，ω-6脂肪酸（例如亞麻油酸）能構成健康的皮膚，ω-3脂肪酸（例如DHA、EPA等）則能控制發炎和搔癢現象，因此給予犬隻適量與適當比例的必需脂肪酸極為重要。由於必需脂肪酸無法在體內生成，因此必須透過食物才能攝取到。市面上針對犬隻毛髮而

◆ 蛋白質
來源為肉類、魚肉、乳、乳製品和大豆製品等食物。

◆ 礦物質
來源為乳製品、海藻類和蔬菜等食物。

◆ 脂肪
來源為動物性脂肪和植物性油脂。

◆ 維生素
來源為蔬菜、水果、肉類或魚類等食物。

◆ 碳水化合物
來源為米飯、麵包、根莖類等食物。

◆ 水
飲用水或市售之天然水。

開發的飼料，就是在其中添加較多的必需脂肪酸，以增進皮膚與毛髮的健康。

【維生素】

維生素可分為水溶性維生素與脂溶性維生素，雖非直接的能量來源，但有助於動物體將所攝取的食物轉變為能量，是維持身體健康狀態的重要營養素。

維生素攝取不足時犬隻會有食慾不振的現象，也比較容易罹患皮膚病。而由於水溶性維生素並不會蓄積在體內，因此即使攝取過量也不會對身體健康造成明顯影響，但若是脂溶性維生素攝取過量，則會累積在體內而出現中毒症狀。

【礦物質】

礦物質雖非能量來源，但卻是構成身體組織、維持健康的重要營養素。動物體對礦物質的需求量僅需微量，微量的礦物質能催化動物體內不同的化學反應，並且是構成牙齒、骨骼的成分之一，同時還在神經傳導過程中扮演重要的角色。

由於動物體對礦物質的需求量不大，因此藉由食物攝取到均衡的礦物質並不難，不過一旦攝取過量，也很容易影響到身體健康，所以必須多加注意。

【水】

水是動物體內血液與體液的主要成分，身體的60%以上是由水分所構成的，若動物體內喪失過多水分，會陷入脫水狀態並危及生命。動物可以在好幾天都沒有進食的情況下維持生命，但只要缺水數天，就有可能造成死亡。

雖然食物裡也含有水分，但仍須另外提供充足且新鮮的飲水給犬隻，以確保所攝取的水量足夠。

綜合配方飼料與犬隻在不同年齡階段的飲食需求

■ 綜合配方飼料

犬隻的食物可分為綜合配方飼料和一般食物，而最常見的食物來源就是綜合配方飼料。綜合配方飼料在營養學專家的研究下，至今依舊不斷地針對如何讓犬隻均衡攝取到必要的營養素而進行配方改良。因此市售的飼料雖然有優劣之分，但在正確的營養學基礎下所開發的飼料配方，大多都能提供犬隻應有的營養，只要再搭配充足的飲用水供給，就可滿足犬隻生存的基本食物需求。

市售的綜合配方飼料幾乎都是以密封包裝來保持食物的新鮮，一旦開封後，食物就會開始氧化，氧化會造成食物的營養成分流失並逐漸開始變質。為了防止這種現象發生，開封過的飼料應該在二到三週內食用完畢，並密封保存在陰冷的地方以防止食物氧化及腐敗。

最近有不少飼養犬隻的家庭開始親手為愛犬準備食物，不過自行製作的食物並不容易讓犬隻確實攝取到均衡的營養，若飼主真的想要製備鮮食給愛犬，最好先接受營養專家的訓練，瞭解不同犬種的營養需求，才能讓愛犬真正獲得均衡的營養。

■ 犬隻在不同年齡階段的飲食需求

過去飼主通常會以為犬隻終其一生只要吃同一種飼料就可以了，不過自從市面上開始販售不同年齡階段的犬隻專用飼料之後（日本大約從1980年代開始販售），這幾年大家漸漸開始意識到不同年齡層的犬隻所需要的營養是不一樣的，如今這種觀念更已成為飼養犬隻的人們必備的常識。犬隻的年齡階段可大致可分為成長期、成犬維持期與高齡期，每一階段的營養需求並不相同，主要可分成1歲以下的幼犬專用飼料、1～6歲的成犬專用飼料以及7歲以上的老犬專用飼料三種。（不同品牌的飼料名稱和不同犬種的年齡階段可能會有所差異。）營養過剩或不足對犬隻的活動力和健康都會產生不良的影響，因此飼主在選擇飼料時如果能配合犬隻不同年齡階段的需求，才有助於自己的愛犬延年益壽。

◆ 成長期

幼犬時期犬隻需要較高的能量以提供快速的成長發育，飼主應隨時觀察幼犬的食慾狀況，並提供容易食用（例如將飼料泡軟）的幼犬專用綜合配方飼料。

◆ 成犬維持期

可依照成犬的活動量給予適量且營養均衡的食物以維持健康。犬隻在這個時期很容易發生肥胖問題，因此務必要給予適量的飲食。

◆ 高齡期

隨著年齡增加犬隻所需要的能量會逐漸減少，且高齡犬對食物份量與餵食時間的變化也會變得比較敏感，飼主在餵食時必須多加注意。

◆犬隻（成犬）的營養需求量與攝取人類食物時的偏差
藍色：犬隻（成犬）的營養需求量
黃色：攝取人類食物時所獲得的營養

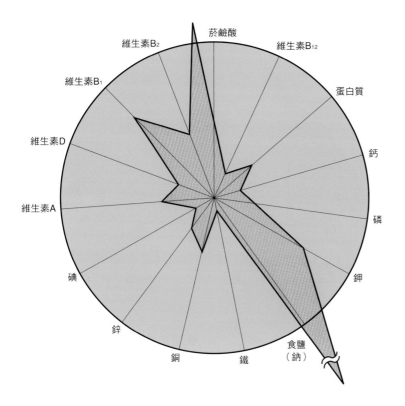

維生素B2
菸鹼酸
維生素B12
維生素B1
蛋白質
維生素D
鈣
維生素A
磷
碘
鉀
鋅
銅
鐵
食鹽（鈉）

人與犬的飲食

近年來有不少飼主會拿人類的食物來餵飼犬隻，除了覺得理所當然的飼主之外，也有禁不住愛犬撒嬌而餵牠吃人類食物的飼主，不管理由是什麼，為了犬隻的健康著想，最好還是避免將人類的食物拿來餵食犬隻。這是因為人類食物中所含的熱量較高，犬隻容易因為所攝取的熱量過多而肥胖，並因而導致心臟病、關節疾病或消化道方面的疾病。

如同前述所提，配合犬隻營養需求而開發出的綜合配方飼料已經是最適合犬隻的飲食，若再加上人類的食物，所攝取的營養成分就會失衡，極有可能對身體健康造成不良的影響。

假設拿一塊人類在吃的餅乾餵給犬隻，對人類而言不過一塊小小的餅乾，以犬隻的體重來說所攝取到的熱量就跟人類吃下一個漢堡一樣高。人類若是漢堡吃多了就會攝取到過多的熱量而肥胖，犬隻也是如此，因此拿人類的食物餵給犬隻實在是一件極為嚴重的問題。

◆ 營養過剩與營養不足對身體健康的影響

營養素	營養不足	營養過剩
蛋白質	體力衰退、發育不良	下痢
脂肪	繁殖力下降、毛髮失去光澤	下痢、急性胰臟炎
碳水化合物	營養失調	肥胖
鈣	佝僂症、發育不良	發育遲緩、鼓脹症
磷	佝僂症	缺鈣
維生素A	神經異常、皮膚病	食慾不振、骨質脫鈣
維生素D	骨質疏鬆	食慾不振、噁心想吐
維生素E	不孕、貧血	食慾不振
維生素B1	心衰竭	—
維生素B2	眼部疾病	—

對犬隻有害的食物

■對犬隻有害的食物有哪些？

人類平常吃的食物中有許多種類可能讓犬隻中毒，通常都是因為犬隻誤食或是在飼主沒注意的情況下偷吃而發生中毒症狀。要吃下多少量才會中毒甚至致死，在犬隻間有著極大的個體差異，有的犬隻吃了很多也毫無症狀，也有的犬隻僅吃下一點就中毒，飼主必須嚴加注意。

• 巧克力（可可豆）

巧克力對犬隻而言是最具代表性的有毒食物，可可亞也會造成相同的中毒症狀。這是因為可可豆中所含的可可鹼成分會傷害犬隻的身體，可可鹼是可可豆的香味來源之一，可可豆含量越高的巧克力對犬隻的危險性就越高。

• 蔥蒜類（洋蔥、大蒜等）

蔥蒜類食物中所含的烯丙基二硫化合物成分會破壞犬隻的紅血球，造成溶血性貧血和海因茲小體性貧血，即使是煮熟的蔥蒜類（如加了蔥蒜類的燉湯）裡面也會含有二硫化合物，對犬隻一樣會造成危險。除了洋蔥，大蒜也一樣是不能給犬隻吃的食物。

• 葡萄乾、葡萄

關於某些水果可能造成犬隻中毒的原因雖然尚未明瞭，但目前已可確認葡萄乾與葡萄對犬隻是有害的。犬隻在吃下葡萄2～3小時後就會出現嘔吐、下痢、腹痛等症狀，並可能在3～5天後引發腎衰竭。

• 木糖醇

木糖醇是一種甜味劑，目前已知會造成犬隻中毒。這是由於木糖醇進入犬隻體內之後，會促進胰島素的分泌，在過量胰島素的強力作用下，犬隻的血糖會急遽地下降而引起低血糖症，嚴重時甚至可能致命。

• 果核（桃子、梅子、李子等水果的果核）

桃子的果核非常尖銳，若犬隻誤吞下去很可能會使腸胃道受傷或造成腸阻塞，若不及早治療可能會造成犬隻死亡。

◆ 發生中毒的犬隻

◆ 木糖醇

木糖醇是經常添加在口香糖中的甜味劑，近年來已知對犬隻是有毒的物質。

◆ 葡萄乾

由於會引起嘔吐症狀所以很容易判斷，一旦發現犬隻吃下葡萄乾，應儘速送去動物醫院治療。

◆ 洋蔥

洋蔥是最為人所知的有毒食物，由於是一般家庭中常見的食物，務必妥善保存以避免被犬隻誤食。

◆ 大蒜

大蒜和洋蔥一樣對犬隻是有害的，由於很多健康食品中也含有大蒜，須注意避免讓犬隻誤食。

◆ 巧克力（可可豆）

巧克力和洋蔥一樣都是一般家庭中常有的食物，經常可聽到有犬隻把家裡的巧克力全部偷吃光的案例。

◆ 長蔥

長蔥和洋蔥屬同一類的有毒食物，所造成的中毒症狀與洋蔥相同。

◆ 梅子、李子的果核

果肉本身並不會造成犬隻中毒，但因為果核無法消化，很可能會造成犬隻的食道或腸胃道阻塞而發生危險。

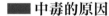

■ 中毒的原因

瞭解到哪些食物可能造成犬隻中毒後，只要避免讓牠們吃到這些食物即可。儘管仍有少數人因為無知而餵食犬隻這些食物，但像是「巧克力」或是「洋蔥」這種具代表性的有毒食物，幾乎大部分人都知道不可以餵給犬隻。

那在這種情況下為什麼還會有犬隻中毒呢？原因就是偷吃。有許多病例就是因為犬隻趁著飼主不注意的時候將桌上的巧克力吃下去，才會發生中毒。

其中特別需要注意的就是把犬隻單獨留在家裡時可能發生的偷吃情形，如果牠們真的在沒有人在家的情況下吃到有毒食物，很可能因為中毒而有生命危險。就算因為運氣好而沒發生中毒，等到飼主發現食物被偷吃後，這些有毒物質都已經在犬隻體內一段時間了。為了安全起見，不管有沒有出現中毒症狀，一旦發現犬隻可能吃下有毒食物時，飼主都應該儘早將犬隻帶去動物醫院檢查。

不只是會讓犬隻中毒的食物，對於任何犬隻可能吃下的東西，飼主平常都應該確實存放在牠們無法觸及的地方，才能避免牠們發生危險。

健康檢查

■ 注意每個細微的變化

只要經常關心自己的寵物，就不難瞭解愛犬的健康狀態。一旦發現狗狗突然出現沒有力氣站起來、不想玩耍、食慾變差等與平常不一樣的行為時，就必須多加注意。若是觀察到呼吸、食慾、飲水量、排尿排便的次數、排泄物的顏色、形狀和份量等狀態出現異常時，務必馬上帶牠到動物醫院檢查。

不過飼主有時候也會因為整天與狗狗生活在一起，反而忽略了某些細節，為了防止這種情形發生，建議飼主可以製作一個簡單的養狗日誌，養成記錄的習慣後，不但可以在發現異常時立即處理，對獸醫師的診療也很有幫助。記錄時最好將異常情形出現時的背景（如天候、地點、當時的狀況等）詳細記載，可更有助於判斷。

◆ 沒有活力

◆ 食慾

■ 日常生活上的變化

大部分的疾病都不是突然發生的，而是從初期的小症狀開始漸漸演變成嚴重的疾病。雖然有些疾病即使發現了也不能阻止發病，但若能早期發現，就有可能完全治癒，或是阻止或減緩疾病的惡化速度。

【精神狀態】如果發現狗狗的睡眠時間變長、散步途中突然不想走動、看到喜歡的玩具或零食沒有反應等現象，都有可能是生病的徵兆。因為有些高齡犬也會隨著年齡增加而出現這些現象，所以可能需要花長一點的時間來觀察。一旦發現生活作息出現明顯的異狀時，應立刻帶到動物醫院進行檢查。

【食慾】食慾變差是很多疾病都會出現的症狀，發現狗狗的食慾變差時，請儘量回想與之前的食量相比相差多少來提供獸醫師參考。長時間的食慾不振會讓狗狗的體力衰退，必須儘早加以改善治療。此外，有些疾病也會造成狗狗的食慾突然增加。

【體重變化】當狗狗精神變差，體重也減輕時，就表示牠們生病了。另一方面，若在餵食

◆ 多飲多尿

◆尿液

■ 犬隻一天所需要的水分攝取量

犬隻一天所需要的水分攝取量與一天所需要的熱量（卡路里）相同，因此可先利用犬隻的體重計算出熱量值。

計算的公式為：體重×體重×體重＝A，2⋅√A×70×係數1.4（1.6）＝犬隻一天所需要的熱量，也就等於犬隻一天所需要的水分。例如體重10公斤的成犬，牠一天所需要的水分即為551ml，熱量則為551仟卡，若是幼犬則係數調整為2～3後再進行計算。而這個公式所計算出的數值，指的是包括食物在內的所有水分攝取量，而非單指犬隻的飲水量。

量不多或是實施減肥計畫的狗狗身上發現到體重反而增加時，就必須懷疑狗狗可能罹患了甲狀腺方面的疾病。而食慾正常、活動力下降、體重緩慢增加的時候，就有可能是庫興氏症候群所造成的。而雖然有食慾，體重卻不斷下降時，有可能與糖尿病有關。

【尿液】尿液的顏色出現變化也是許多疾病的徵兆。尿液呈現紅色時可能是出血或溶血，出血的原因大多是腎臟、膀胱、前列腺或子宮方面的疾病，溶血則是紅血球遭到破壞的現象，可能是洋蔥中毒或免疫異常所造成。尿液若呈現金黃色則表示有輕微的出血或溶血現象，會在身體有黃疸的時候出現。若是血尿則須分辨出血液是從一開始就混在尿液中還是最後才混入尿液，可有助於疾病的診斷。

◆排尿行為

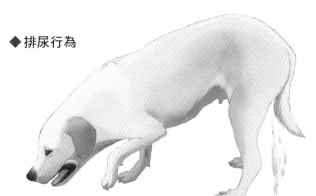

【排尿行為】若排尿時尿液是一滴一滴的，或是排尿次數頻繁卻只排出少量的尿液時，表示狗狗可能得了膀胱炎（尤其是雌犬）。而若是排尿完畢後有出血等排尿困難的現象時，則可能有膀胱結石。

【多飲多尿】當飼主觀察到狗狗喝得多尿得也多時，很容易以為這是健康的證明，但事實上多飲多尿卻是許多疾病的症狀之一。由於飲水量會隨著季節而變化，因此可以和去年同時期的飲水量做一個比較。若很在意狗狗的飲水量，可在事前測量水的重量，再觀察喝完水後水的重量減輕了多少，以計算每次的飲水量。

◆糞便

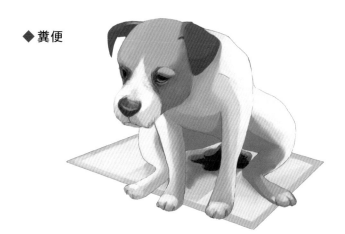

【糞便】糞便的顏色一般會隨著吃下的食物而改變，飼主可觀察狗狗所排出糞便的顏色、軟硬度和味道，是否和平常的糞便不一樣。若是出現黑色焦油狀的糞便（黑便），通常表示胃或小腸已有出血情形，屬於較為嚴重的病症。而當狗狗出現嘔吐症狀時，飼主可以檢查一下糞便當中是否有異物排出。

◆排便行為

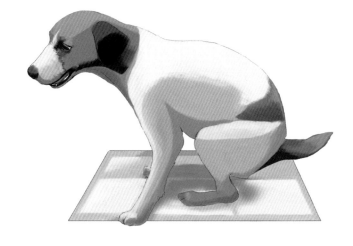

【排便行為】如果發現狗狗一直頻繁地做出排便行為，每次的排便量很少且大多是黏液時，表示大腸可能有發炎現象，必須盡快帶去檢查。一整天都沒有排便也可能是疾病的徵兆。

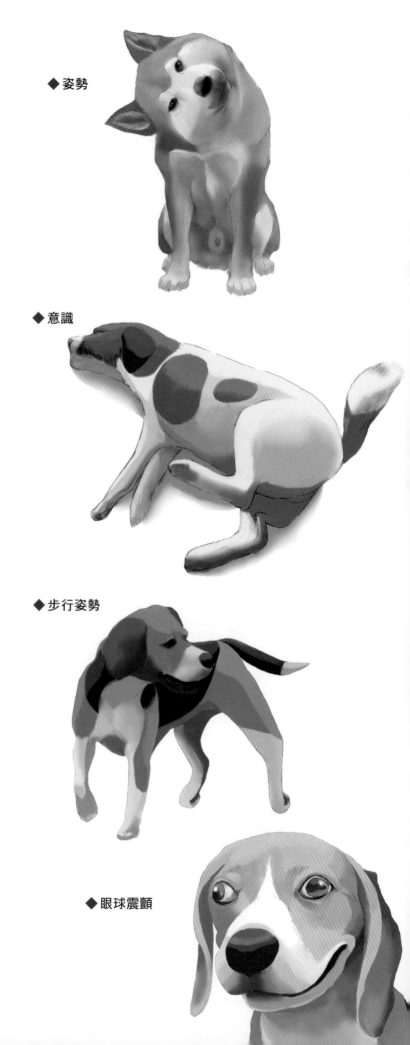

◆ 姿勢

◆ 意識

◆ 步行姿勢

◆ 眼球震顫

【姿勢】經常歪頭是異常姿勢的一種，大部分是因為外耳炎造成疼痛或不舒服的感覺，讓狗狗把頭歪向一側及甩頭。有時則是因為腦內掌管平衡的神經出現異常（前庭功能障礙）而造成狗狗出現歪頭現象，同時還會出現眼球震顫、斜視、旋轉或繞圈圈等神經症狀。而若是發現狗狗在睡覺時經常都保持同一個姿勢，則有可能是因為身體的某一側（左側或右側）感到不舒服，建議可帶去動物醫院檢查。

【眼球震顫】眼球震顫指的是眼睛不自主地出現水平、垂直或是旋轉性的運動。這種震顫會快速地往某個方向運動，再緩慢地往反方向運動。有些病例的眼球震顫或斜視症狀並不會在普通的姿勢下出現，而是在體位突然改變時被誘發出來。

【意識】若狗狗突然發生痙攣、失去意識或持續昏迷，則可能是癲癇發作、心臟病或代謝異常。建議飼主將當時的時間、地點、周圍狀況等資料詳細紀錄提供獸醫師參考。

【行為異常】若發現狗狗在吃東西的時候抓不準自己與飼料碗之間的距離感，並且像小鳥啄食一樣地吃東西，仔細觀察還會發現身體在發抖，這可能是小腦的功能出現障礙。當小腦功能出現障礙時，由於無法順利協調身體的動作，有些狗狗可能會出現一邊把腳抬高一邊步行的動作。而若是發現狗狗出現原地繞圈圈，或是用頭去撞牆壁等異常行為時，則可能是大腦功能障礙，或是下腹部尾巴、肛門有異狀。

【步行姿勢】若狗狗出現步伐不穩、走路不靈活、腳趾頭擦著地面走路（knuckling）等步行異常情形時，可能與很多疾病有關。而單腳舉起走路、跳躍行走則可能是因為膝關節脫臼，若是以腰部左右擺動的方式行走則可能是髖關節發生脫臼。另外狗狗在感覺疼痛時會一直舔舐或啃咬患部，因此若發現這種現象時也必須多加注意。

全身健康檢查

◆ 全身狀況

◆ 心跳數

◆ 皮膚的彈力變化

◆ 體溫

■ 讓狗狗習慣身體接觸

除了觀察狗狗日常的行為，事先瞭解牠們健康時的狀態以及各項生理數值，也是非常重要的工作。首先要讓狗狗習慣飼主任意碰觸牠們的全身，同時還可以順便培養人狗之間的感情。接著觀察狗狗的嘴巴、眼睛、鼻子、耳朵、皮膚是否有臭味或異常分泌物，由於這可能是嚴重疾病的潛在徵兆，一旦覺得有異常狀況，請立刻向獸醫師諮詢。因為狗狗不會說話，必須靠飼主細心的觀察才不會忽略牠們的生病的前兆。

【全身狀況】撫摸狗狗全身，檢查皮膚和毛髮的狀態，確認是否有凸起、膚色變化、脫毛等情形。

【皮膚的彈力變化】將皮膚捏起，觀察狗狗皮膚的彈力變化。正常狀況下皮膚會馬上回復原狀，若是花費一段時間才能回復原狀表示有脫水現象，但肥胖或過瘦的狗狗則較不易判斷。

【心跳數】用手指輕壓狗狗的大腿內側根部可以測量到牠們的脈搏。成犬每分鐘正常的脈搏數為70～110下。

【體溫】使用動物專用之體溫計，插入狗狗的肛門測量牠們的體溫，測量完畢後記得用酒精棉擦拭乾淨。正常狀態下狗狗的體溫為38～39℃。

■ 定期讓獸醫師進行健康檢查也很重要

飼主除了自行在家為狗狗進行健康檢查之外，定期帶牠們到動物醫院讓獸醫師進行健康檢查也很重要。若能透過定期健康檢查早期發現狗狗的異常狀態並儘早治療，不但可以減少狗狗的壓力，同時也能降低飼主自身的不安。一般推薦每年為狗狗進行一次定期健康檢查，飼主可向經常就診的動物醫院洽詢血液檢查、X光檢查和超音波檢查的細節。

體　　　重	體重是否與之前有明顯差距
體　　　溫	體溫是否在正常38～39℃之間
脈　　　搏	心跳次數是否過快或過慢
呼　吸　數	呼吸是否紊亂急促
血 液 檢 查	每次抽血可同時進行紅白血球計數和血液生化學檢查
糞 便 檢 查	檢查糞便內是否有寄生蟲或細菌
尿 液 檢 查	藉由檢查結果可得知是否患有糖尿病、腎衰竭、結石或其他內科疾病
超音波檢查	檢查心臟或腹腔是否出現異常
X 光 檢 查	檢查是否有腫瘤、腹水、胸腔和腹腔是否出現異常

※各動物醫院之檢查內容和項目不盡相同。

■ 眼睛

檢查眼睛是否有眼屎、流眼淚（淚溢）、發紅、發癢、眼瞼異常、結構異常、充血和眨眼次數變多的情況，並檢查瞳孔是否左右對稱以及對光線的反射是否正常，也不要忘了從正上方往下觀察眼球是否有突出的現象。

◆ 威嚇眨眼反應

將狗狗叫到面前，讓牠將注意力集中在自己身上，接著對著狗狗的臉部（眼睛前方）馬上伸出一根手指頭，觀察狗狗是否眨眼。由於此時可能剛好碰上狗狗生理性眨眼的瞬間，因此飼主最好多試幾次，且必須左、右眼各自測試。若有眨眼就表示結果就是陽性（看得見），若不管威嚇再多次狗狗都不眨眼，就表示可能有視覺障礙的問題（但顏面神經異常有時也會造成狗狗無法正常眨眼）。

■ 鼻子

狗狗經常用鼻子摩擦地面、用前腳搔抓鼻子、流出鼻血、大量鼻水、鼻膿或混有血絲的鼻涕、鼻子的皮膚有水疱或潰爛等現象，都屬於疾病的徵兆。除了從正面觀察鼻子，也可以從正上方觀察鼻樑是否左右對稱，有沒有腫脹情形發生，還可以拿不鏽鋼片或玻璃片放在鼻孔前方檢查有沒有起霧現象，測試狗狗的鼻腔內是否阻塞。

■ 口腔和牙齒

檢查狗狗在吃東西時是否有進食困難的現象、口腔內是否有腫瘤、傷口以及牙齒是否快要脫落。若有大量流涎的現象及強烈口臭，則可能患有牙周病。正常狀況下牙齦與舌頭的顏色為深粉紅色或偏紅色，若有黃斑或變白時須多加注意。

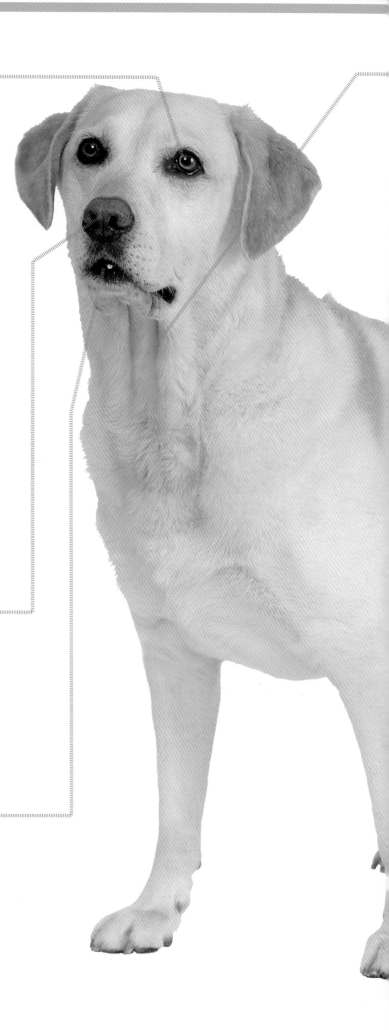

■ 呼吸

注意狗狗是否有咳嗽或打噴嚏，同時觀察他們呼吸的方式，若是吸氣後胸腔卻沒有膨脹表示橫膈膜可能出現異常。若狗狗在呼吸時把脖子伸直，喉嚨與鼻子好像呼吸困難一般發出明顯的呼吸聲，或是出現逆向性噴嚏的症狀時，可能患有氣管方面的疾病。

■ 腹部

當狗狗腹部膨脹或是微微腫脹下垂時，可能腹腔內有腹水蓄積，此時狗狗會很討厭別人碰觸牠的腹部。除了腹水之外，腸道阻塞等原因所造成的腸內氣體過多，或是雌犬罹患子宮蓄膿時子宮內蓄積大量膿汁等原因也會導致腹部膨脹。若在乳腺附近發現突起，除了可能是乳房腫瘤之外，也可能是發情期結束後假懷孕所造成的乳腺腫脹。此外若狗狗的腹部經常發出咕嚕咕嚕的腹鳴聲，則大部分是因為消化道的問題。

◆ 檢查腹部的波動感

用手按住狗狗的側腹部，用另一隻手輕拍另一側的腹部，如果腹腔內有腹水蓄積，按住腹部的那隻手會感受到液體的波動感。

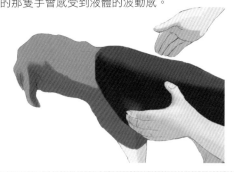

■ 肛門

觀察狗狗是否用屁股去摩擦地面、肛門周圍是否發炎、是否有排便困難的現象。若是高齡雄犬，最好定期檢查肛門旁邊是否有腫脹現象，因為雄犬會陰部的肌肉會隨著年齡增加而變得衰弱無力，有時大腸等腹腔內的臟器可能會發生脫出現象（會陰疝氣）。

■ 外陰部

雌犬在發情期時外陰部會出血，有時伴隨有外陰部腫脹和乳腺腫脹的現象。若外陰部附近的毛髮沾到血液而飼主未加以清理時，可能會使該處發生皮膚病。而未施行過絕育手術的雌犬，若在發情後的1～2個月內從外陰部流出惡臭且混有膿汁的血液，且狗狗不斷舔舐自己的外陰部時，有可能是罹患了子宮蓄膿。

■ 陰莖和陰囊

未結紮的高齡雄犬若是出現排便困難、排尿後滴血等現象時，可能是罹患了前列腺肥大症。而排尿疼痛、尿液中混有血液或膿汁時飼主也必須多加注意。此外飼主還須觀察狗狗的睪丸是否左右對稱以及是否有發熱情形。若狗狗只有單側睪丸，另一顆留在腹腔內的隱睪有可能會演變成睪丸腫瘤。

犬隻的身體護理

■ 為什麼要為狗狗進行身體護理？

狗狗和人類不一樣，無法自行護理身體的各個部位。過去我們經常可以看到狗狗被人飼養在屋外的光景，那樣的狗狗因為腳趾甲可以在戶外的環境下自然磨短，飼主幾乎完全不用幫牠們剪趾甲，而且還可以在院子裡幫牠們洗完澡後讓牠們在戶外自然風乾，像如今這種幫狗狗洗完澡後還得將毛髮確實吹乾的情況當時是非常少見的。而如今狗狗已經是和人類共同生活的家庭成員，所以幫狗狗進行身體護理也是狗狗健康管理中極為重要的一環。

■ 讓狗狗習慣人類照顧的重要性

若是飼主突然對狗狗的趾甲、牙齒、耳朵、屁股動手動腳，想必大部分的狗狗都會嚇一大跳。由於狗狗身體需要護理的部位很多，有些部位可能是狗狗不喜歡被人碰觸的，若飼主經常無視於狗狗的情緒，硬是將牠們壓住固定後再對那些部位進行護理的動作，狗狗很可能會認為這些動作只會給自己帶來痛苦而變得討厭這些動作，並為了逃離痛苦而激烈掙扎、甚至出現咬人等攻擊性的問題行為。當這種問題行為變成常態之後，為牠們進行身體護理就會成為一種極具危險性的工作，有時甚至還必須使用麻醉鎮靜劑才能順利進行。這種狀況，即使是獸醫師也想要極力避免。

為了避免讓事態演變成這種嚴重的狀況，平時就應該讓狗狗知道身體護理其實是一件快樂而不痛苦的事。讓狗狗習慣身體護理動作的方法基本上都是大同小異的，例如剪趾甲，在碰觸牠們腳掌或趾甲的時候稱讚牠們，在剪趾甲的時候稱讚牠們，剪完趾甲後再給予牠們獎勵。若是刷牙，在碰觸牠們牙齒的時候稱讚牠們，把手伸進牠們口腔的時候稱讚牠們，用牙刷刷洗牙齒的時候也稱讚牠們，最後再給予牠們獎勵。市面上販賣的狗零食對狗狗而言就是很棒的獎勵品，只要不斷重複碰觸時稱讚並給予獎勵的過程，狗狗就會漸漸習慣飼主的撫摸與碰觸。這種習慣化的訓練最適合在幼犬剛進入家庭的時候進行，狗狗長大為成犬之後雖然

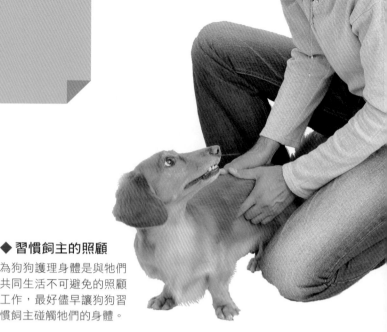

◆ 習慣飼主的照顧

為狗狗護理身體是與牠們共同生活不可避免的照顧工作，最好儘早讓狗狗習慣飼主碰觸牠們的身體。

◆ 橢圓針梳

適合梳理長毛犬種的梳子。通常有兩種大小，分別使用在不同的犬種。梳毛時不會讓狗狗覺得不舒服，是初學者也很容易使用的梳子。

◆ 排梳

和人類的髮梳類似，使用容易，梳毛時不要和毛髮呈垂直狀，而是要順著毛髮的方向梳理，可一邊梳理一邊檢查狗狗身上是否有打結的毛球。

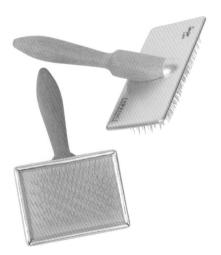

◆ 軟性針梳

能仔細地將毛髮梳理開來，梳毛時如發現有打結的毛球，也可以利用這種梳子將毛球梳開。

◆ 止血鉗

清耳朵時可將棉花捲在止血鉗上用來清理耳朵，不過一般在家裡為狗狗清耳朵時光用人類的手指就很足夠，即使沒有止血鉗也沒關係。

◆ 犬用趾甲剪

狗狗的腳趾甲必須定期修剪，趾甲剪分為斷頭台式和剪刀式兩種，大部分飼主會選用斷頭台式的趾甲剪。

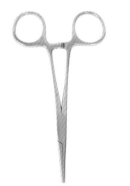

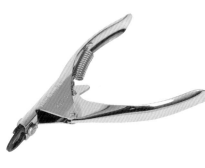

◆ 貴賓犬的梳毛

貴賓犬需要用軟性針梳經常為牠梳毛，梳毛時要一層一層分開來梳。

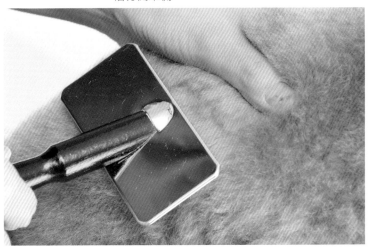

◆ 短毛犬的梳毛

短毛犬可使用橡膠製的梳子以按摩的方式為牠們梳毛，能避免傷到皮膚。

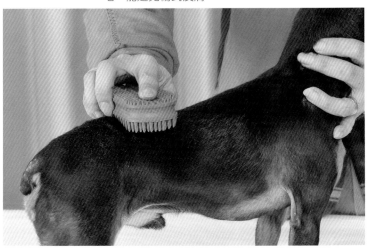

也能訓練，但所需花費的時間就會比幼犬還要長。

■ 養成護理習慣可隨時觀察狗狗的健康狀態

飼主在護理狗狗的同時，因為會接觸狗狗的身體，剛好可以趁機檢查狗狗的健康狀態。只有家人才是最能掌握狗狗健康狀態的人，而這一點就必須靠飼主在日常生活中養成幫狗狗護理身體的習慣，才有辦法在狗狗身上出現些微的變化或異常狀態時馬上發現。飼主在護理狗狗身體各部位的時候，務必記得一邊護理一邊觀察牠們的健康狀態，才是預防疾病、維持健康、早期發現、早期治療最有效的方法。

■ 不同的犬種有不同的護理方法

不同的犬種間，護理身體的方法和頻率有著些許的不同，其中最明顯的就是梳理毛髮的方法。

以近年來頗受歡迎的貴賓犬為例，由於牠們擁有不易掉毛、體味不重等優點，可以說是非常適合飼養在家中的玩賞犬。不過事實上貴賓犬是所有犬種中最需要經常梳毛的犬種，由於牠們的毛髮非常細，一旦飼主疏於為牠們梳理毛髮，很快就會打結形成毛球。很多飼主因為牠們不易掉毛的特性而選擇飼養貴賓犬，然後又誤以為牠們不需要梳毛，結果到了最後狗狗身上的毛球又多又大，只好帶去給寵物美容或動物醫院處理。而與貴賓犬相反，像是波士頓㹴或義大利靈堤這一類的短毛犬種則幾乎不用梳毛。

【梳毛】

不同犬種梳理毛髮所需的工具也不一樣，短毛犬種適合使用橡膠製的梳子，中～長毛犬種則可以視情況使用軟性針梳或排梳，仔細地將打結的毛髮或毛球梳開。至於梳毛的頻率，最好可以一天梳理一次，有助於毛髮的健康。

牙齒與牙齦的護理

■ 刷牙的真正意義

刷牙並非只是清潔牙齒表面這麼簡單。有很多飼主都誤以為幫狗狗刷牙只要使勁地把牙齒表面刷乾淨就好了，但事實上刷牙的真正目的，在於刷除附著在牙齒與牙齦之間（牙周囊袋）的黃白色黏性牙垢。由於牙垢沈積在牙周囊袋之中，因此即使刷牙刷得再用力，也無法有效率地將牙垢清除乾淨，反而應該是輕柔地刷洗牙齒與牙齦之間的縫隙，才是正確的刷牙方法。若牙垢一直堆積形成牙結石之後，就無法光靠刷牙去除，一旦形成牙結石之後，飼主務必儘早尋求獸醫師的專業協助，才能澈底去除口腔內的牙結石。

刷牙可以說是預防牙周病最有效的方法。

■ 刷牙時使用的牙刷

幫狗狗刷牙時，可使用與人類相同的牙刷，牙周病專用（牙科專用）的牙刷則更為適合，最好選擇刷毛較長的牙刷，比較能將牙周囊袋內的牙垢清除乾淨。

■ 牙齒的保健用品

目前市面上有販賣許多種牙齒的保健用品或食品，可做為牙齒平日的自然保健之用。其中含有細纖維的繩結式玩具，可以在狗狗每次嚼咬玩具時深入齒縫中，能夠得到最類似刷牙的自然效果。

至於像是骨頭或腳蹄之類的堅硬物品，如果拿給狗狗啃咬，可能會造成臼齒缺損或斷裂，尤其是最大的第四前臼齒最容易發生。為了避免狗狗的牙齒受傷，像骨頭或腳蹄這一類用人的指甲無法在上面押出痕跡的堅硬物體，千萬不可以餵給狗狗吃。

■ 牙齒與牙齦的護理方法與流程

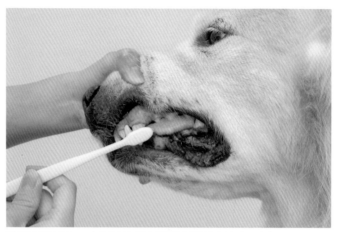

將牙刷以斜向45度輕柔地抵在牙齦與牙根交會處，以小範圍的移動方式刷牙。若將牙刷緊壓在牙齒上或刷得太用力，可能會造成牙齦出血。

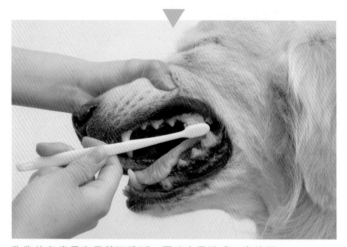

狗狗的臼齒最容易藏污納垢，同時也是造成口臭的原因。如果狗狗不喜歡臼齒被刷，可以故意讓狗狗啃咬牙刷，多次啃咬刷毛後可以得到和刷牙相同的效果。

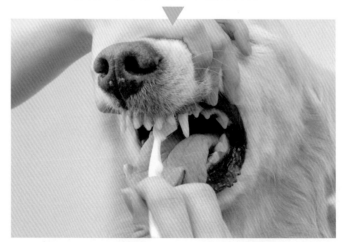

門齒的內側也要仔細刷乾淨。有少數的狗狗會有乳齒殘留的情形，必須特別注意和護理牠們的牙齒。

腳趾甲的護理

■ 趾甲護理是必不可少的

　　幫狗狗剪趾甲是與狗狗共同生活一定要做的護理工作。過去的狗狗大多都被飼養在庭院裡，每天也幾乎都會到戶外散步，而如今大部分的狗狗都生活在室內，加上大家流行飼養小型犬，帶牠們出去散步的次數和時間也有越來越少的趨勢。生活在庭院中的狗狗，因為腳底經常接觸地面，散步的時間又比較長，因此趾甲會自然地磨短，飼主幾乎不用幫牠們剪趾甲，但如今的狗狗則不一樣，牠們不但生活在室內，散步的時間也不長，趾甲自然會越長越長，而將趾甲剪短的任務就必須要靠飼主來負責了。

　　若將趾甲放著不管，不斷長長的趾甲會長成弧形，最後刺入腳底的肉墊內。而刺入肉墊的趾甲並不會停止生長，之後甚至會貫穿肉墊，如果到了這種程度，就必須開刀治療了。

■ 為什麼幫狗狗剪趾甲這麼困難？

　　大部分的飼主都覺得幫狗狗剪趾甲非常困難，所以幾乎都會請專業寵物美容師或獸醫師幫忙處理。最常見的理由是狗狗在剪趾甲的時候會非常兇暴，所以飼主根本無法順利完成。再來就是狗狗的趾甲是黑色的，飼主在幫牠們剪趾甲時無法分辨出趾甲內血管的位置，因此不知道該從何下手。

■ 趾甲護理的方法與順序

　　剪趾甲的工具分為斷頭台式的趾甲剪與剪刀式的趾甲剪，而大部分的動物醫院使用的都是斷頭台式。趾甲中呈現粉紅色的部位就是血管（若趾甲是黑色的則難以分辨），剪趾甲時，在不剪到血管的情況下，一點一點地將趾甲剪短，剪到距離血管約2公釐為止，再用銼刀將趾甲上尖銳的地方磨平整。

■ 剪趾甲的方法與流程

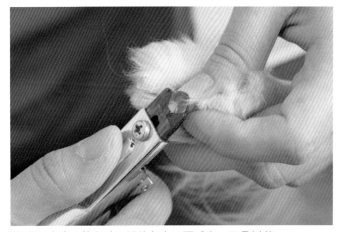

剪趾甲時趾甲剪和趾甲間的角度不要垂直，而是以稍微傾斜的角度接觸趾甲後再修剪。垂直的角度可能會把趾甲剪得太深。若趾甲是黑色的，則必須一次剪一點點，隨時確認有沒有流血。

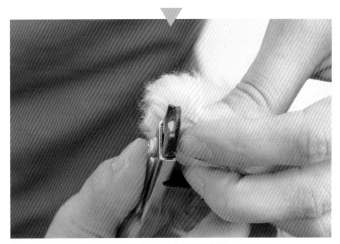

剪斷趾甲後，趾甲的中間會呈現尖銳的狀態，再用趾甲剪一點一點地修剪尖銳的地方。

剪完後用銼刀將趾甲的斷面磨平整，可避免狗狗之間玩耍時趾甲誤傷到其他狗狗。

耳朵的護理

■ 預防垂耳犬種發生耳朵方面的疾病

雖然所有的犬種都需要定期清潔與護理耳朵，但垂耳的犬種尤其需要。例如最近頗受歡迎的玩具貴賓犬、臘腸犬、黃金獵犬和拉布拉多犬等犬種，就屬於需要經常清潔耳朵的垂耳犬種。不論犬種的體型大小，垂耳犬的耳朵由於通風性較差，會助長耳朵內細菌增殖的速度以及使發炎反應惡化，因此比起其他犬種更容易發生外耳炎。再加上垂耳犬種的耳道不像立耳犬種一目了然，只要一發炎很容易被飼主發現，牠們垂下來的耳朵會遮蔽住耳道，等到飼主察覺不對勁而翻開牠們的耳朵時，往往已經嚴重發炎了。狗狗經常甩耳朵是耳朵發生問題的徵兆，飼主應養成經常觀察狗狗耳朵健康狀態的習慣，以免忽略了外耳炎的發生。

■ 耳朵護理的方法與順序

耳朵的護理方法包括使用止血鉗與棉花、棉花棒清理耳垢，或是以專門的洗耳液清潔耳朵。不過一般在家中為狗狗清潔耳朵時，最好只清潔我們眼睛看得到的部分。先將棉花輕輕捲在自己的手指上，接著讓棉花沾滿洗耳液後，將耳朵上的污垢擦拭乾淨。很多飼主喜歡使用棉花棒幫自家的狗狗清耳朵，但其實棉花棒若使用不慎很容易造成耳道內的損傷，應盡量避免使用。

■ 耳朵異常時的護理方法

當狗狗的耳朵因為外耳炎等疾病使耳道內出現紅黑色的污垢時，應盡早帶至動物醫院診治。飼主平常在清潔護理狗狗的耳朵時，如果發現有任何異常，最好也馬上洽詢獸醫師，若是在家中自行處理發炎的耳朵，反而很容易使耳朵的發炎情形更加惡化，應該由獸醫師仔細檢查耳朵的發炎程度後，再依獸醫師的指示進行適當的護理方法。

■ 使用止血鉗清耳朵的方法

先檢查耳朵的內部有沒有污垢和異味，若很嚴重的話請帶到動物醫院治療。

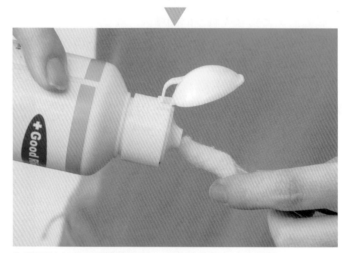

如果可以在家自行清潔耳朵，先將棉花捲在止血鉗前端，讓棉花沾滿清耳液。

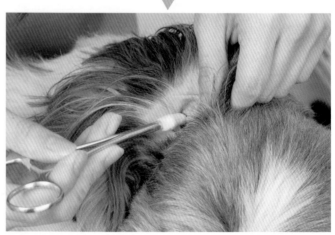

用棉花清潔耳朵看得到的部分即可，不需要深入到耳道內，只需保持外耳清潔。

肛門腺（肛門囊）的護理

■ 什麼是肛門腺？

所謂的肛門腺（肛門囊），是位在肛門周圍的肛門外括約肌（控制肛門運動及排便與否的肌肉）之下，以肛門為中心的四點鐘和八點鐘位置的分泌器官。肛門腺是犬隻祖先所遺留下來的痕跡器官，對現代的犬隻而言並沒有存在的必要性。

正常情況下肛門腺液會在狗狗排便時與糞便一起排出，並不需要人類用手去幫牠們擠肛門腺。但是小型犬似乎比大型犬更容易有肛門腺排出的問題，雖然擠肛門腺的時機因犬種而異，大致上一個月幫狗狗將肛門腺液擠乾淨一次就很足夠。

若肛門腺液蓄積在肛門腺內沒有排出，可以看到狗狗會一直去舔舐肛門腺的位置，或是用肛門坐在地上一邊摩擦屁股一邊前進，若發現狗狗出現這種行為，就必須儘快幫牠們將肛門腺擠乾淨，否則肛門腺可能會發炎，若不及時處理，當發炎情形惡化後甚至會導致肛門腺破裂而需要開刀治療。

■ 肛門腺護理的方法與順序

要幫助狗狗將肛門腺液排乾淨，就必須從外面直接擠壓及刺激肛門腺，將肛門腺液擠出。肛門腺位在肛門左右兩側的四點鐘和八點鐘位置（每隻狗狗之間有個體差異），從肛門腺的下方用手指往肛門的方向擠壓，就可以將肛門腺液擠出。

不過在沒有人示範如何擠肛門腺的情況下飼主並不容易拿捏應有的動作，若想要在家裡自行為狗狗擠肛門腺，最好先洽詢獸醫師，瞭解肛門腺的位置和擠壓的方法後再來進行。

■ 擠肛門腺的方法與流程

將尾巴抬起，找出肛門腺（肛門囊）的位置。大部分人在第一次擠肛門腺時不太容易找到肛門腺的位置，最好先向獸醫師或寵物美容師問清楚再開始。

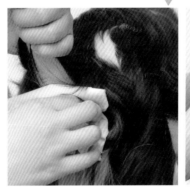 

手拿衛生紙捏住肛門周圍區域，從下往上擠壓將肛門腺液擠出，若用的力道太大且擠壓的角度不對的話，有時可能會造成肛門腺（肛門囊）破裂。

將擠出的肛門腺液擦拭乾淨，由於大部分都是趁著幫狗狗洗澡時擠肛門腺，只要擠完後馬上清洗就不會有臭味殘留。

繁殖與育兒

■ 繁殖犬隻前應有的心理準備

不論飼養的是雄犬還是雌犬，相信很多飼養狗狗的家庭都很想要自家愛犬的後代。配種、生產、育兒，這些與生命相關的貴重體驗，不是其他事物可以比擬的，從中所能獲得的感受，也絕非單純地迎接幼犬來臨而已。

因此，讓我們來一起試著重新思考「繁殖犬隻」這件事的意義。

繁殖絕對不是「找到對象後彼此交配就好了」這種輕率的行為。讓生命誕生在這個世界上，本身就是一項重大的責任，而在幼犬平安出生後，繁殖者更肩負著守護牠們未來的責任。盡全力讓牠們健康地成長、雌犬與幼犬雙方的健康管理、為幼犬尋找新的家庭……不論是由自己養育還是交由他人，繁殖者應當肩負的任務，就是讓這場生命的接力賽能夠順利地接棒下去。

特別是純種犬的繁殖，還必須遵循犬種標準，追求犬隻全面性的健全。人類參與育種過程所培育出的純種犬，通常都有其歷史上的背景或是反映出人類當時的需求。這些犬種標準是如何演變成現在的內容，繁殖者在研究這些犬種相關知識的同時，也必須在繁殖時注意如何延續與改良該犬種。

而不只限於純種犬，繁殖者在繁殖前還須謹慎考慮的重要事項，是如何避免遺傳性疾病的發生。若是將罹患有目前仍沒有明確治療方法之遺傳性疾病的犬隻做為繁殖之用，就會讓可能發病的犬隻數量越來越多，到時候不論是對犬隻本身或是飼主都可能是嚴重的負擔，因此事前確認繁殖用的犬隻是否患有遺傳性疾病是非常重要的工作。

以上所說的事項，都是飼主在準備繁殖愛犬的後代之前必須多加考慮的事，或許這些內容可能會讓繁殖者覺得非常麻煩，但迎接全新的生命是一種能夠忘卻所有辛苦的美好過程，沒有任何經驗可以取而代之，請在自己能負擔的範圍內，為愛犬選擇最適合牠們的生活。

■ 繁殖前的注意事項

瞭解懷孕與生產的過程

繁殖前務必向動物醫院或有繁殖經驗的人諮詢，瞭解從交配、懷孕到分娩的整個流程、交配前後與懷孕期的生活護理注意事項、以及寵物突然分娩時該怎麼處理，完全瞭解這些基本知識後，才不會在緊要關頭慌了手腳。

慎重選擇交配對象

可向當初買狗的寵物店、有提供配種服務的寵物店或是認識的繁殖業者詢問是否有適合的交配對象，最好請繁殖專家一同協助判斷及選擇比較安心。同時記得事前協議好是否須支付配種費用或是幼犬要怎麼分配等配種條件。

瞭解遺傳性疾病的相關知識

繁殖犬隻前，絕對要確認清楚配種的犬隻是否患有遺傳性疾病。一旦生下患有遺傳性疾病的幼犬，對犬隻本身及飼養牠們的家庭，都是極為痛苦及辛苦的負擔。為了減少遺傳性疾病對犬隻及其飼養家庭所造成的痛苦，絕對不可以讓患有遺傳性疾病的犬隻繁殖下一代。

事先為幼犬尋找將來生活的家庭

如果已經決定要讓狗狗生下幼犬，請儘量事先替幼犬找好未來要生活的家庭。雌犬若是在2～5歲的生產適齡期懷孕，通常會產下較多的胎兒，可利用X光先確認好幼犬的數量，以便事先替牠們尋找最適合的家庭。

瞭解犬種標準的內容

若繁殖的是純種犬，則必須事先瞭解犬種標準的內容。犬種標準將犬種的歷史與由來、身軀比例、性格、步態（從犬隻的步行方式可瞭解牠們的骨骼狀態）等犬隻各式各樣的特性彙整在一起，對於想要瞭解純種犬相關知識的飼主而言是一個很有用的工具，同時也是繁殖純種犬時可依循的指南。

■ 發情週期 發情週期的長短依犬隻個體而異，最長約1個月，平均約持續2～3個星期。

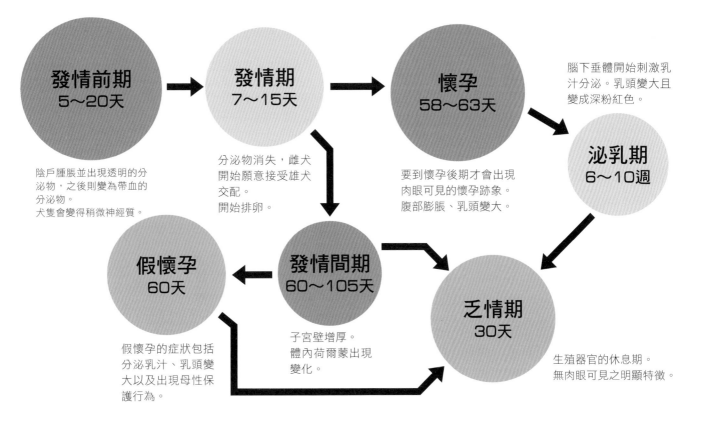

發情前期
5～20天

陰戶腫脹並出現透明的分泌物，之後則變為帶血的分泌物。
犬隻會變得稍微神經質。

發情期
7～15天

分泌物消失，雌犬開始願意接受雄犬交配。
開始排卵。

懷孕
58～63天

要到懷孕後期才會出現肉眼可見的懷孕跡象。
腹部膨脹、乳頭變大。

腦下垂體開始刺激乳汁分泌。乳頭變大且變成深粉紅色。

泌乳期
6～10週

假懷孕
60天

假懷孕的症狀包括分泌乳汁、乳頭變大以及出現母性保護行為。

發情間期
60～105天

子宮壁增厚。
體內荷爾蒙出現變化。

乏情期
30天

生殖器官的休息期。
無肉眼可見之明顯特徵。

■ 雌犬的發情週期

　　繁殖者必須先確實掌握雌犬的發情狀況，才有辦法決定適當的交配時機，因此交配前的首要任務就是先仔細瞭解雌犬發情週期的相關變化。

　　不論是哪一種犬種，每年都會有兩次（間隔6～8個月）的發情期。進入發情期的雌犬最初的徵兆是陰部腫脹，第二天就會開始出現透明的分泌物，再過一天後分泌物會開始帶有血絲而變成血樣分泌物，血樣分泌物會先逐漸增加，之後再漸漸減少，大約經過10天後會停止出血，結束上述的變化後，就表示犬隻從「發情前期」進展到「發情期」。

　　當外陰部的分泌物停止分泌之後，雌犬的體內開始排卵，而只有在這個時期雌犬的生理與心理才會進入願意接受雄犬交配的狀態。原本完全不理會雄犬，只要雄犬一靠近就會發怒的雌犬，此時會尾巴上舉，溫和地接受雄犬靠

近。這個時期稱為「發情期」，也就是可進行交配並進而懷孕的時期。

　　雌犬第一次發情的時間約在6～12月齡，理論上此時已可交配及懷孕，但年輕雌犬在10個月大的時候才進入性成熟期（小型犬種和大型犬種之間有些許差異），精神上更要到1歲以後才會成熟，因此建議在雌犬經過兩次發情期之後再進行配種。

　　一般建議的配種適齡期，是在雌犬2～5歲左右，此時牠們的體力與精神層面都已充分發育，比較適合接受配種及懷孕。雌犬出生時體內約有70萬個原始濾泡，但濾泡的數目會隨著發育而減少，到了一歲左右時原始濾泡的數目只剩下一半，之後隨著年齡增加還會再逐漸減少。有研究報告指出大部分的雌犬產下的胎兒數與排出的卵子數相同，因此高齡雌犬雖然也能懷孕生產，但能夠生下的幼犬數量會一年一年地減少。

懷孕期

■ 選定適當的交配日期

　　和其他動物相比，犬隻所擁有的繁殖能力比較特殊，其他動物在排卵時已擁有受精能力，但犬隻則是在排出未成熟的卵子後再經過60小時才能受精，並且在接下來的兩天裡都一直保有受精能力，而雄犬的精子在雌犬的生殖器官內能讓卵子受精的能力則可長達五天。也就是說，犬隻從交配到實際受精之間有一段時間差，因此即使在排卵前1～2天交配也有可能成功受孕。

　　由於這樣的機制，在卵子擁有受精能力之前，雌犬可以和不同的雄犬交配。若雌犬在數天內分別與兩隻雄犬交配時，雌犬可能會同時產下這兩頭雄犬的後代（同期複孕），因此在配種時須注意雌犬可以與同一隻雄犬交配兩次，但須避免和不同的雄犬交配。

　　為了找出最適當的交配日期，可利用陰道抹片來進行檢查。將棉花棒伸進雌犬的陰道內採集細胞後，觀察有核細胞與無核細胞之間比例的變化來推測出正確的排卵日。

　　隨著雌犬的外陰部開始腫脹，陰道上皮細胞也會開始出現變化，從陰道抹片可觀察到細胞核會愈來愈小，並漸漸變為無核細胞。若間隔數日分別進行陰道抹片檢查，可利用無核細胞增加的情形及兩次檢查間隔的天數來推算出確實的排卵日。

　　卵母細胞會在排卵之後2～3天內成熟，此時就可以受精了。成熟卵母細胞可受精的時期也就等於雌犬可受孕的時期，大約會持續2～4天。

■ 懷孕期間的雌犬

　　犬隻的懷孕期約為兩個月（58～63天左右），期間可分為懷孕前期、懷孕中期及懷孕後期三個時期，每個時期約三個星期。前期的症狀包括食慾不振、味覺改變以及偶爾嘔吐。中期時乳腺腫脹、腹部膨大、活動力下降、性情變得安靜沉穩。到了懷孕後期乳腺和腹部脹大，碰觸腹部可感受到胎兒的胎動。

■ 交配時的注意事項

- 交配前先將雌犬帶到雄犬住處，並讓牠們共同生活一個星期左右。
- 與交配對象的飼主協調好，讓雌犬和雄犬在兩天內交配兩次。
- 若交配過程中需要人類介入輔助，必須盡量避免驚嚇到雌犬。
- 交配後第三週將雌犬帶至動物醫院檢查是否懷孕。

雄犬會嗅聞雌犬陰部的味道，雌犬在此時會將尾巴舉起，做出接受雄犬交配的姿勢。

雄犬跨騎到雌犬背上，用前腳抱住雌犬的身體並做出騎乘行為，此時會第一階段的射精。

接著雄犬陰莖根部的龜頭球會變大膨脹，將陰莖鎖在雌犬的陰道內，此時兩犬的生殖器相連在一起（交配連結），雄犬會再次射精，在持續此過程5～20分鐘後，雄犬的陰莖會自然拔出，結束整個交配過程。

■從交配到生產的時間表

懷孕前期　交配～交配後20天

從交配到受精卵在子宮著床約須花費20天左右，這個期間內由於受精卵還在未著床的不穩定狀態，應避免讓雌犬激烈運動及洗澡，只要讓牠在室內自由行動即可。飲食方面與平常一樣，還不需要特別補充營養食品，從一般食物中所攝取的營養就已足夠。

懷孕中期　懷孕第20天～第40天

受精卵在子宮著床後進入穩定期，可將懷孕雌犬帶至戶外散步或進行輕度的運動，也可趁此時期幫牠洗一次澡。有些雌犬在這個時期會有食慾不振、嘔吐等害喜症狀。飲食方面可在平常的飼料中添加少量高營養價值的食物（懷孕授乳期專用飼料），並逐漸將食物替換為懷孕期專用飼料。

懷孕後期　懷孕第40天～55天

腹部和乳腺在此時期會非常腫脹，若家中有樓梯或高低落差，須避免讓狗狗的腹部撞到，若要將狗狗抱起時，也必須注意不能壓迫到腹部。這個時期雌犬的食慾會增加，但由於胎兒會壓迫到胃部，使牠無法一次吃下平常的食物量，可改以少量多餐的方式餵食。由於膀胱也開始受到胎兒壓迫，因此排尿的次數也會增加。每天可為雌犬量一次體溫觀察牠的懷孕狀態，在懷孕第50天後可以開始感受到胎動。

懷孕末期　懷孕第55天～60天

這個時期胎兒的骨骼已完全成形，可利用X光檢查來確認胎兒的數量，並趁機確認胎兒的大小與位置，來決定要讓雌犬自然生產還是剖腹產。從第55日起每天應量三次體溫，當體溫低於37℃以下時，雌犬就會在24小時內開始分娩。

■懷孕期間的飲食

在為懷孕雌犬準備飲食的時候，必須同時考慮到雌犬與幼犬雙方的營養需求，補充足夠的營養，才能維持牠們的健康。補充營養並非只是增加食物的量，而是從某個時期開始改以營養價值高的食物餵食。以下簡單說明替換食物的時間表、各時期應給予的食物種類、分量及餵食方法。

交配後一個月內的飲食，與平常的食物相同即可。而從交配後第五週起確認雌犬已經懷孕後，開始改餵懷孕授乳期專用飼料餵食，並漸漸增加食物的分量。交配後第6～7週開始，因雌犬體內的胎兒開始急速發育，餵食的分量必須比平常增加20～30%，並持續到生產為止。這個時期由於雌犬的胃部會隨著胎兒的發育而漸漸受到壓迫，因此必須注意不可一次給予太多食物，而是以少量多餐的方式餵食。

而為了避免雌犬過於肥胖影響分娩過程，在給予高營養價值食物的同時，也必須控制體重，讓雌犬從事適度的運動。

■分娩前的準備工作

雌犬的生產環境必須是一個安靜舒適的室內環境，在為雌犬預備好生產環境的同時，還須為牠準備一個產箱做為分娩時的場所。產箱的寬度須為雌犬體長的2倍，深度則須為體長的1.5倍，出入口的大小必須方便雌犬進出且不會撞到乳房及乳頭，更重要的是必須在產箱的周圍設置圍欄，圍欄的高度要能夠防止稍微長大的幼犬爬出產箱。產箱可配合雌犬的體型，選擇大小合適的瓦楞紙箱製作。

選擇一個能夠讓雌犬覺得安心且很少有人走動的空間來放置產箱，但並非放在完全沒有人的房間裡，而是能夠讓雌犬感受到家人存在的場所。可放在雌犬原本當作睡窩的圍欄旁邊，讓雌犬能夠儘快適應產箱。

產箱內可放入浴巾、厚毛巾、報紙或用過的床單做為墊料，同時多準備幾條毛巾以便在雌犬分娩時替換掉髒污的墊料。另外在產箱旁設置寵物用保溫燈，以防止幼犬體溫過低。其他應該準備的用品如下：

● 體溫計（測量雌犬的體溫）　　●體重機（觀察幼犬的體重變化）
● 剪刀（用來剪斷臍帶）　　●棉繩（用來綁緊臍帶）
● 浴巾、報紙或床單（鋪在產箱內，髒污時應隨時替換）
● 乾毛巾（擦乾幼犬及刺激幼犬呼吸）
● 酒精（消毒剪刀及棉繩）
● 備用產箱（用來替換髒污之產箱）
● 吹風機（吹乾幼犬及保溫）
● 尿布墊（可用來收集胎盤及其他穢物後丟棄）
● 奶瓶、犬用奶粉（在分娩時間過長或雌犬拒絕哺乳時用來哺育幼犬）
● 針筒（在幼犬不會用奶瓶喝奶時使用）
● 安靜的場所（其他犬隻或人類很少出入，可以讓雌犬安心分娩的場所）

雌犬生產時之注意事項

■ 生產前之注意事項

犬隻的生產過程一般而言都很順利，不過若是超小型犬、肥胖犬或是在胎兒數很少的情況下，有時候也會出現難產的情形。而和生過多胎的經產犬隻相比，第一次生產的初產犬隻其分娩時間通常會比較長，難產的機會也比較大。不論是選擇自然生產還是剖腹產，為了能正確處理緊急狀況，飼主最好在雌犬生產前聯繫動物醫院或專業繁殖者，確實詢問清楚生產時的各項細節。

雌犬越接近分娩時，會出現搔抓地面的築巢動作，以及呼吸急促、體溫下降（小型犬約下降到35℃、中型犬36℃、大型犬37℃）、不願意進食、排尿排便的頻率增加及嘔吐等症狀。這個時候飼主應輕聲安撫並輕柔地撫摸牠的身體，讓雌犬的情緒穩定下來。

■ 當雌犬放棄養育幼犬時

雌犬會放棄哺育幼犬的其中之一個原因，是因為環境改變造成雌犬情緒不穩定，雌犬將承受到的環境壓力怪罪到幼犬身上而排斥幼犬。為了避免這種情形發生，事前準備好一個安靜的生產環境極為重要。

另一個原因則是遺傳因素造成雌犬不願意照顧幼犬，有的雌犬甚至會將剛生下的幼犬咬死，由於這種行為或性格與遺傳有關，若讓這樣的雌犬再次生產下一胎，依舊可能重複出現將幼犬咬死或吃掉的行為，因此視情況可能必須放棄配種。

若是採用剖腹生產的雌犬，最好在雌犬從麻醉中醒來之前就讓幼犬去吸吮母乳，可以讓雌犬比較容易接受幼犬。

當雌犬一直沒有出現母性本能來哺育幼犬時，飼主就必須立刻接手來養育幼犬，雖然這並不是一件容易的工作，但身為狗狗們的家人，讓這些無可取代的寶貴生命延續下去是每個飼主都應該要肩負的責任。

■ 生產時應注意事項與難產之原因

生產前兆與分娩

當雌犬開始陣痛時，最初身體會輕微顫抖同時呼吸加速，重複多次這種狀態後，陣痛會漸漸變強，每次陣痛間的間隔時間會變短。接著羊膜破裂、羊水流出（破水），隨著雌犬用力，包裹著羊膜的胎兒從頭部先出來，雌犬會立刻將胎兒外的羊膜舔掉，同時用牙齒咬斷臍帶並舔遍幼犬全身上下，將牠們身上沾到的羊水舔乾淨。這個行為除了可以舔乾並溫暖幼犬，還可將幼犬口鼻中的黏液清除乾淨，刺激牠們開始自行呼吸。雌犬在結束整個分娩過程前並不會哺育幼犬，而是會等到分娩完全結束、情緒穩定下來後才會開始哺乳。

何時該聯絡獸醫師？

若雌犬開始陣痛後卻一直沒有產下幼犬，或是已經破水了胎兒卻一直沒有出來，此時就必須緊急聯絡獸醫師。若胎盤剝離後幼犬仍留在雌犬體內，在沒有緊急處理的情況下幼犬很可能會窒息死亡。而若雌犬年齡較大，可能會因為陣痛較弱沒有足夠的收縮力將幼犬產下，這個時候就必須停止自然分娩，改由獸醫師來進行剖腹生產。此外當生下來的幼犬無法自行呼吸時，必須用毛巾擦拭幼犬的身體來刺激牠們呼吸，若幼犬仍舊無法呼吸，則用兩手確實握好幼犬，上下搖動牠們的身體刺激牠們呼吸。雖然健康的雌犬以自然分娩的方式生產是最為理想的狀態，但若雌犬體型太小，或是想減輕牠們的負擔時，也可以改用剖腹生產。若決定採用剖腹產，飼主應事前與獸醫師討論後，一旦發現雌犬體溫下降就立即帶去動物醫院。

難產的原因

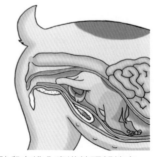 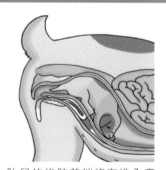

胎兒在進入產道前頭部轉向，或甚至由肩膀先進入產道，都會使胎兒不易生出。

胎兒的後肢前端沒有進入產道，而是尾部及臀部先進入產道，也會造成胎兒不易生出。

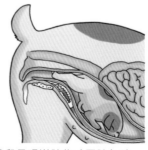 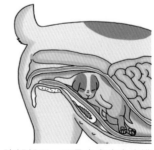

胎兒呈現逆胎位（尾胎）時，後肢先進入產道，可能會使頭部卡住而造成窒息。

臉部朝下，不是由鼻尖方向進入產道，或甚至是前肢先進入產道時，都會造成分娩困難。

新生兒與雌犬的健康管理

■ 生產後的注意事項

　　雌犬在生產後的3週內，會哺育幼犬及協助牠們排泄。飼主應隨時觀察幼犬是否喝到足夠的母乳、體重是否持續增加、以及有沒有發生體溫偏低或脫水的症狀，同時還須注意雌犬的營養狀態、健康管理和泌乳情形。

　　由於剛出生的幼犬還沒有調節體溫的功能，飼主必須多加注意牠們的保暖。幼犬們平常會窩在雌犬的腹部利用媽媽的體溫來取暖，當雌犬離開產箱的時候，所有的幼犬就會擠在一起讓自己保持溫暖。

　　這個時期只要雌犬能持續而確實地照顧幼犬，幼犬很快就會發育成長，在這個轉瞬即逝的寶貴時期，建議飼主可以將幼犬們的體重、行為等一一紀錄下來，製作一份成長日誌。

■ 雌犬的健康管理

新生幼犬的健康100％完全仰賴母乳，因此若沒有給予雌犬適當的飲食照顧，就會影響到幼犬們的健康狀態。

母乳所含的營養成分能夠提供新生幼兒的營養需求，讓牠們能夠正常的發育。為了讓幼犬們每天都能增加體重及發育，母乳中會含有較高濃度的營養素，因此雌犬的飲食必要要兼顧高熱量及均衡的營養，才能維持雌犬良好的健康狀態。

分娩後最初兩日所分泌的母乳稱為「初乳」，含有豐富的營養及高熱量，其中蛋白質含量是一般母乳的兩倍，並含有豐富的移行抗體，可以幫助新生幼犬尚未成熟的免疫系統。初乳中同時還含有濃度極高的鈣、磷、鎂及微量礦物質，而豐富的維生素A則能促進幼犬肝臟對維生素A的儲存功能。由於初乳所含的營養對新生幼犬的健康極為重要，飼主切記要讓剛出生的幼犬確實吸入初乳。

母乳的成分變化速度極快，約在分娩後一週乳糖的濃度會升高，轉變為一般母乳。

■ 新生幼犬的健康管理

首要任務是要讓剛出生的幼犬都能喝到初乳。雌犬會哺育幼犬，飼主只要確認每一隻幼犬都有喝到即可。若幼犬無法喝到母乳，或是母乳的狀況不佳，可改餵市售的幼犬專用代用母乳，之後則一邊注意雌犬的狀態，一邊給予幼犬必要的保溫及刺激排泄。

▌幼犬的保溫

剛出生的幼犬體溫比雌犬還低，大約只有35℃上下，一直要到40日齡左右體溫才會和雌犬差不多。由於幼犬還不能維持自己體溫的恆定，因此務必要為牠們保暖，一般建議將室溫維持在24～27℃左右，不可讓環境的溫度過高，否則會對幼犬的身體造成負擔。

▌人工哺乳的方法

將適當分量的代用奶粉用溫水泡開（奶水的溫度和人體表溫度差不多），若是虛弱或消化不良的幼犬，則必須泡得比較淡，並加入少量的葡萄糖。當雌犬放棄哺育幼犬時，飼主必須每隔兩小時餵奶一次，切記絕不可用牛奶餵飼，牛奶的營養成分、營養價值及消化率都和幼犬專用的代用母乳大不相同。

▌刺激幼犬排泄

幼犬出生後約有兩週的時間，都必須靠外界刺激肛門才會排便。正常情形下雌犬會舔舐幼犬的肛門，但當雌犬不哺育幼犬時，飼主就必須代勞。若要刺激排尿時，可用溫水將面紙或紗布沾溼，輕輕地擦拭排尿口刺激排尿。

▌觀察幼犬的體重變化

每天都要測量幼犬的體重，有些幼犬在出生後不久體重會比剛生下來的時候稍微下降，但若過了三天體重仍舊比較輕時就必須要多加注意。正常情況下幼犬的體重應該在出生後7～10天就會加倍，可用這個標準來判斷幼犬發育的程度。

■ 幼犬的健康檢查

▌體重是否正常增加

每天都要測量幼犬的體重。體重增加是幼犬健康的重要指標，當幼犬體重沒有正常增加時，可能表示雌犬的泌乳狀況不佳，或是同胎幼犬數量過多而搶食不到母乳，遇到這種情形時，飼主可將幼犬移動到比較容易吸到母乳的位置。

▌脊椎和頭部是否異常

當飼主從外觀或觸感發現幼犬的脊椎或頭部有異常情形時，很可能體內的器官也有問題，這樣的幼犬通常無法正常發育，飼主應立即將牠帶到動物醫院診察。

▌是否一直發出叫聲

健康且吃飽的幼犬，除了在飼主將牠們從母親和同窩幼犬身邊移開時會發出叫聲之外，平常很少喊叫，而且牠們除了吸奶之外也幾乎都在睡覺，所以當飼主發現幼犬經常發出喊叫聲時，可能是因為牠們沒有吃飽，或者是身體不舒服的徵兆。

▌抱起來時會不會覺得身體很輕、有沒有奶水從鼻子流出來

若將幼犬抱起來時覺得體重很輕，可能是因為身體有哪裡不舒服，或是經常被同窩幼犬推開而喝不到奶。若將幼犬抱起來時發現有奶水從鼻子流出，則可能患有先天性上顎裂，最好儘快帶給獸醫師檢查。上顎裂的幼犬可利用胃管直接灌食，有些裂縫會隨著發育而漸漸變小，之後就可以自行進食，也可利用外科手術將裂縫修補關閉。

老化與抗老化

■ 從行為與身體的變化瞭解犬隻的老化徵兆

隨著近年來生活環境的改變、犬隻飼料的高品質化、獸醫醫療技術的發展以及飼主對愛犬健康意識的高漲，犬隻的平均壽命比起十幾二十年前已經有了明顯的增加。越來越多的愛犬人士把狗狗當成「家人」，也因此我們經常可以看到和高齡的狗婆婆、狗爺爺一起生活的家庭。

很多飼主每天認真地照顧狗狗，努力換得的就是可以和最愛的寵物共渡更長時光的喜悅。但另一方面，隨著狗狗年齡越來越大，在牠們的生活照顧上就會有越來越多需要注意的事項，而只會發生在高齡犬身上的疾病也越來越不可忽視。最近經常可以聽到的「老犬看護」這個詞，就表示各式各樣提昇高齡犬生活品質的觀念及商品都已經開始陸續登場。

一般而言，小型犬從11歲起、中型犬從9歲起、大型犬從7歲起、超大型犬從5～6歲起，就會開始快速老化。不管狗狗過去多麼健康，老化都是必然會造訪的生理現象，隨著年齡增加，狗狗的體力與活力等各方面的狀態不可避免地都會開始漸漸出現和年輕時不一樣的地方。

雖說狗狗進入高齡期並不代表狗狗從此就已經老化，但若狗狗開始出現體力或活力衰退的現象時，就有很多生活上的細節需要飼主多留點心了。而為了不忽略任何異常變化或疾病的前兆，除了定期將愛犬帶到動物醫院進行健康檢查瞭解牠們平常的健康狀態之外，飼主也必須多加觀察老狗狗們的日常生活，經常撫摸牠們同時順便檢查身體。

那麼邁入高齡期的狗狗會出現什麼老化徵兆呢，接下來的內容將介紹老犬可能出現的「行為變化」與「生理變化」，請飼主對照狗狗的日常生活狀況，觀察牠們是否已經出現這些徵兆。

■ 高齡犬的「行為變化」

狗狗似乎沒聽見有人在叫牠

除了犬隻的聽力可能會隨著年齡增加而變差外，有時狗狗也會因為情緒上對很多事失去好奇心或提不起興趣，於是因為覺得麻煩而裝做沒聽到的樣子。

動作跟反應變得遲鈍、不想動（或玩耍）、走路顯得有氣無力的樣子

狗狗變得對異性或其他的狗、玩具、周圍發生的事情都提不起興趣。

後腳走路的幅度比前腳還狹窄

除了肌力衰退外，也可能因為腰部或後腳疼痛不舒服而無法用正常的步伐行走。

排尿排便困難

狗狗做出排便或排尿的姿勢卻一直排不出來，或是花上許多時間才完成排尿排便。

上下樓梯時步履維艱

上下樓梯或沙發時會遲疑不前，或是要作勢許久才有辦法移動。

容易疲勞、經常上氣不接下氣

除了體力衰退之外，也可能是循環系統出現問題。

其他變化

· 頻尿
· 大小便失禁
· 尿液或糞便的顏色跟味道跟平常不一樣，有時摻有血液或黏液

■高齡犬的「生理變化」

後半身似乎越來越消瘦
身體或四肢經常發抖

不小心玩過頭的第二天，或是做了比平常更多的運動量之後，若身體或四肢出現細微的顫抖，就是狗狗的體力與肌力衰退的證據。飼主可以幫狗狗按摩或伸展牠的肌肉，舒緩狗狗身體的疲勞。

消瘦或肥胖

由於狗狗的消化和吸收能力會漸漸地變弱，無法攝取到足夠的營養而逐漸消瘦。也可能因為代謝能力下降而逐漸變胖。

毛色漸漸變白，
毛髮失去光澤變得粗糙

從狗狗的毛髮變化可以簡單判斷出牠們是否已經老化。隨著年齡增加，狗狗的毛髮會逐漸失去光澤，同時因為油脂變少而變得粗糙，以及部分毛髮會開始變為白色，不過因為年輕狗狗身上也會有白毛，因此並非絕對的老化徵兆。

其他變化

· 眼睛變白混濁
· 口臭
· 經常掉毛、皮屑變多
· 體表長出息肉或斑點
· 經常做出背部拱起、頭部往下的姿勢

■狗狗與人類的年齡換算表

狗狗年齡	小型犬	中型犬	大型犬
1個月	1歲	1歲	1歲
1歲	17歲	17歲	12歲
2歲	24歲	23歲	19歲
3歲	28歲	28歲	26歲
4歲	32歲	33歲	33歲
5歲	36歲	38歲	40歲
6歲	40歲	43歲	47歲
7歲	44歲	48歲	54歲
8歲	48歲	53歲	61歲
10歲	56歲	63歲	75歲
12歲	64歲	73歲	89歲
14歲	72歲	83歲	103歲
16歲	80歲	93歲	117歲
18歲	88歲	103歲	131歲
20歲	96歲	113歲	145歲

若飼主能瞭解高齡犬老化的徵兆，就能儘早採取防止老化的對策，對於疾病的早期發現、早期治療也很有幫助。為了可以確實判斷狗狗的身體狀況，家有老犬的飼主們請務必事前多加瞭解狗狗的相關健康知識，切勿忽略平時的健康管理。

只要飼主冷靜地觀察狗狗的日常生活，很容易就可以判斷狗狗現在的行為是受到老化的影響還是身上有潛在的疾病。為了讓狗狗可以活得老當益壯，飼主若能儘早認識狗狗老化和疾病的徵兆，早日採取對策，才是最有效的抗老化方法。

不過飼主也要切記，有些徵兆雖然看似狗狗的老化現象，但其實也很有可能是因為疾病或受傷所造成，若是因為症狀相似而判斷錯誤，沒有找出根本的原因，有時候反而可能造成狗狗健康狀態的惡化。身為狗狗的家人，請各位飼主在發現老狗出現一些令人擔心的變化時，不要全部都歸咎於狗狗的自然老化，而是確實地找出原因，以免延誤最佳的治療時機。

徹底瞭解狗狗的老化徵兆與可能發生的疾病

不管發生在看得到還是看不到的地方，身體各處隨著年齡增加而開始出現健康問題，是所有動物都必須面對的自然現象。但是當自然的生理老化現象加上疾病時，就會讓老化的速度更加快速。狗狗也是一樣，若在邁入高齡期的時候罹患疾病，無疑是雪上加霜，身體所遭受到的損害很可能會一發不可收拾。

老狗的養生之道，就是趁著牠們還很健康充滿活力的時候，透過定期檢查做好身體的健康管理，盡可能培養出能夠遠離疾病的健康身體。而飼主也應該建立一個重要觀念，就是並

不是狗狗生病後才要帶去就醫，而是為了不讓狗狗生病所以才要去動物醫院。早日處理健康問題才是養生的最佳良策，請各位飼主在平日就要多加觀察愛犬的各種變化，以免忽略牠們老化的跡象。

要達到早日發現、早日處理的目的，飼主必須在狗狗邁入高齡期以前就事先瞭解高齡犬常見疾病的症狀、跡象，才能有效地進行愛犬的健康管理，當愛犬的健康問題或疾病突然出現時，也才不會因為慌張而亂了手腳。雖然並不是所有的老化徵兆都與疾病直接相關，但飼主若能同時注意到狗狗的老化現象與疾病前兆，才不會因為疏忽而後悔。

犬隻「認知障礙」診斷基準判定表

請在各項目1～5的選項中選擇最適合狗狗的描述，並將各項目所得到的分數加總起來，測量狗狗認知障礙的程度。

食慾、下痢		分數
1	正常	1
2	食慾異常，有下痢症狀	2
3	食慾異常，下痢症狀時有時無	5
4	食慾異常，無下痢症狀	7
5	不論亂吃什麼都不會下痢	9

感覺器官異常		分數
1	正常	1
2	視力和聽力變差	2
3	視力和聽力明顯變差，經常用鼻子嗅聞東西	3
4	視力幾乎完全消失，不斷地嗅聞味道	4
5	只剩下嗅覺異常敏感	6

生活步調		
1	正常（白天活動晚上睡覺）	1
2	白天活動減少，晝夜都在睡覺	2
3	不論白天夜晚，大部分時間都在睡覺	3
4	白天除了吃飯時間外都睡得很沉，半夜到清晨會突然到處亂走	4
5	即使經過飼主制止依舊維持第4點的狀態	5

姿勢		
1	正常	1
2	尾巴和頭部下垂，但可維持正常的站立姿勢	2
3	尾巴和頭部下垂，雖然可站立但呈現不平衡而搖搖晃晃的狀態	3
4	持續呆站在原地不動	5
5	有時會維持異常的姿勢睡著	7

後退行為（改變方向的能力）		
1	正常	1
2	經常走到狹窄的地方，但在無法前進的時候就會後退	3
3	進入狹窄的地方後完全不會後退	6
4	出現第3點的狀態，但會沿著牆壁轉彎90度	10
5	出現第4點的狀態，無法沿著牆壁轉彎90度	16

叫聲		
1	正常	1
2	叫聲單調	3
3	叫聲單調而大聲	8
4	半夜到清晨的某個時間會突然吠叫，某種程度下飼主可以制止	7
5	出現第4點的狀態，好像在對某個物體吠叫，完全無法制止	17

步行狀態		
1	正常	1
2	往特定方向無目的的徘徊，步伐歪斜	3
3	往特定方向無目的的徘徊，繞圈踱步（繞成一個大圈）	5
4	不停地繞圈踱步（繞小圈）	7
5	以自己為中心原地打轉	9

情緒表現		
1	正常	1
2	對他人或其他動物興趣缺缺	3
3	對他人或其他動物完全沒有反應	5
4	出現第3點的狀態，只對飼主勉強做出些許反應	10
5	出現第4點的狀態，對飼主也毫無反應	15

排泄情況		
1	正常	1
2	偶爾在錯誤的地方大小便	2
3	隨地大小便	3
4	大小便失禁	4
5	在睡眠狀態下排泄（大小便失禁）	5

慣性行為		
1	正常	1
2	一時忘記已學會的行為或慣性行為	3
3	喪失部分已學會的行為或慣性行為	6
4	已學會的行為或慣性行為幾乎消失	10
5	已學會的行為或慣性行為完全消失	12

認知障礙之診斷基準：總分30分以下為正常高齡犬，
31～49分表示狗狗已出現認知障礙的跡象，50分以上表示狗狗已經患有認知障礙。

合計　　分

■ 高齡犬的行為、動作變化及可能發生的疾病

發生部位、 生理功能	實際出現的行為、生理或動作上之變化		可能發生的疾病
視力	·光線昏暗時會撞到物體 ·遇到高低落差時會害怕、猶豫不決 ·無法迅速對會動的物體產生反應	·眼睛變白 ·摩擦眼睛的部位	高齡性白內障／角膜炎／ 青光眼／結膜炎等疾病
聽力	·似乎沒發現飼主在呼喚牠的名字 ·對巨大聲響沒什麼反應，依舊睡得很安穩	·有外人來家裡也不吠叫，依舊趴著睡覺 ·耳朵經常擺動，想辨識聲音的來源	中耳炎／外耳炎／耳內腫瘤／ 聽力下降或失去聽力等疾病
毛髮、皮膚	·白毛增加 ·毛髮變得稀疏	·毛髮和鼻子的顏色變淡 ·毛髮生長速度變慢	各種皮膚病
食慾	·對食物變得很執著 ·沒辦法吃硬的食物 ·食慾變差	·食慾異常 ·雖然想吃但無法很順利地進食	牙周病／內分泌異常／腦部異 常等疾病
排尿排便	·排尿排便不順 ·尿液變濃或帶血 ·便秘	·排尿頻率增加 ·原本會在固定的地方上廁所，現在變成隨地大小便	前列腺疾病／膀胱結石／膀胱 炎／尿道結石等疾病
睡眠	·整天都在睡覺 ·睡在跟以往不同的地方	·日夜顛倒，半夜不睡覺，一直吠叫或徘徊踱步 ·從睡眠狀態醒來後反應遲鈍。雖然醒了但瞬膜遲 遲不回原位	高齡性認知障礙等疾病
生殖能力	·對異性興趣缺缺	·交配能力下降	
免疫力	·免疫力下降，容易罹患疾病		多種疾病
體力、行為	·願意運動但容易疲勞，有時候則不願意運動 ·遇到高低落差或階梯時上下的動作很不自然，動作 緩慢，或是不願意上下樓梯 ·動作遲鈍 ·走路方式明顯異常	·腳突然無法行走、疼痛 ·身體顫抖，或是站立的時候四肢發抖 ·很少跑步，走路時腳步蹣跚 ·從坐姿改為趴姿或站立時動作遲緩	關節炎／腦脊髓疾病／神經方 面的疾病／韌帶損傷／心臟病 等疾病
外界反應	·玩耍時玩一下就失去興趣 ·沒有像以前那麼喜歡散步或出門	·雖然發現有外人來訪，但卻很少吠叫 ·即使遇到其他的狗狗也興趣缺缺	

■ 高齡犬必須注意的四大健康問題

■「骨骼、關節」之健康問題　　代表性疾病：椎間盤突出、骨關節炎、變形性脊椎症

狗狗隨著年齡增加，肌肉和韌帶會開始衰老，軟骨也漸漸磨損，關節方面很容易開始出現各式各樣的健康問題。為了不讓關節承受多餘的負擔，讓狗狗保有適當的肌力以及避免體重過重或肥胖，是保養關節的重要工作。在控制體重時，不只是不讓狗狗的體型過胖，同時也要注意狗狗的體脂肪率。關節一旦受損其復原工作非常辛苦，飼主平時一定要養成保養狗狗關節的習慣，才能預防關節疾病的發生。

■「牙齒」之健康問題　　代表性疾病：牙周病

若飼主平時疏於幫狗狗刷牙，牙齒上的牙垢在不久後就會形成牙結石，最後就會發展成牙周病，牙齦出現發紅、腫脹、疼痛等症狀。若病情惡化，細菌可能會隨著血流運行到體內各處，造成肝臟、心臟等重要器官發生問題。從狗狗小時候起就養成幫牠們刷牙的習慣，才能夠預防這些比想像還要嚴重的疾病發生。

■「循環系統」之健康問題　　代表性疾病：肺水腫、僧帽瓣（二尖瓣）閉鎖不全、肺動脈高壓

狗狗邁入高齡後，除了心臟的功能會漸漸衰退之外，還可能會出現血管壁的彈性減弱、心臟內的瓣膜發生變形等種種問題。例如狗狗在炎熱的天氣下外出散步或是運動後出現喘息不止的現象時，表示狗狗有可能因為過熱而脫水或是血液變得濃稠，這個時候如果趕緊給狗狗補充水分就可以改善症狀，因此飼主在帶高齡狗狗外出時，一定要記得攜帶水壺等狗狗需要的用品，才能預防這些緊急狀況發生。此外不論是心臟還是其他器官，要維持正常的運作都需要適度的肌肉力量。譬如擁有強健心肌的心臟，才能輕鬆地將血液輸送到全身各處，因此狗狗平時必須適度地從事運動，才能保持應有的肌力和體力。

■「內分泌系統」之健康問題　代表性疾病：甲狀腺功能低下症、糖尿病、庫興氏症候群

甲狀腺素是體內極為重要的荷爾蒙，與身體的代謝功能息息相關，一旦甲狀腺素分泌量不足，就會造成身體出現各式各樣的症狀，這就是甲狀腺功能低下症。當狗狗出現皮膚失去彈性、心臟功能衰退、大部分時間都在睡覺、對外界沒有興趣等乍看之下很像狗狗老化徵兆的症狀時，飼主很可能只會覺得「大概是因為牠老了吧……」而忽略掉這個疾病。所以當自家的愛犬已經出現這些症狀時，請各位飼主記得不只老化，還必須考慮甲狀腺功能低下的可能性。

抗老化的方法

■ 透過日常生活照顧延緩狗狗的老化

針對狗狗的高齡生活，在愛犬依然健康有活力的時候，給予飲食上和身體上的護理，讓老化的速度盡量減緩，這就稱為「抗老化」。也就是說，抗老化並非在愛犬邁入高齡時期並出現老化現象後再慌慌張張地想辦法，而是在狗狗還年輕的時候，事先採取各種可以延緩老化的日常照顧措施。由於「變老」是所有狗狗都必須面對的事實，如果飼主可以預先設想狗狗的高齡生活，並採取各式各樣有用的對策，想必能夠幫狗狗打造一個健康的身體，讓彼此快樂的共處時光能長長久久。

雖然每一隻狗狗因為品種、體型和個性的不同而有所差異，但能夠看出狗狗健康狀態開始有所變化的關鍵時期，大約都在6～8歲左右。這個時期的狗狗，雖然在年齡上還未邁入高齡期，但在行為上和生理上已經漸漸開始出現一些和以往不同的變化。

而狗狗在10歲左右時則是一個轉捩點。雖然從外表看來還很健康，但已經開始出現反應變慢的現象，四肢和腰部也無法像過去那麼靈活。接著到了13、14歲，則已經進入了不可輕忽的高齡照顧時期，狗狗不但隨著年齡增長而身體各項機能衰退，體力也出現明顯的下降。

抗老化的目的，就在於透過飼主對狗狗的健康管理和疾病預防措施，全面提升狗狗的生活品質，藉由生理層面和精神層面的全方位照顧，使愛犬能夠一直保持年輕活力的姿態，快樂安享高齡生活。具體的抗老化方法包括早期給予保健食品、針對身體需要補強的地方補充營養、以及經常幫狗狗按摩等方式。而將狗狗定期帶去動物醫院接受健康檢查，並向獸醫師諮詢老犬生活照顧上的注意事項，更是極佳的抗老化方法。

■ 養成有效抗老化的日常生活習慣

抗老化最好從日常生活習慣的累積開始。並非需要什麼特別的措施，反而是每天對狗狗所做的那一點一滴的照顧，才是抗老化不可或缺的關鍵。或許這只是對身為家人的愛犬無意間展現的關懷，但結果卻是延緩狗狗老化速度的最佳方法。

給予專用飼料或保健食品

近幾年來，針對狗狗不同身體部位、不同功能、不同犬種特性之營養需求所開發出的各式各樣專用飼料陸續登場。而健康食品也是一樣，市面上已經可以看到許多種專為狗狗開發的保健食品，而且大部分都還會製作成平常很容易餵食的產品。飼主可針對狗狗在健康上需要特別補充的營養、身體狀態以及狗狗的喜好，選擇適合的產品，透過每天的餵食就可以達到補充營養的目的，非常方便。

在狗狗的日常生活中給與適度的刺激

狗狗的日常生活中，經常會有著大小不同的刺激與壓力。壓力帶給人的印象雖然經常是負面的，但若是給予狗狗適度的刺激則能夠活化狗狗在情緒上和生理上的反應。像是可以與好朋友碰面的散步、偶一為之的美食、外出旅行、能夠刺激嗅覺或腦部的遊戲，都是可以讓狗狗情緒高昂的快樂事物，能夠為狗狗的身心帶來良好的影響。

經常與狗狗互動

常常撫摸狗狗的身體、和狗狗說話、與牠們互相凝視，這些日常生活中平淡無奇的互動溝通，卻是幫助狗狗有效抗老化的重要行為。因為狗狗可以從這些互動裡感受到最愛的家人對自己的疼愛，並且在與飼主共渡的快樂時光裡得到精神上的滿足。而在撫摸狗狗的過程中，飼主也能趁機瞭解狗狗身體的變化，及早發現疾病的前兆。

■ 抗老化之保健食品

症狀	保健食品	特徵
減緩關節老化	軟骨素（Chondroitin） 葡萄糖胺（Glucosamine）	由鯊魚軟骨等來源萃取出之產品，有助於軟骨修復及緩解關節炎的症狀。 由甲殼類的幾丁質萃取製成之產品，有助於軟骨修復及減輕關節炎所造成的疼痛與腫脹。
預防視力衰退	β胡蘿蔔素（β-carotene） 葉黃素（Lutein）	存在於黃綠色蔬菜中的黃色色素，能轉變為維生素A，能消除眼睛疲勞及具有黏膜保護作用。 類胡蘿蔔素中的一種，具有極佳的抗氧化作用，能保護眼睛，防止水晶體與視網膜發生氧化。
預防老化	輔酵素Q10（Coenzyme Q10） EPA DHA	存在於體內細胞的輔酵素，具有抗氧化及活化體內免疫系統之作用，防止身體老化。 魚油中之不飽和脂肪酸，能防止膽固醇過高及癡呆症所引起的行為問題。 魚油中之不飽和脂肪酸，能防止血栓形成及癡呆症所引起的行為問題。

■ 讓高齡狗狗保持年輕的生活方式

狗狗邁入高齡期後，許多像是動作變慢、呼喚牠的名字時只有眼睛或耳朵有反應、遇到有高低落差的地方時要作勢許久才能上去等不太想動的現象，都是隨著年齡增加不可避免的老化現象。

儘管如此，如果狗狗的身體狀況還不差，飼主卻因為狗狗年紀大了而過度保護，不讓牠適度地運動，整天都在睡覺的話，反而會讓狗狗顯得越來越衰老。

雖然高齡狗狗的生活方式必須符合牠的年齡，但讓老狗狗常保年輕的秘訣，就是不要把牠當成老狗對待。飼主千萬不要因為擔心老狗的身體所以不帶牠出去散步、不讓牠接觸其他的狗狗、甚至把牠移到家人很少出入的安靜場所睡覺。而是應該在狗狗身體狀況能接受的範圍內，維持原有的生活步調，另一方面則配合狗狗的年齡採取應有的照顧措施。

不過飼主要注意的是，狗狗畢竟不年輕了，不能像年輕的時候一樣讓牠進行激烈的運動，而是將狗狗原本就喜歡的事，例如與飼主外出悠閒地散步，或是與認識的狗狗彼此互相交流等活動，改以緩慢的步調進行。

【打造適合高齡狗狗的生活環境】

生性喜歡乾淨的狗狗，即使腰腿無力，還是會勉強自己到訓練過的地方上廁所（例如尿布墊），為了不讓狗狗有太多的負擔，可在家人平常生活起居的空間中找出一個安靜的角落安置狗狗的睡窩，接著考慮狗狗方便行走且步行距離較短的動線，將狗狗的廁所設置在那裡。

【協助狗狗上下樓梯】

即使狗狗的腰腿沒有什麼健康問題，家裡的樓梯或沙發這種有高低落差的地方還是會對老狗的腰腿造成負擔。為了避免牠們踏空或摔下來，飼主可以在狗狗需要上下樓梯或沙發的時候抱著牠們，減少爬上爬下的動作。而狗狗從上方跳下來的動作更是特別危險，如果空間足夠，最好準備踏板或斜坡這一類的輔具讓狗狗能輕鬆走在有高低落差的地方。

【在家中儘量跟狗狗互動】

狗狗年紀大了之後，對於周圍的事物會比較不感興趣，有時候可能還會嫌麻煩而不願意出門。而顧慮到老狗的體力和身體健康狀況，出門的機會也的確會比年輕的時候少上許多，在這種情況下，對於大部分時間都待在室內的狗狗，飼主應儘量和狗狗進行互動，諸如玩耍、梳毛、按摩、撫摸或跟狗狗說話等，加深彼此間的感情與連結。

【經常外出轉換心情】

儘管狗狗因為身體老化而越來越少出門散步，飼主仍可利用推車等工具經常帶狗狗外出，和狗朋友相見、到森林裡做個森林浴、聞聞外面各式各樣的氣味等，來自外界的種種刺激，可以活化狗狗的精神面、轉換狗狗的心情、增加狗狗對生活周遭的興趣，因此定期帶狗狗外出，是最適合的抗老化妙方。

犬隻的腫瘤

■腫瘤是什麼？

由於醫療進步、環境改善、飼主健康知識的提昇等原因，犬隻們的平均壽命逐年的增加。而伴隨著犬隻的長壽化和高齡犬數量的增加，犬隻的死亡原因也漸漸改變。根據最近的統計，因癌症死亡的犬隻，佔所有犬隻的23％、10歲以上大犬的45％，從這個數字看來，癌症可說是犬隻最常見的死亡原因，也就是說，對所有飼養狗狗的飼主們而言，癌症是最讓人擔心的嚴重疾病。

隨著犬隻年齡的增加，癌症的發生率也跟著上升，尤其過了8歲之後更是急遽地增加，這是因為構成身體組織的細胞，其遺傳基因在受到環境、營養等各種因素的傷害後，變得容易腫瘤化。也就是說，年齡增加提高了犬隻罹患癌症的風險是一項不可否認的事實。儘管如此，若能早期發現癌症，它仍舊有治癒的可能。

■犬隻常見的癌症

【肥大細胞瘤】

這個名稱經常讓許多飼主誤以為是肥胖犬隻經常罹患的腫瘤，但這個細胞並非肥胖犬身上的細胞，而是與體內的過敏反應、炎症反應及免疫反應息息相關的細胞。肥大細胞瘤是犬隻皮膚腫瘤中最常見的腫瘤，雖然幾乎都發生在皮膚，但有時也會發生在口腔、鼻腔、脾臟或肝臟等部位。

有效的治療方法包括大範圍的外科手術切除或放射線治療，但在範圍過大難以切除乾淨、擔心轉移或放射線治療的副作用時，則改採抗癌藥物治療。

【淋巴瘤】

在所有犬隻發生的腫瘤中，淋巴瘤就佔了7～24％，是發生率很高的腫瘤。淋巴瘤的成因是由於體內掌管免疫功能的淋巴球異常增生所造成的腫瘤化，一般可分為靠近體表的淋巴結腫大之「多中心型」、胸腔內淋巴結腫大之「胸腺型」及消化道附近的淋巴結腫大之「腸胃道型」等不同類型，其中「多中心型」淋巴瘤最為常見。而為了早期發現淋巴瘤提高治療的效果，最重要的方法是飼主平常就經常觸摸狗狗的淋巴結，觀察它們是否有腫大的情形。

由於抗癌藥物對淋巴瘤的治療效果甚佳，大部分不採用外科療法，而是使用抗癌藥物加以治療。

【口腔腫瘤】

口腔腫瘤有許多種類，其中最常見的為「惡性黑色素細胞瘤」、「纖維肉瘤」及「鱗狀上皮細胞癌」三種。若口腔腫瘤發生在口腔前端，相對地比較容易早期發現，但若是長在口腔深處，則往往發現時已經太遲。當狗狗出現進食困難、口臭、唾液增多、唾液中帶有血絲等症狀時，飼主須特別注意是否發生口腔腫瘤。

口腔腫瘤可利用外科手術將腫瘤切除，有時也會使用放射線治療。由於口腔腫瘤大部分是惡性腫瘤，因此在手術後仍須持續觀察有沒有復發情形。

【骨肉瘤】

骨肉瘤是一種發生在骨骼上的惡性腫瘤，非常容易轉移到其他器官，甚至有在疾病初期就轉移到肺部的案例。一旦早期發現狗狗發生骨肉瘤，必須馬上進行治療，然而骨肉瘤的初期症狀──步行異常也常常是其他疾病的症狀之一，因此經常被忽略。若飼主發現狗狗步行異常且四肢長有腫塊時，不可忽略骨肉瘤這個可能性。

【乳腺腫瘤】

雌犬所發生的腫瘤裡，有50％以上的比例為乳腺腫瘤。大部分發生在10歲以上的雌犬，不論有沒有懷孕經驗都有可能發生，有時候也會發生在雄犬身上。乳腺腫瘤可分為良性和惡性，兩者各佔50％的機率。惡性乳腺腫瘤的硬塊生長極快，是特徵症狀之一，有時甚至會在1～2個月內長成2倍大。

乳腺腫瘤一般以外科手術治療，若是直徑1公分以下的腫瘤，通常外科手術就可以完全治癒。

※不同犬種容易罹患之腫瘤可參考本書第134頁的表格。

■ 腫瘤的診斷與治療

腫瘤在初期階段幾乎都不會出現明顯的症狀，但隨著腫瘤越來越大，就會開始造成局部性或全身性的症狀。

腫瘤所造成的局部症狀主要起因於腫瘤本身對身體產生的壓迫、狹窄或阻塞，例如伴隨腦瘤出現的神經症狀，就是因為腫瘤壓迫神經所導致。此外也有像骨肉瘤這一類腫瘤直接破壞身體組織的狀況。

全身性的症狀則包括貧血、體重減輕或極度疲勞等現象，但很少飼主會在這些症狀開始出現時就聯想到癌症。即使因為注意到狗狗身體狀況的變化而帶去動物醫院，也需要經過各式各樣的檢查並排除其他原因後，才能診斷出是癌症。

■ 腫瘤的治療

腫瘤的治療方法，大致上可分為「治癒性治療」與「舒緩治療（治標性）」。

所謂的「治癒性治療」是針對早期發現且病程還在可完全治癒的癌症，配合病情施予讓癌症完全消失的治療方法。而相對的「治標性治療」，則是對於病程已進展到某個階段、已發生轉移或再度復發的癌症，由於已沒有治癒的可能性，因此施予讓癌細胞減少等提高生活品質（QOL, Quality of Life）、改善症狀的治療方法。

■ 淋巴的位置與名稱

我們經常聽到的淋巴，指的是包括淋巴結、淋巴管和淋巴液的淋巴系統。淋巴管與靜脈並行循環於全身，其中流動的淋巴液則是由微血管滲出的組織液匯集而成。

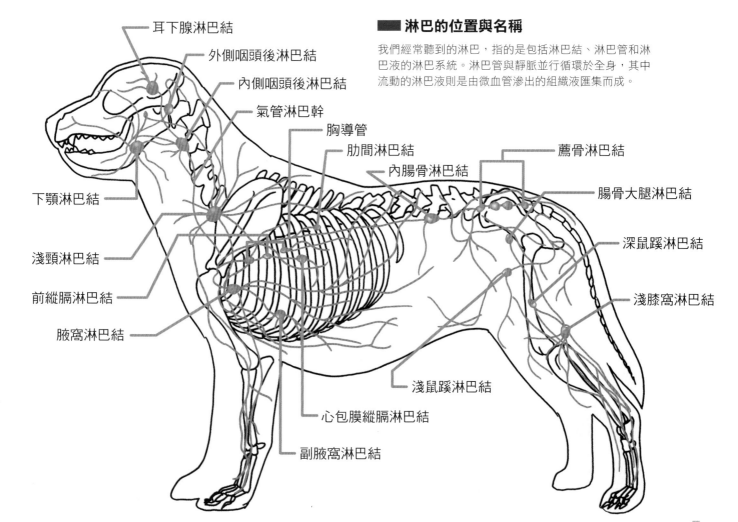

耳下腺淋巴結
外側咽頭後淋巴結
內側咽頭後淋巴結
氣管淋巴幹
胸導管
肋間淋巴結
內腸骨淋巴結
薦骨淋巴結
腸骨大腿淋巴結
深鼠蹊淋巴結
淺膝窩淋巴結
淺鼠蹊淋巴結
心包膜縱膈淋巴結
副腋窩淋巴結
腋窩淋巴結
前縱膈淋巴結
淺頸淋巴結
下顎淋巴結

而治療方式則分為外科療法、化學療法以及近年來的放射線療法，可併用不同的療法或採取單一療法。

這些治療方法能使用在動物身上，與MRI（核磁共振造影）或CT（電腦斷層掃描）等診斷儀器開始應用於動物身上有很大的關係。由於這些診斷儀器的功能，讓癌症能夠被早期診斷、早期發現，才使得癌症的治療方法有了劃時代的進步。

【外科療法】

癌症治療的目的在於將病灶清除，而其中最常選擇的治療方法就是外科手術。進行外科切除時，為了將腫瘤完全切除乾淨，必須廣範圍地連同周圍的組織一併切除，若有少數腫瘤細胞殘留下來，很可能會造成癌症復發。此外，由於腫瘤發生部位附近的淋巴結可能形成轉移病灶，為了保險起見，有時會將這些淋巴結一併切除。

對於發生在可切除部位且尚未轉移的腫瘤，外科手術可以說是最有效的治療方法。

■ 常見腫瘤的發生部位及好發犬種

腫瘤名稱	發生部位	好發犬種	
淋巴瘤	全身（多中心型）、皮膚、肝臟、腎臟、胸腔、消化器官	國外報告	拳師犬、巴吉度獵犬、蘇格蘭㹴、萬能㹴、牛頭㹴
		日本國內報告	黃金獵犬、喜樂蒂牧羊犬、迷你臘腸犬（相對上較常發生在年輕犬隻，且大多為胸腺型）、西施犬、混種犬
血管肉瘤	肝臟、脾臟、心臟、皮膚	國外報告	德國狼犬
		日本國內報告	黃金獵犬、西伯利亞雪橇犬（哈士奇）
肥大細胞瘤	皮膚（犬隻最常發生的皮膚腫瘤）	國外報告	拳師犬、波士頓㹴、拉布拉多犬、米格魯小獵犬、迷你雪納瑞犬
		日本國內報告	黃金獵犬、西施犬、巴哥犬（多發性）、混種犬
惡性黑色素細胞瘤	口腔、腳底、皮膚（若長在有毛髮的部位則大部分為良性）	國外報告	貴賓犬、臘腸犬、蘇格蘭㹴、黃金獵犬
		日本國內報告	西施犬、巴哥犬
皮膚型組織細胞瘤（良性）	頭部、四肢、軀幹		拳師犬、臘腸犬、平毛獵犬（通常發生在2歲以下的年輕犬隻，會自然萎縮）
組織細胞肉瘤	關節、皮膚		庇里牛斯山犬、平毛獵犬、黃金獵犬、拉布拉多犬
皮膚型漿細胞瘤（良性）	四肢、軀幹、頭部、牙齦	國外報告	德國狼犬、可卡獵犬
		日本國內報告	貴賓犬
鱗狀上皮細胞癌	口腔、腳底、陰囊、鼻子、肛門		大麥町犬、米格魯小獵犬、惠比特犬
胃癌	胃		比利時狼犬（家族遺傳）
圍肛腺瘤（大部分發生在雄犬）	肛門周圍		可卡獵犬、米格魯小獵犬、牛頭㹴、薩摩耶犬
骨肉瘤	四肢		聖伯納犬、大丹犬、愛爾蘭雪達犬、杜賓犬、德國狼犬、黃金獵犬、羅威納犬
鼻腔腫瘤（腺癌、鱗狀上皮細胞癌、肉瘤等）	鼻腔、鼻竇	國外報告	德國狼犬、蘇格蘭牧羊犬、黃金獵犬、拉布拉多犬
		日本國內報告	喜樂蒂牧羊犬、巴哥犬
甲狀腺腫瘤	甲狀腺		米格魯小獵犬、拳師犬、黃金獵犬
副甲狀腺腫瘤	副甲狀腺		荷蘭毛獅犬
腦下垂體腫瘤	腦下垂體		貴賓犬、臘腸犬、米格魯小獵犬、拳師犬、德國狼犬、波士頓㹴
乳腺腫瘤	乳腺	國外報告	貴賓犬、布列塔尼獵犬、英國雪達犬、英國波音達獵犬、剛毛獵狐㹴、波士頓㹴、可卡獵犬
		日本國內報告	瑪爾濟斯犬

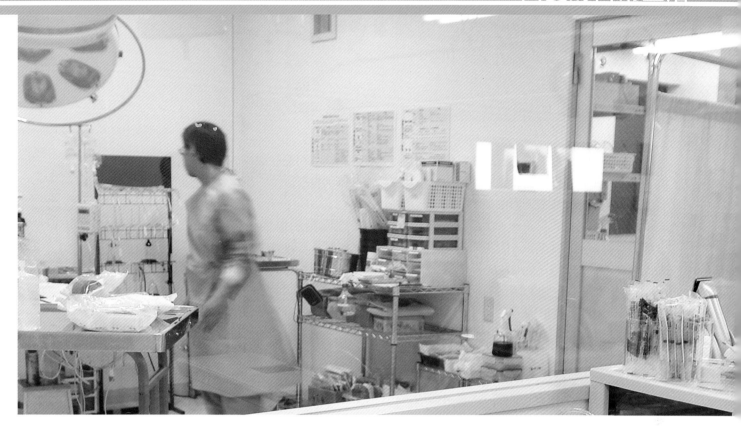

【化學療法】

使用抗癌藥物等化學藥劑治療癌症的方法。對於淋巴瘤等淋巴系統或造血器官的腫瘤頗具療效，也有完全治癒的可能，但對除此之外的腫瘤至今仍未有完全治癒的效果。

化療大部分應用在手術後的輔助療法，有時也做為放射線療法的併用療法。化學療法的最大問題在於抗癌藥物除了破壞癌細胞之外，對體內的正常細胞也會造成傷害，因此會對身體產生副作用。至今為止仍沒有方法讓副作用完全不會發生，所以通常會同時搭配好幾種的藥物一併使用。

【放射線療法】

放射線療法是人類治療癌症經常會使用的一種治療方法，近幾年來也開始應用在犬隻身上。其作用在於利用放射線照射癌細胞後將癌細胞殺滅，由於「不用開刀就可以達到治療效果」而備受許多飼主期待。然而放射線療法並非對所有的腫瘤都具有適當的療效，接下來就來介紹哪些類型的腫瘤比較適合採用放射線療法。

◆ 局部性腫瘤

由於放射線療法僅能針對腫瘤所在的位置進行放射線照射，因此對於全身性或範圍過大的腫瘤並不適用。

◆ 無法進行手術切除的腫瘤

腦內或鼻腔內等難以用外科手術切除的腫瘤，或是進行手術後很可能造成日後生活品質明顯下降的腫瘤，可採用放射線療法。

◆ 無法以手術切除乾淨的腫瘤

對於已經浸潤到其他器官或組織的腫瘤，由於無法以外科手術將腫瘤完全切除乾淨，視情況可在手術中或手術後進行放射線治療。

由於放射線是針對細胞內的DNA作用而引起細胞死亡，因此細胞分裂快速的癌症對放射線療法的感受性特別高，目前公認治療效果最好的為胸腺瘤或淋巴瘤等腫瘤。

先前也提過癌症的療法大致上分為「治癒性治療」與「舒緩治療（治標性）」，初期階段就被發現的癌症仍有根治的可能，但犬隻和人類不同，當牠們被診斷出罹患有癌症時，往往癌症已進行到某個階段，這時就只能進行「治標性治療」，目前公認放射線療法能改善的症狀如下：

- ·改善呼吸狀態　　·改善神經症狀
- ·控制血鈣濃度　　·緩和疼痛
- ·改善排便　　　　·止血

放射線療法必須進行多次才能達到想要的效果，且每次治療時犬隻都必須進行全身麻醉。

最新醫療診斷技術

就如同大家所都知道的，獸醫醫療技術在近幾年來有了非常顯著的改變。不斷地有最新醫療儀器開始應用在動物醫療上，讓疾病診斷的技術變得更迅速也更正確，而治療的技術也一樣日新月異不停地進步，對生命週期短暫的犬隻來說，實在是非常棒的進展。

■ 放射線診斷與治療

乍聽到放射線診斷治療，可能會以為是一種很不得了的診斷技術，其實我們經常聽到的X光檢查，就是所謂的放射線診斷，因為X光為電磁波，也是放射線的一種。X光又稱為倫琴射線，是因為X光的發現者為威廉·倫琴博士，而「X」則是倫琴博士為這個射線所取的名字。

當X光通過體內時，可將動物體內的組織分為能吸收X光的組織及幾乎完全不吸收X光而直接穿透的組織。這時能吸收的部位會在X光片上形成白色影像，不能吸收直接穿透的部位則形成黑色影像。因此在X光片上無法看到皮膚而可以看到明顯的骨骼構造，就是因為骨骼組織可吸收X光的緣故。至於血液、內臟器官、肌肉、脂肪、空氣或其他氣體等，就屬於X光能直接穿透的物質，在X光片上都呈現黑色影像。由於X光檢查能讓骨骼的狀態一目了然，因此即使是極為輕微的骨折，也能藉由X光檢查確認發生的部位及狀況。

過去進行X光檢查時，都必須將X光片沖洗出來才能進行診斷，但現在則可利用名為數位放射線影像（Computed Radiography, CR）的儀器，不需使用底片，而是將X光通過體內的狀態直接利用電腦進行影像處理，讓我們可以在電腦螢幕上直接觀看到X光影像。比起過去使用的X光片，電腦呈現出的影像擁有更佳的畫質，還可以在螢幕上放大，對於正確診斷疾病更有幫助。

另外如同前一頁所介紹的，放射線也可用於治療。

雖然經常有人擔心在進行放射線攝影或放射線治療時會有輻射暴露的危險，但其實X光攝影及治療用的放射線其輻射量都極低，並不需要特別擔心。

■ 電腦斷層掃描（CT Scan）診斷技術

將X光的射出裝置及接收裝置繞著身體旋轉後攝影成像，就是所謂的電腦斷層掃描。由於儀器繞著身體旋轉，因此與一般X光影像不同，能夠得到身體切片式的影像，提高診斷的正確性。再加上多層次的技術革新，將多台檢測儀器裝置在一起後，還可進行多切面電腦斷層掃描（Multi-Slice CT），所拍攝出的影像即使機器移動快速也不會影響畫質，視情況甚至可在動物未經麻醉的情況下進行攝影。

最近的電腦斷層掃描技術又更加進化，透過電腦處理數量龐大的影像資料，能夠重新構成各方向的斷面圖，藉由這項功能，能將體內器官上人類肉眼無法辨認的微小病灶以數值呈現出來。若再加上顯影劑的使用，還可直接描繪出血管的異常情形，或是腫瘤性病變中血管的浸潤程度來協助診斷。

■ 核磁共振造影（MRI）診斷技術

MRI為核磁共振造影（Magnetic Resonance Imaging）的簡稱，與X光不同，是利用體內氫原子之原子核所帶有的微弱磁性，在受到外界的強烈磁力或電波激發後產生振動，再將原子核的狀態影像化的診斷技術。

MRI與CT比起來，在腦部和脊髓等神經組織的診斷上更能發揮效果，近年來對於懷疑可能罹患腦瘤、椎間盤突出或腦炎等疾病的病例，獸醫師一般都會建議飼主讓犬隻接受MRI的檢查。

由於大部分的動物醫院都沒有CT或MRI等診斷設備，一般都是飼主與獸醫師討論後，再轉往大學醫院、擁有設備的醫院、或是能夠專門進行影像診斷技術的醫療中心進行攝影。部分醫療中心也可以接受飼主個人的要求進行診斷，為了尋求第二意見而到醫療中心再次接受檢查的飼主也在慢慢地增加中。至於大學醫院或專科醫院，因為大部分都屬於後送醫院，必

須由原來的主治獸醫師介紹後才能夠轉診到那些地方進行檢查。

■ 超音波（Ultrasound）診斷技術

超音波檢查是利用聲音反射的原理進行診斷的一種技術。診斷時使用頻率為2～7.5 MHz（百萬赫茲）的超高音波，遠超過人類耳朵能聽見的範圍。

這種高頻率超音波的特性，是可以像光線一樣直線前進，在穿透進身體後，藉由對體內的不同器官產生反射、屈折或吸收等物理現象，將這些現象轉換成影像後，就是超音波的診斷原理。進行過超音波檢查的人都知道，超音波檢查最大的優點，就在於可以即時顯現出影像，相信看到胎兒在雌犬的肚子裡蠕動的樣子而深受感動的飼主應該不在少數，相反地若是情況不樂觀的嚴重疾病，也是立即就顯現在飼主眼前。

超音波診斷的方法是將超音波發射出去後再進行接收，因此檢查時會利用一個長得很像電腦滑鼠的探頭，緊貼在犬隻身體後到處移動，觀察體內各部位的影像。這個時候獸醫師會在犬隻身上塗抹凝膠，以避免空氣跑到超音波探頭與身體之間，有時則會先將腹部的毛髮剃掉後再塗抹凝膠。

從探頭發射出來的超音波，會在液體與固體間進行傳導，而將肝臟、胰臟、腎臟、脾臟、心臟、肌肉、脂肪等組織清楚描繪出來，最近也有超音波儀器可以將影像製作成三度空間的立體影像。

由於超音波檢查能夠安全又方便地探查體內器官的狀況，目前在大部分的動物醫院都能進行這項檢查。

■ 內視鏡診斷及治療

人類的醫療過程中經常可以看到以內視鏡來進行診斷與治療的案例。即使是極微小的異常也使用內視鏡進行診斷的醫院越來越多，而目前獸醫界也漸漸開始使用內視鏡來進行診斷。由於動物用電子內視鏡的普及，相信之後也會有越來越多使用內視鏡的案例。

應用在犬隻身上的內視鏡檢查，大多屬於消化道相關的疾病。消化器官從食道開始一直延伸到胃、腸道、肛門，只要是內視鏡能夠到達的地方都能進行檢查。不過從口腔進入的內視鏡檢查，一般只能檢查到小腸前半部，若要檢查大腸等部位，則須從肛門進入。

內視鏡診斷的優點，就在於除了可以診斷出食道異物之外，還能夠發現食道炎、胃癌、胃部淋巴瘤等發生在消化道的疾病，同時還能將病變的組織採樣後進行組織病理學檢查。而阻塞狗狗食道的異物，除非太大，否則內視鏡也能夠將異物取出。若再加上氣球導管，還可針對食道狹窄等問題進行食道擴張術。而內視鏡治療最棒的地方，就是在對身體造成極小的負擔下，達到外科手術的效果，術後的恢復也很快速。

除了消化道之外，內視鏡還可應用在鼻腔、氣管、尿道、膀胱以及雌犬的陰道檢查等方面。

◆ CT Scan
越來越多動物醫院或醫療中心開始擁有電腦斷層設備。

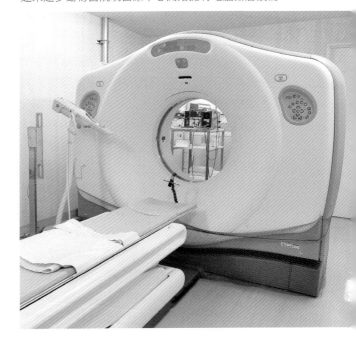

犬隻的復健醫療

■ 提高生活品質的治療

所謂的復健（Rehabilitation），是針對不同原因而導致身體功能退化或喪失的患者，協助他們漸漸回到正常生活的治療方式。復健醫學雖已在人類社會中行之有年，但大約到1980年代後期，人們才開始關注到犬隻的復健。原本人類的復健醫學中，就有許多藉由動物輔助人類進行復健治療的研究，或許可以說寵物的復健就是將那些研究成果再反過來應用到動物身上。

例如因為受傷或生病而進行外科手術的狗狗，雖然手術可以治療患病的部位，但卻不可能將患部的運動能力完全恢復到手術前健康的狀態。狗狗可能依舊擁有疼痛的記憶，而不願意再度像以前一樣運動牠的肢體，或是因為術後的長期療養，而使得肌肉或運動感覺衰退。犬隻的復健醫療不只是治療傷口，而是顧及到狗狗生活品質的療法。

【先進國家與日本國內的動物復健醫療】

人類的復健醫療是由通過國家考試取得資格的物理治療師及職能治療師在進行治療，那麼動物的復健是由誰在進行治療呢？以動物復健醫療盛行的美國為例，該國的復健指南規定，動物的復健醫療除了由獸醫師進行之外，還有在獸醫師監督或認可之下、受過專門訓練的人員方能執行。而其他寵物的先進國家，則通常會成立一個組織，負責進行動物復健醫療的專門訓練。在日本，雖然動物復健醫療的制度與這些先進國家大略相同，但不論是復健設施或是專業的復健人員，仍然為數極少。

【復健醫療的內容】

關於復健醫療包括哪些內容，目前的意見仍然十分分歧。例如人類復健醫療中的職能治療，甚至還包括音樂治療或園藝治療等方式，至於犬隻的復健醫療，目前則仍集中在物理治療上。物理治療是一種以物理性的能量施加在動物身上，期使動物的身體機能恢復正常、維持平衡、並發揮調節作用及代償作用的治療方

步態評估可以瞭解狗狗各式各樣的行走方式。

式。復健治療的方式在未來應該還會不斷地增加，本書在此先介紹幾項目前在美國及日本國內所進行的療法。

■ 步態評估

很多飼主經常會因為狗狗走路的方式不太自然而懷疑牠們可能受傷或生病，這時獸醫師會依據病例和檢查的結果，確認狗狗的健康狀態之後，觀察狗狗走路的方式，也就是進行步態檢查。檢查時會選擇一個比較寬敞的場所，從狗狗的前方、後方及兩側觀察牠走路的樣子，檢查狗狗是哪一隻腳出現異常以及在進行什麼動作的時候出現異常。

神經系統和運動器官發生問題時，大多會出現步態異常的症狀。狗狗可能因為患部非常的疼痛而出現抬腳的動作，或只是隱約作痛而將身體重心放在健康的腳上導致跛行症狀。若只是輕度的疼痛時，則狗狗只會在進行某些運動後才會出現奇怪的抬腳動作。光是從這些資訊，就可以大概推測出狗狗發生了什麼問題。

■ 量表分析

狗狗的哪一隻腳出現問題、能不能奔跑、跛行的模式又是什麼，將這些特性加以分析並製作成量表後，可用來評估狗狗復健治療的效果。在歐美國家會使用專門儀器來測量動物的肌肉量，但在日本則尚未進展到這種程度。但

【左】使用量尺定期測量相同的部位，就可以利用數值表現肌肉的生長情形。
【右】利用量角器測量關節彎曲或伸直的角度。

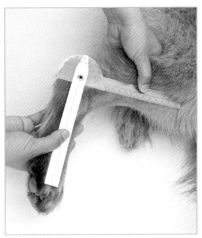
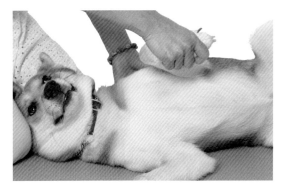

在低反發的墊子上幫狗狗進行動態伸展運動。

為了確實瞭解復健治療的效果，我們仍必須盡可能地取得資料加以分析。像人類的復健醫學中，就會利用功能量表來判斷患者恢復的效果，不過功能量表與將復健治療的目標設定在哪有關。例如曾經參加過犬隻運動競技比賽的狗狗，有的飼主會將復健後獲得相同的比賽結果列為治療的目標，也有的飼主雖然期待透過復健讓狗狗恢復到從前的能力，但若達不到這個能力，只要能獲得正常生活所需的運動能力即可。只要將這些想法上的偏差加以修正，功能量表就會是個非常有用的評估工具。

■ 伸展運動

當關節附近的肌肉或軟組織過於緊張或僵硬時，會讓關節能夠活動的範圍變小，而受

傷或手術傷口的結痂癒合也可能讓肢體無法恢復原來的活動能力，因此在治療初期的重要工作，就是先幫狗狗進行伸展運動或按摩。一般熱身運動所做的伸展運動，是為了防止受傷而將肌腱或肌肉拉長以增加柔軟度，但復健治療中的伸展，則包括以和緩且低強度的力量所進行的靜態伸展、長時間重複性的伸展、利用反作用力所進行的動態伸展、以及透過肌肉收縮與放鬆的組合動作來刺激本體受器與神經系統的伸展運動等等，雖然都統稱為伸展運動，但其實包含了各式各樣的動作。至於什麼樣的伸展運動最適合哪種症狀，其實無法在進行的當下確認，必須一邊觀察狗狗的恢復狀態，一邊調整復健計畫。

復健療法

■ 運動療法

運動療法是飼主在家中就可以輕易做到的復健方式。它的優點就在於簡單好做、不會給狗狗帶來疼痛、擴大關節的可動範圍、增加肌肉、調整身體的平衡，同時進行有氧運動。

當狗狗對某些動作感到不舒服時，就應該馬上停止那些動作，若是強迫狗狗的話，可能會讓牠生氣和產生排斥感，導致復健運動難以順利進行下去，因此讓狗狗樂在其中是非常重要的。

有些運動療法必須使用到道具，由於這些復健道具的價格都很便宜，一般家庭就可以自行準備。而很多運動療法都必須持續進行才會有效，這也是在家中自行進行復健運動的便利之處。

若飼主決定在家中為狗狗進行復健運動，應先詢問獸醫師或復健專家狗狗適合什麼樣的運動，並在擬定好復健治療計畫後再開始進行，同時將狗狗改善的情況與獸醫師討論後，再繼續進入下個階段。

【自力行走】

復健治療第一階段的最重要目標，就是讓狗狗能夠靠自己的力量行走。一開始只能像一般散步一樣緩步的前進，之後則必須讓狗狗進行負重運動，才能達到上下階梯、增加肌力、平衡身體及改善肌肉協調性等目標。

◆ 復健球

利用復健球讓狗狗保持自身姿勢的平衡。

◆ 平衡板

平衡板能改善肌肉的協調性與肌力，同時改善全身的平衡感覺。

◆ 跳舞運動

藉由增加狗狗後腿的負荷，增強後腿對體重的耐受程度，同時能改善本體受器器官和肌肉的協調性。

◆ 障礙運動

藉由狗狗穿越左右三角錐的動作，訓練腿部的外旋肌肉和內旋肌肉，同時還可鍛鍊背部的肌肉。

◆ 拖重運動

藉由身體拖拉重物給予腿部重量負荷的運動，讓狗狗利用自己的本能行動，刺激肌肉自然生長。

■ 水療法

水療指的是利用水的四個物理特性所進行的復健治療方式。

第一個特性是水溫，水中熱傳導的速度是空氣的20倍，利用這個溫度舒緩狗狗全身

◆ **藉由游泳運動進行水療復健**

利用游泳池進行的游泳療法能有效強化狗狗的肌肉及增加可活動的範圍。

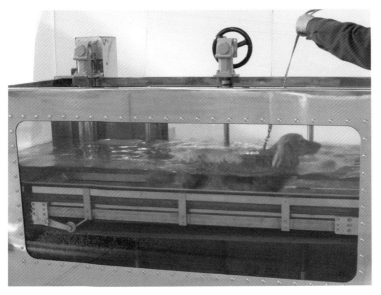

◆ **水中跑步機**

將跑步機架設在水槽底部，強迫狗狗在水中行走。

的肌肉與關節。第二個特性是浮力，利用不同水深所產生的浮力變化讓狗狗負荷重量，或是相反地避免狗狗承受過大的重力（如體重），減輕狗狗肌肉及關節的負擔，水的浮力同時還可針對狗狗的身體提供輔助力、支持力和阻力。第三個特性是水壓，水壓能夠促進狗狗的靜脈循環，提高心肺功能。水壓同時會限制吸氣運動，讓狗狗在同樣的運動量下能夠減少肺活量。最後一個特性是水的阻力，狗狗身上的肌肉會為了對抗水的阻力而發揮肌力，在不造成肌肉疼痛的情況下強化肌肉力量，同時還能促進皮膚的觸壓感覺。水療就是利用這四個特性，配合狗狗的症狀以不同的水療方式進行復健。

日本國內所進行的水療復健大致可分成兩個方式，一個是將跑步機放在水裡的水中跑步機，另一個則是讓狗狗在游泳池內游泳，有時又稱為游泳水療法，以便和水中跑步機區別。由於水中跑步機能裝設在室內，最近有些動物醫院也開始備有這個設備。至於游泳池，日本國內的復健中心幾乎都沒有這項設施，但因為私人的狗狗游泳池數量頗多，因此也可以選擇到那裡進行復健。

■ 電療法及其他復健療法

電療法也是物理治療的一種，在動物醫院除了使用一般的電刺激外，也有使用磁力、電磁波或超音波進行復健治療。日本國內還有一種復健治療是國外比較少見的，那就是溫泉療法。由於溫泉療法在人類的復健醫療上已有許多效果極佳的案例，因此之後會以什麼方式應用到犬隻的復健治療上備受關注。順帶一提國外的復健醫療學者們對於溫泉療法這個領域也很關注，很可能是日本在犬隻復健醫療領域上能領先世界其他先進國家的一個好機會。

急救措施

■ 犬隻的急救措施

不論把狗狗養得再好,狗狗還是有可能遭遇到意外而受傷或病情惡化等難以避免的緊急狀況。不論是受傷還是生病,這個時候最適合的處理方式當然是到動物醫院請獸醫師治療,但若是情況危急趕不到醫院時該怎麼辦呢?

為了面對這種時刻,飼主務必要學會幾種必要的急救措施。急救措施的目的有三個,其中之一就是「挽救性命」,當狗狗的傷勢嚴重或病況危急時,在這種刻不容緩的緊急狀況下一定要立刻急救,否則很可能無法挽回狗狗的生命。

另一個目的是「防止惡化」,當狗狗受傷或病況嚴重時,有時也可能在準備前往醫院的途中病況漸漸惡化,為了防止這種情形發生,也必須採取必要的急救措施。

最後一個目的是「減輕疼痛」。狗狗受傷或生病時,很可能伴隨著劇烈的疼痛。由於狗狗不會像人類一樣大聲抱怨牠的疼痛,所以很容易讓人忽略,但並不表示牠們不會感受到劇烈的疼痛。

野生動物若將疼痛表現在外,有時會讓其他的動物認為牠很虛弱而將牠當作獵食目標,為了自我防禦,不論自己的身體狀況有多糟,野生動物們都有隱藏自身病痛的習性。狗狗因為保留了這種習性所以不會表現出強烈的疼痛感,但事實上牠們跟人類一樣會感到痛,因此緩和疼痛也是急救措施的重要目的之一。

接下來本篇將介紹幾種在日常生活中比較容易發生的緊急狀況及應變的急救措施,但這些急救措施只是臨時性的緊急處理,飼主務必在急救後立刻將狗狗帶到動物醫院進行診斷和治療。

■ 下痢、嘔吐

會讓飼主急急忙忙地將狗狗帶到動物醫院的緊急狀況中,最常看到的就是下痢和嘔吐。但實際到動物醫院就診後,往往所得到的結論卻是「這個要再觀察看看」而並不是那麼嚴重的情況。也因此對飼主而言,下痢和嘔吐可以

■ 狗狗「疼痛」時的表現

狗狗肚子痛的時候通常會做出「祈禱」的姿勢。

陣發性的疼痛會讓狗狗一下躺著一下到處走來走去,表現出坐立難安的樣子。

腹痛會讓狗狗不喜歡活動而容易讓人誤會牠在睡覺,但狗狗的眼神會比較空洞。

說是一種很難掌握什麼時候才該帶狗狗到動物醫院的症狀。

首先飼主必須仔細觀察狗狗的症狀。若狗狗在出現下痢症狀的同時,還伴隨著精神萎靡、血便或黏液便時,就必須帶到動物醫院接受診療。若嘔吐與下痢症狀同時發生時,更是需要馬上處理。

■ 保定與搬運

◆ 狗狗站立時的保定

用手臂繞過狗狗的脖子，另一隻手伸入肚子下方後，一邊用手肘固定住身體，一邊將狗狗身體往自己的方向拉。

◆ 狗狗坐下時的保定

用手臂繞過狗狗的脖子，再用手掌固定住頭部。另一隻靠近後方的手臂以摟抱的姿勢讓狗狗貼近自己的身體。

◆ 狗狗躺下時的保定

兩隻手分別抓住狗狗的前腳及後腳，用抓住前腳的那隻手的手臂固定住頭部。狗狗用力掙扎的時候則需要兩個人分別固定前腳和後腳。

當狗狗體重較重無法用抱住的方式搬運牠時，可利用毛毯或毛巾搬運，盡量讓狗狗的身體打直以免造成身體的負擔。

■ 簡易擔架的做法

從身上所穿衣服的兩個袖口分別放入一根長棍，另一個人將原先那人的衣服下擺拉起。

↓

注意不要讓狗狗從兩件衣服之間的縫隙掉下來。

　　將狗狗確實固定住不亂動就稱為保定。保定不只用於急救措施，在進行剪趾甲、刷牙等狗狗不喜歡但非做不可的動作時，更是必要的手法。

　　尤其在為狗狗施行急救措施的時候，保定更是第一要務，這是因為狗狗的精神狀態和平時不一樣，平常非常親人且友善的狗狗，這時候可能會變得非常兇暴，甚至會張口咬人。因此為了飼主和其他人的安全，更為了保護狗狗本身，在不增加狗狗身體負擔的情況下，一定要以適當的力量確實控制住狗狗。而為了讓狗狗保持冷靜，飼主可以一邊保定住牠的身體，一邊柔聲撫慰牠，切忌慌慌張張大聲呼喊，反而會讓狗狗變得更激動。

出血

頭部出血

以乾淨的紗布蓋在傷口上,用力壓住約5分鐘。

用繃帶包住傷處,範圍須比傷口還大,並注意不要壓迫到喉嚨部位。

耳朵出血

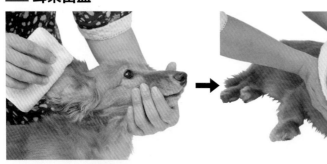

以乾淨的紗布蓋在傷口上,用力壓住約5分鐘。

甩頭可能會造成耳朵再度出血,因此要將兩耳用繃帶確實固定。

眼睛出血

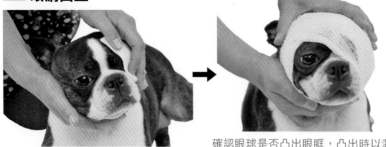

以乾淨的紗布蓋在傷口上,用力壓住約5分鐘。

確認眼球是否凸出眼眶,凸出時以濕紗布蓋在眼球上後,再用繃帶固定。

　　若是受傷引起的一般出血,只要用紗布或毛巾蓋在傷口上直接加壓約5分鐘後,出血就會自然停止。但若加壓止血過程做得不夠確實,即使傷口不嚴重也可能持續出血,因此一定要確實保定並完成傷口的加壓止血過程。

　　有些部位一旦受傷很容易大量出血,此時一定要緊急進行止血,飼主在用力壓住傷口的同時,也必須將出血部位放在比心臟還高的位置。可將繃帶當作止血帶用力綁住傷口後,以最快的速度將狗狗帶到動物醫院。

鼻腔出血

用乾淨的布蓋住鼻尖到下顎的部位,並固定住狗狗的頭部。

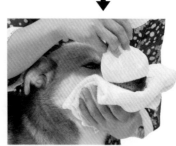

將冰塊放在塑膠袋中幫狗狗冷敷,由於激動會讓鼻血流得更嚴重,因此務必要讓狗狗保持冷靜。

嘴套的簡易做法

用繩子環繞狗狗的口吻部,繩子兩端須留足夠的長度,以便繞到狗狗的後腦部位。

將繩子的兩端拉到頭部後方並確實打結,避免鬆動。

誤吞異物

將狗狗的嘴巴打開觀察，若能看到塞在口中的異物，則立刻將它取出。

將狗狗的頭部往下刺激狗狗將異物吐出。有些人會拍打狗狗的背部，但這種方法在小型犬幾乎沒什麼效果。

若異物堵在喉嚨的入口，或無法將手指伸到口腔深處時，可利用鑷子將異物夾出。（要小心避免誤傷咽喉）

　　在狗狗日常生活可能發生的意外事件中，誤吞異物可以說是超乎想像的多。

　　吞下的異物種類各式各樣，別說是帶骨的肉塊、皮球、飾品這種常見的東西，還有很多想都想像不到的物體。若吞下的異物不會傷害身體，還可以等狗狗將異物排泄出來，問題是有時候我們連狗狗吞下什麼東西都不知道，或甚至發生把毒物吃下的超緊急狀況。

　　當飼主發現某些物體突然不見而且八成是被狗狗吃掉，再加上狗狗的樣子不太對勁時，就必須立刻將狗狗帶到動物醫院檢查。獸醫師會利用超音波或X光檢查確認異物的種類，再決定如何將異物取出，有時候甚至必須立刻動手術將異物取出才不會有危險。

　　當飼主知道狗狗吞下物體的種類時，可依照上方圖片的順序讓狗狗將異物吐出來。尤其是咬過的狗零食或玩具塞在喉嚨，導致狗狗不斷咳嗽的時候，飼主必須馬上打開狗狗的嘴巴將異物挖出，若以為狗狗等一下就會自己吐出來而不加以處理的話，異物可能會堵塞喉嚨造成狗狗窒息。而若狗狗吞下的是藥物或有毒物質時，則必須先盡可能阻止狗狗的體內吸收那些物質，有的人會建議讓狗狗喝下牛奶或蛋白，但還是必須看狗狗吞下的是什麼藥物才能選擇適當的處理方法，飼主應先聯絡獸醫師取得醫師指示後再進行。而就算飼主認為狗狗應該已經把藥物或毒物全部吐出來了，還是應該盡快到動物醫院確實檢查。

骨折及脫臼

■ 骨折

當狗狗從高處落下或被車撞到時，很可能會發生骨折。所謂的骨折是骨頭受到強大的外力撞擊而導致骨頭折斷，因此狗狗本身會非常地疼痛，必須立刻採取急救措施以減輕狗狗的痛苦。

骨折分為折斷的骨頭還在體內的閉鎖性骨折及骨頭突出皮膚外的開放性骨折。

若是閉鎖性骨折且骨折的部位在前肘以下，可參考右圖利用雜誌等物品做為夾板，將骨折的部位固定後立刻帶狗狗到動物醫院治療。但若是腿部已經嚴重變形、或狗狗太過疼痛而無法用夾板固定時，則將骨折部位用毛巾稍加保護後再移動狗狗。

交通事故所造成的骨折大部分是開放性的複雜骨折，由於骨頭已經穿出皮膚，因此不能使用夾板固定，而且為了預防傷口發生感染，必須在傷口上覆蓋溼的紗布並用毛巾保護。若有嚴重出血，則必須先進行止血。由於狗狗還必須馬上到動物醫院進行後續的急救治療以免發生感染，飼主最好事先聯絡動物醫院。因為複雜骨折牽涉的不只是骨折部位，周圍的組織也有受到損傷，因此在治療上必須花上更多的工夫與時間。

■ 脫臼

當關節部位的骨骼因受到某些外力影響而脫離關節位置，造成狗狗無法正常行走時，就稱為脫臼。脫臼除了和骨折一樣可能在狗狗從高處落下或受到車輛撞擊時發生，有時甚至只是快速地奔跑也可能發生脫臼。不過由於脫臼所造成的傷害並不像骨折那麼嚴重，只要保持受傷部位的穩定後就可以趕緊前往動物醫院進行治療。

有些脫臼並非外力造成，而是遺傳因素所引起的，因此有些飼主並不會注意到狗狗已經發生輕微的脫臼。這種病例必須接受X光檢查，瞭解容易脫臼的部位及脫臼的程度後再加以治療。

■ 夾板

狗狗發生閉鎖性骨折（單純骨折）時，為了避免骨折部位更加惡化，可利用夾板將患部固定。

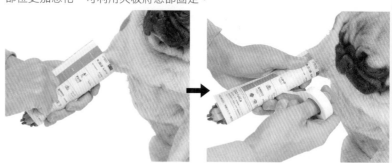

如果無法找到適用的樹枝或木頭，可利用手冊等書本取代，連同骨折部位的上下關節一起包覆起來。

再利用透氣膠帶將夾板固定，黏貼的時候須注意不能妨礙到血液循環。

■ 保護脫臼部位

當狗狗發生髖關節脫臼或是無法確定後腳發生脫臼的部位時，讓狗狗後腳的各個關節保持彎曲的狀態，再把整個後腳靠近身體固定。

■ 狗狗的主要關節和腿骨

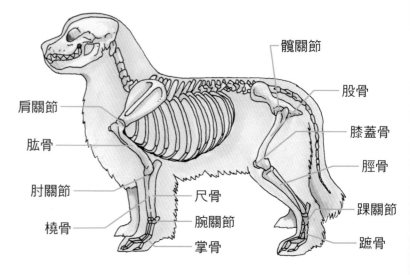

髖關節
股骨
膝蓋骨
脛骨
踝關節
蹠骨
肩關節
肱骨
肘關節
橈骨
尺骨
腕關節
掌骨

中暑

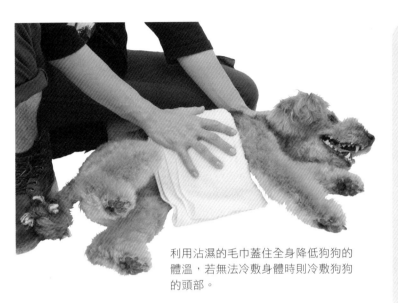

利用沾濕的毛巾蓋住全身降低狗狗的體溫，若無法冷敷身體時則冷敷狗狗的頭部。

手邊沒有毛巾或水的時候，可拿冰涼的寶特瓶冷敷狗狗的鼠蹊部。

當狗狗出現體溫變高、呼吸急促等症狀時，很可能是發生中暑。狗狗和人類不一樣，牠們會靠著呼吸來降低體溫，因此只要天氣稍微熱一點都可能讓狗狗的呼吸加快，但若是呼吸非常急促，就有可能是發生中暑。首先先量狗狗的肛溫，若狗狗並不是在激動狀態或之前沒有從事激烈運動，體溫卻超過40度時，就必須馬上聯絡動物醫院，若超過41度時則必須一邊降低牠的體溫一邊送往動物醫院急救。即使體溫下降狗狗恢復到正常狀態，為了避免萬一，最好還是給獸醫師檢查一下。

很多人都以為中暑一定是發生在氣溫很高的大熱天，其實狗狗只要在溼度高且狹小的地方過於興奮或激動，都有可能發生中暑，飼主必須多加注意。

■ 緊急提供氧氣

當狗狗發生中暑等呼吸困難的情況時，可利用市售的氧氣隨身瓶讓狗狗吸入氧氣。

將市售的氧氣隨身瓶靠近狗狗的嘴巴，強制將氧氣送到鼻腔內。

也可以將氧氣噴入塑膠袋，再將塑膠袋蓋在狗狗頭上。

■ 體溫過低時的應變措施

當狗狗體溫低於32℃時，表示狗狗已經出現失溫情形，這個時候必須立刻為狗狗升高體溫。若狗狗有凍傷或末端血液循環不良的情況時，可利用約40℃的溫水慢慢地讓狗狗回溫。

疫苗

■ 疫苗是什麼？

「疫苗」是為了在動物體內建立能夠保護身體不受外來細菌或病毒入侵的免疫系統的一種生物製劑。

而「免疫」則是動物體內的一種防禦機制，分為「主動免疫」和「被動免疫」，主動免疫是動物原本就擁有的先天免疫系統，被動免疫則是透過自然感染或人工感染（疫苗）獲得免疫能力的後天免疫系統。

主動免疫是體內對抗感染的攻擊部隊，會在病原體侵入體內時立即攻擊它們並加以清除。其中具有吞噬功能的巨噬細胞、將病原體吞噬掉後自體溶解的嗜中性球及攻擊病毒感染細胞的NK細胞（自然殺手細胞）等細胞，都是會將病原體當作異物立刻消滅的清除系統。

不過主動免疫是有時效性的，無法徹底將異物完全清除乾淨，因此就必須靠被動免疫來將身體的免疫功能補足。被動免疫擁有記憶的機制，也就是當動物第一次受到抗原（讓生物體內產生抗體的物質）的感染時，體內的被動免疫系統會將這個抗原記住，等到第二次受到感染時，就能更快地對付病原。這是因為體內的記憶細胞在第一次感染後會移動到骨髓，接著當同樣的細菌或病毒再度入侵時，就能跳過原本需要好幾個步驟的免疫反應，更快、更強地對抗病原。疫苗的免疫效果，就是藉由將減毒或死亡後的病原體注入體內，使體內的細胞對這個病原體產生記憶，然後產生更有效的免疫反應。

■ 活毒疫苗與不活化疫苗（死毒疫苗）

疫苗的種類可分成「活毒疫苗」及「不活化疫苗」。活毒疫苗是將病毒的毒性和感染力降低（減毒）後，將活病毒製作成弱毒性活毒疫苗。活毒疫苗利用動物體內自然的免疫功能，能產生極佳的免疫效果。

另一種不活化疫苗則是將細菌以福馬林不活化（死菌化）後再製成疫苗。不活化疫苗不具感染能力，與活毒疫苗相比，所產生的免疫反應無法持續太久，因此必須間隔3～4週注射

兩次以上才能產生免疫效果（※補強效果）。

犬隻接種過疫苗並不代表100%不會受到病原感染，當牠們受到移行抗體干擾或是體質因素影響，很可能無法產生足夠的抗體力價對抗病原，此外不同區域的傳染病其病原體也可能有些許差異。

【※補強效果】和第一次接種疫苗所產生的抗體數相比，第二次接種所產生的抗體數會比第一次高上許多。因此針對出生後施打了多劑疫苗的犬隻，第二年以後每年一劑的疫苗補強注射非常重要，能夠讓體內自然衰退的抗體數繼續維持在足夠對抗疾病的數量。例如犬隻疫苗中的鉤端螺旋體，因為屬於不活化疫苗，因此犬隻在第一次接種七合一或八合一疫苗後，其中鉤端螺旋體的免疫效果無法維持太久，必須至少接種兩次才能產生足夠的抗體。

■ 疫苗能夠預防的傳染病

以下將介紹幾種藉由施打疫苗而能夠預防的傳染病。

◆ 犬瘟熱

犬瘟熱是犬隻的代表性傳染病，會造成下痢、嘔吐等消化道症狀及咳嗽、流鼻膿、打噴嚏等呼吸道症狀。感染超過一個月之後，可能會出現痙攣等神經症狀。傳染性極強，主要是經口感染。由於犬瘟熱經常繼發二次性的細菌感染，是症狀惡化的主要原因，同時也讓死亡率升高。若成犬之後才感染到犬瘟熱，發病時可能只會出現痙攣等神經症狀而沒有發燒等其他症狀，有時會被誤診為特異性癲癇而進行治療。

◆ 犬小病毒腸炎

1980年代急速擴散的傳染病，分成會造成突然呼吸困難的心肌炎型及造成下痢、嘔吐、發燒、脫水等症狀的腸炎型，是一個死亡率極高的惡性傳染病。

◆ 犬傳染性氣管支氣管炎（犬舍咳、第二型腺病毒感染症）

由第二型腺病毒引起以咳嗽為主要呼吸道症狀的傳染病，與犬副流行性感冒病毒、支氣管敗血性博德氏菌等病原同屬犬舍咳的主要病

■ **疫苗的原理**

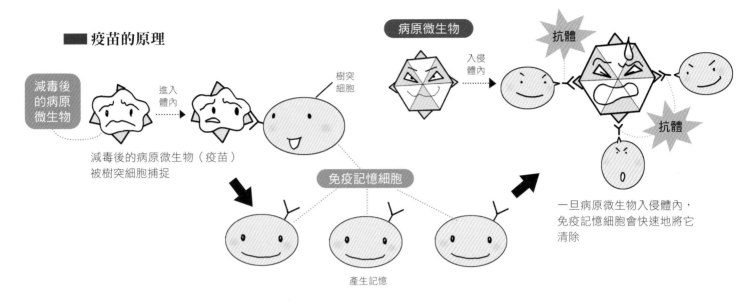

減毒後的病原微生物（疫苗）被樹突細胞捕捉

免疫記憶細胞

產生記憶

一旦病原微生物入侵體內，免疫記憶細胞會快速地將它清除

原之一。

犬傳染性肝炎的病原為第一型腺病毒，而犬傳染性氣管支氣管炎的病原則為第二型腺病毒，雖然第一型與第二型腺病毒是完全不同種類的病毒，但只要接種其中之一的疫苗，就可以同時預防兩種病毒感染。由於第一型腺病毒的疫苗會引起輕微的副作用，因此目前大多使用第二型腺病毒疫苗，也就是說可預防五種傳染病的五合一疫苗，其實只有四種疫苗而已。

◆ **犬冠狀病毒性腸炎**

造成犬隻下痢、嘔吐等消化道症狀的傳染病，和犬瘟熱一樣都屬於犬隻經常發生的傳染病。雖然只有犬冠狀病毒單獨感染時，症狀在相對上會比較輕微，但由於經常和犬小病毒混合感染，因此症狀通常會較為嚴重，死亡率也會上升。

◆ **犬副流行性感冒**

由第五型副流行性感冒病毒所引起的呼吸道傳染病，若與細菌混合感染則會使症狀更為嚴重。犬副流行性感冒的症狀在大部分情況下都很輕微，因此會自然痊癒，但傳染性極強，有時候會造成急速擴散，是犬舍咳的主要病因之一。

◆ **犬鉤端螺旋體症**

鉤端螺旋體（菌）所引起的傳染病，分為腎炎型和出血性黃疸型兩種。會藉由感染動物的尿液傳染，是一種會透過老鼠尿液傳染給人類的人畜共通傳染病。

鉤端螺旋體擁有兩百種以上的血清型，只要在有水的地方就可以存活很久，因此若犬隻接觸到小池塘、地下水、淤積的河川等水源，極有可能透過黏膜或皮膚的傷口感染到此菌。感染的犬隻一開始會出現嘔吐、高燒、食慾減退等症狀，之後隨著症狀惡化會造成肝衰竭及腎衰竭，出現黃疸、痙攣、昏睡、血便等症狀，但若能及早診斷出此病並投予抗生素，仍有治癒的可能。

■ **犬隻的疫苗注射計畫（美國目前建議之計畫）**

疫苗	第一劑（6～10週齡）	第二劑（10～12週齡）	第三劑（14～16週齡）
犬瘟熱	○	○	○
犬腺病毒第一型、第二型	○	○	○
犬小病毒腸炎	○	○	○
犬副流行性感冒	○	○	○
犬冠狀病毒腸炎	○	○	12～14週齡
鉤端螺旋體	－	○	12～16週齡

來自雌犬的移行抗體對犬小病毒腸炎疫苗之影響有時可長達18週，因此最好在幼犬18～20週齡時再施打一次（第四劑）疫苗。

寄生蟲的預防

■ 寄生蟲是什麼？

就如同字面上的意思，寄生蟲就是寄生在其他動物身上，吸收該動物的養分藉以生存的蟲類。因寄生部位的不同，會讓被寄生的動物出現皮膚炎等疾病，或是下痢、血便等消化道症狀，某些情況下甚至可能造成動物死亡。被寄生的動物還可能成為人畜共通傳染病（Zoonosis）的媒介，將疾病傳染給人類。飼主若能瞭解各種狗狗常見寄生蟲的生活史及環境管理等相關知識，對於預防寄生蟲感染將大有幫助。

狗狗的寄生蟲包括寄生在體表、皮膚及皮下的外寄生蟲以及寄生在體內的內寄生蟲，以下將介紹幾種代表性的寄生蟲。

■ 外寄生蟲

◆ 跳蚤

跳蚤的種類據記載全世界約有1800種，寄生在狗狗身上的跳蚤大多為貓蚤。成蟲才會寄生在狗狗的體表，幼蟲（孵化後7～14日內的白色蛆狀幼蟲）及蛹（孵化後約10日後，棉絮狀）則不會寄生。從狗狗身上掉落到生活環境中的跳蚤卵數量很多，卵很快就會開始孵化，經過2～4週後成為成蟲，並再度寄生到狗狗體表。由於跳蚤週而復始地在狗狗身上吸血，有時會導致狗狗發生跳蚤過敏性皮膚炎。

◆ 壁蝨

壁蝨和跳蚤一樣種類非常繁多，光是棲息在野外山間的壁蝨種類就高達800種以上，而最近不只在野外，連都市內能看到的壁蝨也越來越多。壁蝨除了會利用強而有力的口器咬住狗狗的皮膚吸血，還是焦蟲病和萊姆病的中間宿主，是眾多疾病的媒介者。

◆ 毛囊蟲

毛囊蟲寄生所引起的皮膚炎又稱作毛囊蟲症，大部分狗狗身上其實都有毛囊蟲寄生，但並非所有被寄生的狗狗都會發病，而是受到狗狗的免疫力、營養狀況或基因遺傳等因素的影響才會發病。

◆ 疥癬蟲

在人類身上也偶爾會發病的疥癬，是因疥癬蟲在皮膚表面鑽洞寄生所引起的疥癬蟲症，發病時會極度搔癢。

◆ 耳疥蟲

耳疥蟲和疥癬蟲不同，牠們不會在皮膚表面挖洞，而是寄生在外耳道上，以皮膚或組織液為食，因此會造成狗狗的耳朵非常搔癢，嚴重時還會併發耳血腫及外耳炎，若症狀持續進展，甚至會造成內耳發炎而導致狗狗出現歪頭、繞圈運動等症狀。

蚊子在叮咬狗狗的同時，將心絲蟲的仔蟲注入到狗狗體內。

◆跳蚤

寄生在狗狗身上的貓蚤大小約1.5～3.5公釐。跳蚤一輩子幾乎都在狗狗身上度過，母跳蚤一生約可產下200～500個蟲卵，但從宿主身上掉落以後只能存活數日。

進入狗狗體內的心絲蟲仔蟲會在心臟發育為成蟲並寄生在心臟內，成蟲再產下仔蟲，仔蟲重新回到血管內進入血液循環。

◆毛囊蟲

毛囊蟲的體長約0.2公釐，寄生在皮膚的毛囊內。

◆疥癬蟲

疥癬蟲會在皮膚上鑽洞後寄生在裡面。

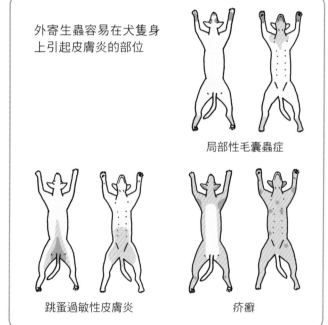

外寄生蟲容易在犬隻身上引起皮膚炎的部位

局部性毛囊蟲症

跳蚤過敏性皮膚炎　　　　疥癬

■■內寄生蟲

◆瓜實條蟲（條蟲）

狗狗在舔自己的毛髮時，不小心吃下帶有瓜實條蟲幼蟲的跳蚤（中間宿主）而感染。會出現下痢、腹痛等症狀。

◆鞭蟲（線蟲）

狗狗吃下具有感染力的蟲卵，蟲卵在小腸內孵化後，幼蟲會侵入小腸上層黏膜，之後再回到腸道內並一直往下感染到盲腸。鞭蟲會引起下痢、貧血等症狀，在腸道內移動的同時，約在第80天左右產卵。

◆犬心絲蟲（線蟲）

犬心絲蟲是一種寄生在狗狗心臟的線蟲，成蟲可長達30公分。由於心絲蟲寄生的部位會妨礙血液循環，因此會出現咳嗽、喘氣和腹水等症狀。心絲蟲成蟲產下的仔蟲（microfilaria）會在狗狗的血液中循環，蚊子叮咬狗狗吸入帶有仔蟲的血液後，再去叮咬其他的狗狗時，就會將心絲蟲傳染給其他狗狗。仔蟲進入狗狗體內後約2個月會到達心臟，並發育為成蟲。而靠著定期投予心絲蟲預防藥，可將這些心絲蟲的仔蟲在到達心臟前殺滅。

水上競技

針對水上救難犬所舉行的競賽。歐美國家所舉辦的水上競技賽，
主要是為了提昇紐芬蘭犬或蘭伯格犬等水性強之巨型犬的工作技
能。日本的水上競技賽參賽犬隻多半為拉布拉多犬或黃金獵犬等
擅長游泳的犬種，主要是為了展現牠們的高度訓練能力。

第4章
犬隻的
行為與教育

瞭解犬隻的行為學與教育學

社會行為與本能行為

■ 與狼的進化方向相異

由於狼是犬隻的祖先，因此兩者之間經常可以看到不少共通的行為，但犬隻在經年累月與人類共同生活，並配合人類的需求與特殊目的而進行品種改良後，整體行為上與狼之間已經出現了極大的變化。

大部分的純種犬都是人類為了工作用途或玩賞用途而特意進行選擇性育種所培育出來的，體格、毛髮長度、毛色、頭形、口吻長度、腿長、性格等特質，全是為了符合人類不同的要求而經過多次改良，才有了現在的面貌，因此用途不同的犬種，不但在外型特徵上有所不同，在行為上也朝向不同的方向分化。

不只不同犬種間會有行為模式的差異，每一隻個體間也會有行為上的個體差異。也就是說，即使是同一個犬種，不同的個體間一樣會出現極大的行為差異。因此若想要正確瞭解犬隻的行為與心理，應事先瞭解下列幾點：

❶ 犬隻雖然有些本能行為是遺傳自狼的血統，但經過人類改良育種之後的犬隻在行為上已經與狼大不相同。

❷ 不同犬種間的行為特性也有所不同，必須先瞭解該犬種的特性。

❸ 即使是同一個犬種，不同個體間也會有個體差異。

❹ 共同生活的家人是犬隻所屬的群體也是同伴，並不是縱向的社會。

❺ 犬隻的支配性與服從性會隨著情況不同而改變。

■ 支配性行為與服從性行為

犬隻是高度的社會性動物，在自然界的環境下，會和其他犬隻們組成「群體」共同生活。群體中的每個個體間有著特定的關係，其中而最核心的就是「優位關係」。群體中地位較高（優位）的犬隻，可以比地位較低（劣位）的犬隻更優先獲得食物、交配對象、睡窩等生存必需的資源，這是為了避免群體中的成員為了有限的資源去進行無謂的爭奪所產生的預防機制。

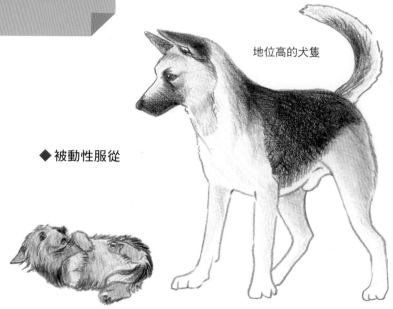

地位高的犬隻

◆ 被動性服從

地位低的犬隻

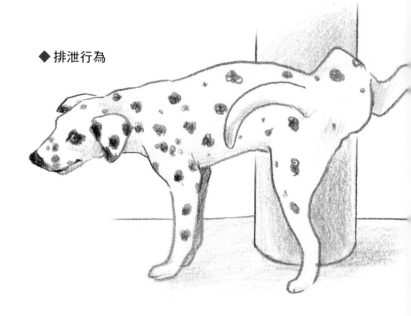

◆ 排泄行為

在某些狀況下，地位較高與地位較低的犬隻之間會出現支配性與服從性的行為。這些行為也就是所謂的肢體語言，其中有一看就懂的動作，也有不少是彼此在一瞬間所交換的微妙表情與動作，若不仔細觀察還真不容易分辨出來。

做為家犬而被人類飼養的犬隻，也會出現對人類的服從性行為，這種行為可簡單分為兩個模式：

❶ 被動性服從

代表動作是地位低的犬隻躺在地上後腳張

◆ 主動性服從

◆ 主動性服從

◆ 獵食行為

的勢力範圍（領域），對於靠近或入侵的陌生人類或動物，會以警戒的態度驅離，例如對外來者吠叫，若對方不退讓則猛撲過去攻擊等動作，與狼的行為具有共通性。

犬隻的地域性行為，在勢力範圍的邊界會比中心點更為激烈，以家犬來說，大門、玄關或庭院的圍籬等就屬於牠們勢力範圍的邊界。

■ 排泄行為

除了剛出生的幼犬必需依賴雌犬的舔舐動作將糞尿清理乾淨外，犬隻在3週齡左右就會自己到處尋找一個遠離睡床的地方自行排泄。而到了7～8週齡時，就會在固定的場所或地板材質上排泄。

狼也會有相同的行為，牠們會在山上的斜坡挖掘一個巢穴做為睡窩，然後為了保持巢穴的乾淨以及不讓其他動物發現巢穴所在地，會另外選擇一個遠離巢穴的地方排泄。

■ 獵食行為

野生的狼會組成狼群，彼此分工合作以組織性的狩獵方式獲取獵物。而跟人共同生活的犬隻雖然不再需要為了食物而去獵食，但仍殘存著部分本能行為。例如追捕貓、小鳥等小動物的行為，就是由狩獵行為轉變而來。原本的獵食行為包括盯上獵物、悄然靠近、追捕、咬死、吃下等一連串的動作，但犬隻發現小動物後只會做出追捕的動作而不會將其吃下。而追趕跑步中的人、投出去的球或是腳踏車等會動的物體，也都是由獵食行為轉變而來。

這種行為不但在犬隻間有個體差異，在不同犬種間更是有著極大的不同。尤其是為了強調獵捕能力而特意以選擇性育種所培育出來的工作犬如邊境牧羊犬，更是天生就喜歡追趕會動的物體，還會利用獨特的潛伏姿勢及眼神，將羊群集中在一起。因此若是將邊境牧羊犬飼養在家中，就會經常看到牠追趕腳踏車，以及把自己的家人集中在一起的行為。

開露出外陰部，有時會在維持這種姿勢的情況下漏出少量的尿液。一般認為這個動作是從幼犬讓雌犬舔舐自己的陰部以促進排尿的行為衍生而來。

❷ 主動性服從

犬隻坐下以眼神仰望飼主並伸出舌頭舔舐飼主的臉或嘴角，可能是從幼犬向雌犬要求食物的行為衍生而來。

■ 領域性行為

犬隻會將自己居住的房子或庭院當作自己

■ 遊戲行為

不論是幼犬還是成犬，經常可以看到犬隻與同伴間互相輕咬、玩耍的行為。尤其是幼犬時期和同伴間的遊戲行為更是極為重要，可說是事關未來的重要行為教育。

從人類角度來看可能無法判斷犬隻和同伴間是在打架還是玩耍，但在犬隻之間是有遊戲規則的：

❶ 要控制自己咬的力道，不能咬出嚴重的傷口。

❷ 雙方都展現出想要玩耍的肢體語言。

■ 探索行為

探索是犬隻熱愛的行為，牠們會將鼻子湊近地面一邊走來走去一邊嗅聞味道，如果發現新奇或好玩的東西，就會停下來更認真而熱情地嗅聞味道，仔細探索自家周圍的環境或散步的路線，是我們經常會看到的日常行為。

對生活在人類家庭中的家犬而言，散步是能夠進行探索行為的好機會，也是能夠滿足自己天生的好奇心與收集情報本能的貴重時間。但現在的社會經常將小型犬隻飼養在公寓或大廈中，外出散步的機會越來越少，為了讓牠們生活得更加快樂，飼主還是應該盡可能地帶著狗狗外出散步探索世界。

■ 繁殖行為

野生的母狼大約在2歲左右會進入第一個繁殖期，但犬隻在出生後一年內就已經擁有繁殖能力。動物在被人類馴化做為家畜飼養之後，性成熟期會提早，犬隻也是如此。

犬隻通常會在6～10月齡左右迎接性成熟期的到來，小型犬比大型犬更為早熟。雌犬的第一次發情（陰道出血）就在這個時期，而發情期的雌犬會有頻繁排尿的現象。

所排出的尿液中含有特殊的生化物質，據說犬隻能夠透過嗅聞尿液，知道排尿犬隻的性別和性荷爾蒙的狀態。

雌犬在發情前期並不會接受被吸引而來雄犬，而是在發情出血後約第10天（不同犬隻的

◆ 遊戲行為

◆ 探索行為

狀況不一定相同）開始才會進入交配適期，願意接受雄犬的交配行為。若在這個時期完成交配並成功受孕，則會在經過平均64 ± 1天的懷孕期後分娩。最近有不少繁殖業者以人工授精方式在繁殖犬隻，但人工授精與自然受精的受孕率其實相差無幾。

沒有懷孕的犬隻通常每半年會發情一次，有的犬隻則一年才發情一次。

有些犬隻會在發情後1～2個月內出現乳房腫脹及泌乳的情形，這種現象稱為假懷孕，經常發生在共同養育幼兒的動物身上，是一種為了成功養育更多幼犬的本能行為。

■ 分娩行為

雌犬在分娩時，會選擇一個安全且安穩的場所進行分娩。和人類共同生活的犬隻，則會在人類為牠們在家中或犬舍準備的場所生產。野生的母狼會在斜坡上挖掘出一個巢穴後在裡面產下幼犬。有些飼養在戶外的犬隻也會在接近分娩期時，鑽到地板下或尋找一個人類看不到的地方躲進去生產，但並非所有犬種或犬隻皆會如此。

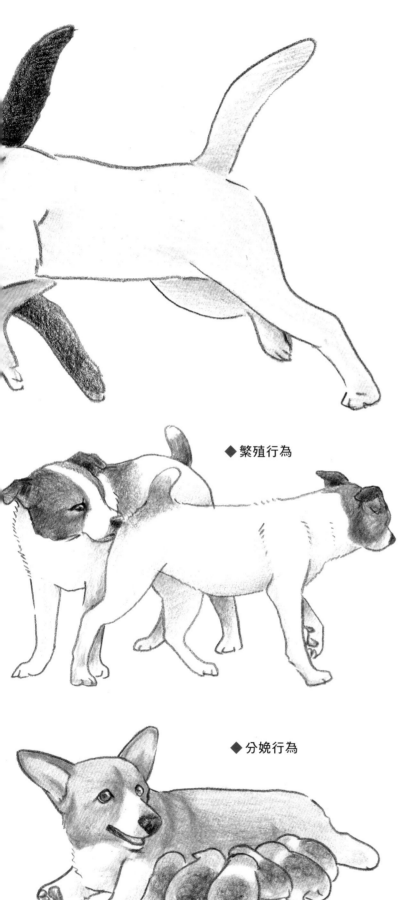

◆ 繁殖行為

◆ 分娩行為

雖然犬隻的生產過程一般而言都很順利，不過若是小型犬、超小型犬或短吻犬種，有時候也會出現難產的情形，飼主最好事先與獸醫師諮詢關於生產的各項細節以備不時之需。

懷孕期間若定期的進行檢查，就能夠在生產前確定懷孕的胎兒數，若要以X光確認懷孕頭數則要到快生產前才能進行。犬隻每次生產的頭數通常都會在兩頭以上，有時可達8～10頭。尤其是中、大型犬的胎兒數特別多，不論是哪個犬種，只要在交配適期成功受孕，通常都會有不少的胎兒數，若發現胎兒數特別少，可能是因為過早或過晚交配所導致。

■ 犬隻與同伴間的情報交流方法

不同犬隻間為了維持正常的社會關係，彼此間會進行各式各樣的情報交流，主要以聽覺、視覺和嗅覺彼此進行溝通。

❶ 以聽覺進行情報交流

犬隻可以發出吠叫聲、滿足的鼻氣聲、嗚咽、悲鳴等各式各樣的聲音。其中不同的吠叫聲能分別使用在不同狀況（防衛、打招呼、警戒、想玩、寂寞、引人注意）的表現上，能表達非常多種的訊息，因此犬隻經常以吠叫進行溝通。

❷ 以視覺進行情報交流

利用肢體語言（請參考本書第156頁）向對方進行溝通的行為，但由於人類選擇性育種的關係，有些犬種礙於身體構造無法明確地表達某些訊息。

❸ 以嗅覺進行情報交流

犬隻擁有極度發達的嗅覺，牠們會利用兩種方式進行情報交流。一個是利用自己的尿液、糞便等排泄物或肛門腺分泌物在周遭環境留下自己的氣味，另一個則是嗅聞不同犬隻身上獨特的體味來進行情報交流。

心理與情緒的表達方式
如何看懂犬隻的肢體語言

◆ 興奮

陷入興奮狀態的狗狗，會騷動不安、快速地跑來跑去、重複做出一樣的行為或是執著某個特定的事物。

■ 從局部特徵瞭解整體反應

一般都認為狗狗是所有動物中最會與人類溝通的動物，即使是智力很高的黑猩猩，對人類語彙的理解以及人類情緒的解讀能力，也沒有狗狗優秀。

人類若想瞭解狗狗的情緒反應，必須從牠們的耳朵、眼神、嘴巴打開的方式、尾巴的位置與動作、叫聲的音調等表現，做出綜合性地理解與判斷。而狗狗和同伴間，則不論對方是否有進行過剪耳或斷尾，牠們都可以從對方全身的反應判斷出對方的情緒。不過由於人們非常容易只看到狗狗局部的表現就輕易判斷牠們的情緒反應，有時很多判斷的結果其實是完全相反的。

所謂的情緒表現，會因學習而改變，也會因年齡和飼養環境的不同而有所差異，這是因為學習與年齡及所處環境是密不可分的。若狗狗學到「做了這個也沒什麼用……」牠就不會做出那種行為，而若是學到了「只要做這件事就很有效！」自然就會強化牠的某個行為。

■ 情緒相關的訊號

狗狗透過肢體語言所表現出來的情緒，可分成「興奮」、「生氣」和「不安」三種。這三種情緒反應中有很相似的地方，也有一看就知道不一樣的部分，在解讀牠們的行為意義時，須小心避免判斷錯誤。在解讀狗狗的情緒時，必須同時將狗狗全身上下各部位所表現出的肢體語言一同納入判斷。

❶ 興奮

興奮的情緒中除了包括「高興」「開心」「期待」之外，也包括可能轉變為攻擊行為的興奮。搖尾巴是最容易看出狗狗興奮的訊號，狗狗在高興或對人類和其他狗狗表達友好的時候，尾巴會大幅度地左右搖擺。但搖尾巴並不完全代表狗狗現在的心情是「高興」或「開心」，若尾巴上舉且小幅度的搖動時，表示牠正處於高度警戒的興奮狀態。其他表示興奮的信號還包括「哈哈」地喘氣、快速地到處走動坐立難安、以及不斷地重複同樣的行為等。

尾巴會朝下捲起藏在股間

◆ 狗狗透過尾巴高度及擺動的動作表現出當時的情緒

❷ 生氣、威嚇

對自己充滿自信的狗狗，在表現敵對的情緒時，會以威風凜凜的態度抬高頭部、豎起尾巴以及露出牙齒，並發出小聲的低吼聲，小幅度地擺動尾巴。

❸ 不安、恐懼

感到不安而害怕的狗狗，耳朵會向後貼近頭部，尾巴捲縮在大腿之間，頭部或腰部放低，並露出齜牙咧嘴的表情，還可能發出音量明顯且聲調高低起伏的低吼聲。牠們的表現並非想要攻擊，而只是一心一意地想要逃離讓牠恐懼的現場，有時候也會因充滿警戒而不斷地拼命吠叫。

■ 預防產生對立的訊號

狗狗發出的肢體語言種類其實非常地多，其中有一類「壓力訊號」，是當狗狗自己感受

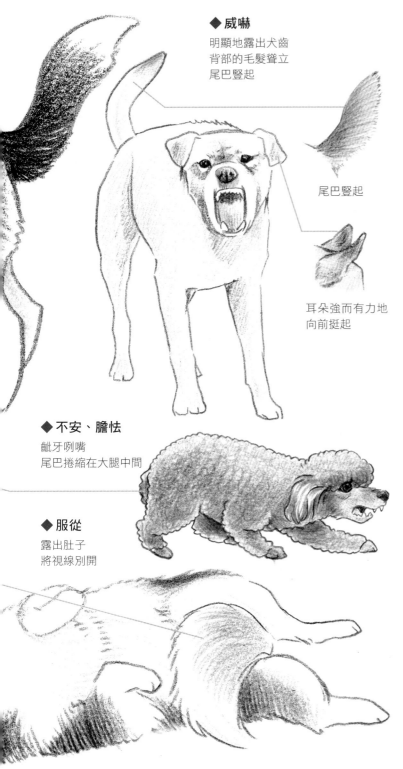

◆ 威嚇
明顯地露出犬齒
背部的毛髮聳立
尾巴豎起

尾巴豎起

耳朵強而有力地
向前挺起

◆ 不安、膽怯
齜牙咧嘴
尾巴捲縮在大腿中間

◆ 服從
露出肚子
將視線別開

到壓力時，為了讓自己冷靜下來而做出的行為。這些行為當中，有些一看就能馬上明瞭，有些則非常容易讓人疏忽。

以我們人類為例，當我們感到緊張的時候，會做出抖腿、搔頭之類的動作，利用一些無關當時場合的「轉移行為」，來化解自己緊張的情緒。狗狗也是一樣，當牠們緊張或感受到壓力的時候，有時就會出現「舔鼻子」、「甩動身體」、「打哈欠」、「用後腳搔抓身

體」、「明明不痛也不癢卻還是一直舔腳」等行為。飼主在訓練途中對狗狗大聲發出指令的時候，看到狗狗突然打起哈欠來，或是在散步途中拉緊狗狗的牽繩並發出指令時，狗狗卻突然甩動自己的身體，此時飼主是不是會產生「這隻狗現在在幹嘛？」的疑問，這就是狗狗為了讓緊張的自己冷靜下來而做出的行為。若飼主能正確理解狗狗發出的壓力訊號，就能瞭解狗狗當時的情緒，並可做為面對狗狗之後行為的判斷依據。在日常生活當中，雖然狗狗在某些場合或狀況下會出現這些壓力訊號，不過由於飼主當時也處在壓力下，所以經常會疏忽掉這些訊號。

■ 避免產生衝突的訊號

狗狗與野生狼群一樣，知道如何在群體之間避免發生紛爭的社會化技巧，牠們都是能夠化解衝突的動物，反而是我們人類這個種族，才往往是在人狗之間製造對立的始作俑者。

包括壓力訊號在內的「安定訊號」，雖非行為學上專用的術語，但卻是一個已經過瑞典犬隻訓練師吐蕊・魯格斯（Turid Rugaas）所證實的理論。

狗狗在面對其他的狗狗或是人類時，為了避免發生什麼不好的事、避開來自人類或其他狗狗的威脅、或是平息不安、恐懼、騷動、不舒服的感覺，會在早期階段就使用安定訊號，這是為了讓感到壓力與不安的自己冷靜下來。另外為了讓對方安心以及表示自己的友好時，也會使用安定訊號。

不會說話的狗狗，其實會使用非常多的肢體語言，有著非常棒的處世技巧。只不過狗狗們在日常生活中以全身表達出來的訊號，經常被我們所忽略。那麼我們到底應該怎麼做，才能夠瞭解狗狗的心事、和狗狗和平共處、同時不給牠們帶來過多的壓力呢？答案就是確實觀察並理解狗狗這些包括壓力訊號及安定訊號在內的肢體語言，並在某些情況下試著使用這些肢體語言與狗狗溝通，如此一來不只在日常生活中可以增進彼此的感情，在進行行為教育或

訓練時，也會更加有效。

❶ 臉朝向別的地方看

當其他狗狗從正面筆直走過來時，狗狗會把臉快速地轉向旁邊或後面，或是一直朝著旁邊看。撇頭的幅度有時候很小，有時則是大幅度地把整個臉轉開看向旁邊。這是為了讓對方冷靜安心所傳達的訊號。

❷ 移開視線

當其他的狗狗靠近、飼主一直盯著狗狗看或是從正面靠近時，狗狗為了表達自己的友好之意，會做出移開視線的行為，牠們可能只有眼神左右移動，或是為了不直接盯著對方而把視線移開，和臉朝向別的地方看的訊號類似。

❸ 改變身體的方向

當狗狗將身體轉向旁邊或後面時，可以帶給對方極大的冷靜效果。有時狗狗與同伴們玩得正激動時，會突然在遊戲途中轉身朝向旁邊或背對著對方，這是在告訴對方請冷靜一點別太激動的意思。

❹ 舔鼻

當其他狗狗靠近、有人蹲下來想要抱住或捉住牠、大聲喝斥牠時，狗狗會出現舔鼻子的動作，這個訊號的目的是想讓對方冷靜下來。

❺ 僵住不動

當狗狗們互相靠近時，其中一隻狗狗會突然定住不動，讓對方嗅聞自己的體味。這種站著或坐著不動的定格行為，是在向對方表達自己並非令人恐懼的對象。有時在飼主焦躁地大聲命令時，也會看到狗狗出現這種訊號。

❻ 緩步行走或是把動作放慢

動作放慢具有讓對方冷靜的效果。當飼主叫喚狗狗的聲音聽起來很焦躁、或是以強硬的口氣發出命令時，有時會看到狗狗緩慢地開始行動。或是有很多其他的狗狗在場時，狗狗也會把自己的動作放慢。

❼ 邀對方一起玩耍的姿勢

狗狗做出前半身伏低腰部抬起好像行禮一樣的姿勢時，是在邀請對方和牠一起玩耍。若狗狗一直維持這樣的姿勢，則可能是在探詢對方的動向，或是一邊觀察對方的態度一邊邀對方玩耍。

◆ 喘氣　　　　　　◆ 打哈欠

◆ 視線往下　　　　◆ 移開視線

◆ 邀對方一起玩耍

◆ 甩動身體

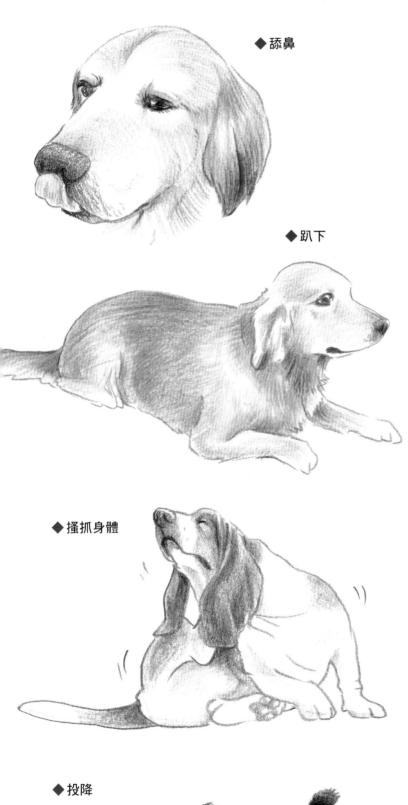

◆ 舔鼻

◆ 趴下

◆ 搔抓身體

◆ 投降

❽ 坐下

背對著對方坐下，或是在對方靠近的時候坐下也是一種安定訊號。狗狗會在其他的狗出現在自己面前、飼主大聲喝斥等讓自己感受到壓力、不安或是無法放鬆的情況下使用這種訊號，還有對陌生人充滿警戒心的狗狗也會在客人來訪時的第一時間坐下。

❾ 趴下

狗狗將腹部貼在地面趴下是一種訊息性很強的訊號，目的在於讓對方冷靜，經常出現在領導性格強烈或地位較高的狗狗身上。有時幼犬玩得太過火時，雌犬也會做出這種動作。

❿ 打哈欠

打哈欠是狗狗想要讓對方冷靜下來時會使用的訊號，例如進入動物醫院的診療間、家裡有人吵架的時候，狗狗就會做出打哈欠的行為。當狗狗打哈欠時，若人類也試著對著牠打哈欠，應該可以讓狗狗冷靜下來。

⓫ 嗅聞味道

當某些緊急的狀況突然發生或讓狗狗不安的狀況還未獲得解決時，有時狗狗會將鼻子靠近地面持續做出嗅聞味道的行為，這個訊號是為了向對方傳達自己的不安。

⓬ 沿著曲線行走

狗狗們彼此並不會從正面靠近對方，而是會沿著曲線慢慢靠近，是狗狗世界裡的一種禮貌，目的在於表達自己並沒有惡意。人類在靠近狗狗時也可以利用這種方式。

⓭ 從中介入

當狗狗看到狗與狗、人與人或人與狗之間的距離太近時，會覺得兩方好像要進入一種緊張狀態，於是會從中介入跑到兩者之間的空間，避免兩邊發生紛爭。

⓮ 搖尾巴

狗狗搖尾巴時，不一定表示牠很開心，有時在飼主發怒的時候狗狗也會搖尾巴，目的在讓飼主冷靜下來不要生氣。

⓯ 做出幼犬般的行為

狗狗做出幼犬一般的行為時，目的也是在讓對方冷靜下來。牠們會做出自己小時候常做的動作，像是舔舐對方的臉或嘴角、或是用前腳搭上對方等。

幼犬的行為發展

■ 犬隻成長過程的五個階段

與人類的幼兒一樣，犬隻也擁有各種不同的性格與行為模式。狗狗的行為及性格除了與犬種特異性等受到基因遺傳影響的先天性因素（例如特別愛吠叫的犬種、攻擊性強的犬種、喜歡追趕動態物體的犬種等）有關之外，更與幼犬的飼養生活環境、飼主對待狗狗的方式等後天因素有關。尤其是出生後12週齡以內的幼犬，在這個成長階段所接受到的生活經驗，會大大地左右犬隻未來在性格及行為上的發展。目前已有各種不同的研究確實指出，犬隻若在這個時期受到心理上的創傷，將會嚴重影響到牠未來的行為模式。

1945年位於美國Bar Harber的研究所曾針對犬隻的遺傳與社會行為之間的關係進行研究，將犬隻的成長過程大致分為四個階段，而目前已知胎兒出生前在雌犬肚子裡的時期也會影響犬隻的行為發展，因此大部分的學說都會將犬隻的成長過程分為五個階段加以說明。

【出生前期（出生前63天～出生當天）】

若想要迎接一隻性格穩定的狗狗進入家庭，就必須事先瞭解「幼犬在出生前也會受到外界影響」這個重要的事實。

若雌犬處在無法放鬆心情或衛生狀況不佳的環境、無法獲得胎兒健康發育所必需的營養、甚至無法維持自身的健康狀態時，雌犬就會隨時處在壓力的刺激下。雖然這些壓力刺激大多非肉眼可見，而且即使處在同一種壓力刺激下也並非每個個體的身心都會受到相同的影響，但若是不將這些壓力刺激當一回事，很可能會對雌犬腹中胎兒的發育、學習能力及性格發展造成極大的影響。

目前已知雌犬若長期處在慢性的壓力刺激下，生下來的幼犬會表現出容易不安的個性與強烈的攻擊性，學習能力變得低落，神經系統的發展也會受到影響，這可能與雌犬處在壓力狀態下時血中高濃度的壓力荷爾蒙及神經傳導物質有關。而關於這些因素對性格發展的影響，不只在犬隻身上，在其他哺乳類或囓齒類動物身上也已獲得相同的研究結果。

◆ 懷孕中的犬隻（出生前期）

務必要讓犬隻在安穩的環境下生活。

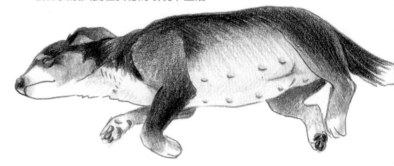

Dehasse博士在1994年所進行的研究結果顯示，若定期地給予雌犬溫柔的撫摸，所生下來的幼犬會擁有更穩定的性格，也更能接受他人的碰觸，這是因為被自己信賴的人以手溫柔地撫摸，能夠讓雌犬在情緒上放鬆所致。

【嬰兒期（出生當天～出生後12天左右）】

嬰兒期的幼犬，反射神經、嗅覺、味覺、觸覺等都還在發育中，因此不只眼睛及耳朵尚無功能，也無法調節自己的體溫，必須完全依賴雌犬照顧才能生存。這個時期的幼犬因為肌肉沒有力量，只能匍匐著爬動些許距離，也因為無法自行排泄，必須靠著母親舔舐才能刺激排泄，幾乎所有的時間都花在睡眠與吸奶上。

這個時期的幼犬只要稍微遠離雌犬或其他同胎幼犬，或是被移動到冰冷的地面時，就會發出哀叫聲表達自己的不舒服，雌犬聽到幼犬發出哀鳴時，會立刻將幼犬叼回自己身邊，不過在幼犬出生五日之後，這種行為就會漸漸減少。而目前已知犬隻在這個時期就已經會出現打哈欠這種安定訊號。

幼犬大約在6～10日齡之後，開始能夠用前腳支撐起身體，大約8日齡時，後腳也開始可以撐起自己的體重。雖然還無法快速地對刺激產生反應，但在3日齡左右就已經發展出逃避反應，會排斥討厭的事物。這個時期的幼犬雖然碰到母親乳房以外的東西如人的手指頭也會出現吸吮反應，但若是在雌犬的乳房塗上幼犬討厭的味道，牠們就會暫時性的避開乳房。

這個時期的幼犬，若給予牠們身體上的刺激（用手溫柔地撫摸或適當的壓力刺激），會影響牠們的學習能力、運動能力及身體發育。

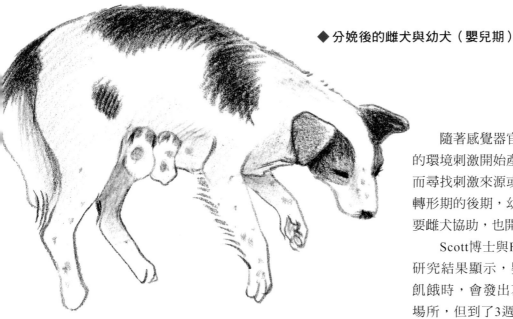

◆ 分娩後的雌犬與幼犬（嬰兒期）

目前已知經常接受撫摸的幼犬會比未接受撫摸的幼犬更早睜開眼睛。

而為了培養出能夠克服壓力刺激、身心健康發展的幼犬，負責飼養工作的人員務必要瞭解這個時期對行為發展的重要性，才能讓幼犬養成穩定的性格，適合做為家犬飼養。

若是將出生後1個月齡的幼犬從牠的兄弟姊妹及母親身邊拆散送到寵物店裡販賣，會導致牠無法從兄弟姊妹及母親身上學習到應該學會的事情。在不知道狗狗之間的溝通方式、與其他狗狗的遊戲方法、以及如何控制自己啃咬的力道等重要技巧的情況下，狗狗會在很年幼的階段就出現過度逃避其他犬隻、太過恐懼而發出攻擊性的吠叫、或甚至咬傷對方等行為問題。而早期離乳的幼犬比起其他正常的幼犬，更容易出現吸吮或吃下柔軟物體（例如毛巾或毛毯）的行為，這種行為稱作「異食癖」。若是檢查異食癖狗狗的腦內，會發現其中對情緒具有安定作用的神經傳導物質濃度特別低。從幼犬早期離乳會對腦內神經傳導物質造成影響這一點看來，讓幼犬與母親及同胎兄弟姊妹互相接觸交流，對行為發展是多麼重要的事。

若雌犬社會化不足或是情緒不穩定時，最好在幼犬6週齡時將幼犬託付給其他狗媽媽照顧，以免對幼犬造成負面的影響。

【轉形期（出生後12天～21天）】

轉形期是犬隻神經、運動、感覺系統急速發展的時期。幼犬在出生後12～14天時眼睛會睜開，耳道也會在一週後打開。從這個時期開始活動力大增，開始探索廣大的世界。牠們會和同伴打打鬧鬧，尾巴興奮地搖來搖去。

隨著感覺器官的發育，幼犬對於光和聲音的環境刺激開始產生反應，並會為了適應刺激而尋找刺激來源或出現閃避刺激的行為。到了轉形期的後期，幼犬已經能夠自行排泄而不需要雌犬協助，也開始對固體的食物產生興趣。

Scott博士與Fuller博士在1965年所進行的研究結果顯示，嬰兒期的幼犬在覺得寒冷與飢餓時，會發出哀叫聲通知母親自己所在的場所，但到了3週齡之後，不論是否飢餓或寒冷，幼犬只要待在陌生的環境就會發出叫聲呼喚母親，表示說牠們呼喚母親的理由已經不只是生理性的需求，當心理上覺得不安時也會引發幼犬呼喚的行為。幼犬在出生後11天開始後腳的支撐力會逐漸變強，不只可以做出前進的動作，也開始能夠後退，步行的動作隨著平衡感發育而越來越平穩順暢。

轉形期的幼犬會感受到所處環境中的各種不同刺激，藉由體驗這些刺激，能提高幼犬未來面對不同刺激時的反應力與適應能力。

【社會化期（出生後3週～12週齡）】

這個時期是幼犬從身邊的各種刺激及體驗學到如何去適應各種不同事物（例如其他動物、人類和周遭環境等）的最重要時期。而不同的幼犬因為性格、生活環境的不同，需要給予牠們的社會化體驗也不盡相同。「社會化良好」的重點，就是幼犬能夠快樂地接受第一次碰到、看到的事物或拜訪的場所。在為幼犬進行社會化教育時，也必須考量狗狗本身的個性，再選擇適合的環境刺激。尤其是從小就不喜歡接觸其他犬隻的狗狗，若是將牠帶到狗狗遊戲區這種會接觸到一大群狗的環境，有時反而會因為刺激過大而讓牠更加討厭其他犬隻。

像這種時候，就應該先尋找一隻個性相合的狗狗做為對象讓牠們一對一接觸，等自家狗狗建立起自信後，再慢慢地讓牠接觸其他狗狗。而有些犬種如迷你雪納瑞、吉娃娃、西施犬、喜樂蒂牧羊犬等狗狗，因為個性比較孤僻，特別不善於和其他狗狗相處，因此更需要儘早讓牠們和其他幼犬互相接觸，體驗到和其他狗狗相處的快樂。

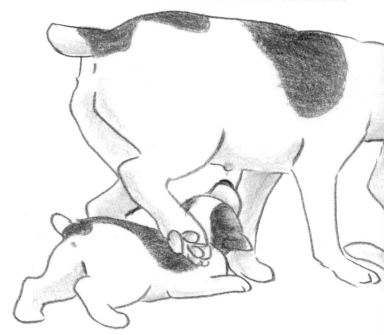

大部分的幼犬是在社會化期進入飼主的家庭，這個時期的幼犬好奇心和警戒心相對較低（但8週齡以後的幼犬對於陌生的事物會開始抱有警戒心），比較容易適應新的環境。幼犬在社會化期的前期，會藉由和雌犬及同伴間的互動，學會和其他狗狗的溝通技巧，而進入社會化期的後期之後，則會學習到與人類之間的溝通方式。在這個時期所學會與體驗到的事物，將會大大影響幼犬未來的行為模式。雖然大部分人都把社會化期當作幼犬成長中的一個階段，但其實社會化期還可細分為兩個時期：

❶ 第一社會化期（出生後3週～5週齡）

　　這個時期的幼犬開始對自己所處環境（社會）的任何事物出現旺盛的好奇心，還會展現出各種行為與情緒上的變化。牠們會做出各式各樣的探索行為，像是到處嗅聞味道、把自己感興趣的東西叼在嘴裡、或是撕裂、舔舐。這個時期的幼犬也特別喜歡黏在媽媽和兄弟姊妹身邊，即使只是分開一下也會不斷哀鳴。

　　幼犬一邊與兄弟姊妹玩耍，一邊開始從中學習社會行為，玩耍的過程中，牠們會出現類似攻擊、交配及捕食的行為，例如對著同伴或是不會動的玩偶，做出捕食行為中的悄悄靠近獵物、猛撲上去、以及甩動獵物等動作。而幼犬們就是藉著遊戲中的這些行為，事先練習未來可能會用到的謀生技能。

　　「控制咬東西的力道」是這個時期的學習重點，幼犬在和兄弟姊妹玩耍或是吸吮母乳的過程中，會學習到用怎樣的力道啃咬才不會惹對方生氣。那些很早就和母親及兄弟姊妹分開的幼犬，大部分不會「控制咬東西的力道」。

　　由於早期離乳的幼犬很容易感到不安或生氣，並因而養成情緒不穩定的性格，請所有的飼主謹記，幼犬的第一社會化期，是培養牠們穩定性格的最重要時期。

❷ 第二社會化期（出生後6週～12週齡）

　　這個時期是幼犬最受到雌犬的性格與行動模式影響的時期。幼犬長到6週齡大之後，雌犬開始排斥授乳，並漸漸與幼犬們開始保持距離，幼犬也變得比較獨立，即使與兄弟姊妹及母親暫時分開也不會一直哀鳴。

　　也就是說，這個時期的幼犬已經開始準備要踏入新的環境了。

　　第二社會化期的8週齡左右又稱為幼犬的「感受期」，幼犬對這個時期所體驗到的精神上或肉體上的痛苦感受最為深刻，根據1966年Fox博士的研究結果顯示，牠們因痛苦而心跳加快或發出哀鳴的反應在這個時期最為明顯。而到了社會化期即將結束的12週齡時，幼犬對於陌生的環境會更加警戒，也更容易出現恐懼的情緒，因此最好盡量讓幼犬在8週齡以前都能待在母親和兄弟姊妹身邊生活，才可以讓幼犬的心理成長得更加健全。

　　在這個時期進入飼主家庭的幼犬，可以漸漸開始進行狗狗的基本行為教育（上廁所的地方、家中哪些東西可以咬哪些東西不能咬、邊玩邊咬時不可以太用力、控制破壞行為、不可以隨意撲人等）以及基本服從指令（坐下、趴下、等等、過來等指令）。這個時期的幼犬，也正是最適合開始讓牠適度地接觸未來可能遇見的刺激（車輛、腳踏車、飛機的聲音、人群、陌生的狗狗、陌生人、項圈、牽繩、吹風機、運輸籠、人用的餐桌等事物）以及飼主投入心力培養狗狗穩定性格的黃金時期。

　　若幼犬在這個時期已經會在人前出現攻擊性的行為舉止，飼主最好盡快與熟知狗狗行為治療的專業人員（犬隻行為諮商師）討論如何矯正這種情形並強化狗狗的社會化教育，牠們會在這個時期出現攻擊性行為的原因，幾乎都是先天性的因素（遺傳性格）所導致。

◆ 幼犬與同伴之間的嬉戲

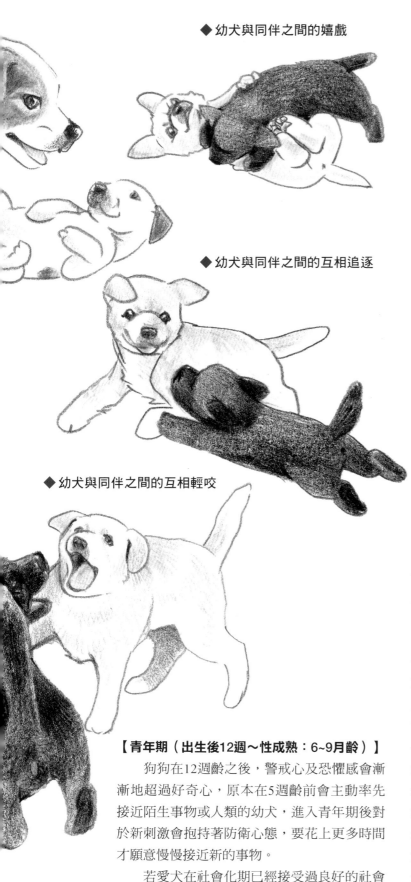

◆ 幼犬與同伴之間的互相追逐

◆ 幼犬與同伴之間的互相輕咬

【青年期（出生後12週～性成熟：6~9月齡）】

狗狗在12週齡之後，警戒心及恐懼感會漸漸地超過好奇心，原本在5週齡前會主動率先接近陌生事物或人類的幼犬，進入青年期後對於新刺激會抱持著防衛心態，要花上更多時間才願意慢慢接近新的事物。

若愛犬在社會化期已經接受過良好的社會化教育，到了青年期後還是需要持續地讓牠習慣各式各樣的刺激。至於錯過社會化期，沒有接受良好社會化教育的狗狗，則更需要盡可能地讓牠接觸其他的狗狗、人類以及周遭環境的刺激，因為牠們即使過了12週齡之後仍擁有極佳的學習能力，還能夠接受再教育。

進入性成熟期後的狗狗，會開始出現標示地盤、警戒性吠叫、建立勢力範圍、執著某樣物品等之前未曾展現過的行為。6~8月齡的狗狗就像「反抗期」的青少年一樣，會出現反抗性的態度，以及故意搗蛋、不聽飼主命令等反抗行為。這個時期的雄犬對於同性會抱有敵對意識或根本毫無興趣，但相反地對於異性的狗狗則會抱持著強烈興趣。

【社會成熟期（性成熟之後）】

狗狗進入性成熟期之後，還需要花上一段時間（2~3歲左右）才會到達行為學上和社會性的成熟期。（狗狗身心發育的速度因體型而有所不同，體型越大的狗狗，成長的速度也越慢。）因此飼主應該至少在狗狗2～3歲之前完成該有的行為教育，讓狗狗在一致的行為準則下在飼主的疼愛之中快樂生活。持續的行為教育依舊很重要，從幼犬踏入家門的那一刻起，全家一起利用數年的時間內讓彼此習慣應有的行為規矩，對於增加彼此間的感情大有助益。

野生的犬科動物在成長到12～18月齡迎接性成熟期的同時，會為了獲得群體間的地位而展現攻擊性，並會為了保護自己的勢力範圍而出現強烈的防衛行為。在狗狗即將進入心理成熟期的這個階段，很容易被誘發出後天的攻擊性（因人類錯誤的行為教育或外在環境造成的攻擊性）。即使是進入社會成熟期的狗狗，行為也還是會因為人類對待的方式或接觸刺激的方法而產生改變。例如一隻在社會化期受過優質社會化教育、擁有與其他狗狗快樂玩耍經驗的犬隻，若在之後遭逢重大的創傷（被其他狗狗攻擊之類的意外），有可能演變成害怕所有的犬隻，甚至完全無法接受他人碰觸的嚴重狀況。因此飼主在讓社會成熟期的犬隻接觸新的刺激時，應選擇可以讓狗狗留下良好經驗的刺激。帶狗狗外出散步時，用不著對路上遇到的每隻狗、每個人打招呼，因為這樣會伴隨著一定的風險，若真的想讓狗狗認識新朋友時，請選擇守規矩、社會化良好的狗狗做為對象。

幼犬訓練的重要性

■ 建立人狗和諧共處的基礎

「為了讓狗狗融入人類的社會與人類共同生活，幼犬的行為教育非常重要。」是一個長久以來大家都知道的觀念，那麼到底有多重要呢？第一，接受過幼犬訓練而社會化良好的狗狗，在長大成為成犬之後，不但是一個好相處的對象，而且還擁有極佳的抗壓性，不會輕易受到壓力所影響。

第二，幼犬期的社會化對於狗狗未來性格的養成有著極大的影響力，因此從幼犬踏入家裡的第一天起，就應該對牠進行訓練。

第三，從人類的觀點來說，幼犬訓練能夠預防狗狗將來出現對人類造成困擾的各種行為問題。

■ 以科學為理論基礎的教育方式

「幼犬訓練」所包含的內容，不只是教導狗狗「坐下」、「趴下」或「等等」這些基本指令，還包括幼犬在人類社會生活應遵守的規矩及該有的行為舉止，是對幼犬極為重要的教育課程。若飼養者錯過這段教育狗狗的黃金時期，狗狗會依循自己的天性與本能做出牠們認為正確的行為，最後很可能會出現對飼主家庭造成困擾的行為問題。

◆ 幼犬應該學會的規矩

· 如廁訓練
· 籠內訓練
· 能分辨玩耍時可以做與不可以做的行為
· 和人打招呼時應有的行為舉止
· 散步時的規矩
· 符合狗狗本質的行為
· 不能隨意大小便
· 不能任意吠叫、不是什麼東西都可以拿來玩

為了讓狗狗能清楚分辨什麼是對的、什麼事錯的，必須讓牠們瞭解人類發出的簡單詞彙（也就是指令），這是在教育幼犬時不可或缺的重要訓練工具。將訓練與教育合而為一之後，才可算是成功的「幼犬訓練」。

過去數十年來，訓練狗狗所使用的方法幾

◆ 幼犬聚會

每一隻幼犬的性格都不一樣，有強勢型、也有懦弱型、當然也有一切都事不關己的超然型小狗狗。

◆ 讓狗狗習慣診療台

乎都是壓迫性的訓練法，不是打就是踢，要不然就是用項圈扯緊狗狗的喉嚨，利用疼痛強迫狗狗做出人類想要的行為。當時不但狗狗能接受訓練的年齡大受限制，更沒有適合2個月大幼犬的訓練教室。不過如今不但有「狗狗幼稚園」這一類的設施，許多動物醫院也會經常舉行幼犬教室、幼犬聚會等課程或活動，訓犬學校更是早已開設過不少幼犬訓練課程。

如今主流派的家犬訓練或行為教育，已不是用牽繩控制這種單純的方法來矯正狗狗所有錯誤的行為（對狗狗而言是自然的行為），而是以犬隻的行為發展學、學習理論、心理學、生理學等科學理論為基礎，針對個別犬隻的性格選擇適當的方法加以教育。

與美國、英國、歐洲等行為學先進國家相比，日本在狗狗的行為教育上算是很晚才開始起步，不過如今也有越來越多的飼主對於「行為教育的重要性」有了更深的認識。雖然可以將狗狗帶去行為教室、請訓練師來家裡訓練狗狗、或是將狗狗送到訓犬學校訓練，但行為教育的本質，其實是希望飼主可以與狗狗一同參與學習課程並學會如何操作。

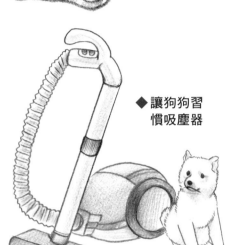

◆讓狗狗習慣吸塵器

◆讓狗狗習慣剪趾甲

　　幼犬教室或幼犬聚會是一種適合社會化期（出生後3週～12週）幼犬參與的課程，舉辦這一類的課程通常有著下列的目的：

❶ 讓幼犬在社會化期與其牠的狗狗或人類互相接觸或嬉戲，並讓牠們持續性地體驗未來可能遭遇到的刺激（梳毛、剪毛、接受醫生檢查、搭車、公共場所的各種聲音），以培養狗狗輕鬆適應社會的性格。
❷ 全家一起學習「狗狗的基本行為教育＝獎勵與懲罰的方法」，使愛犬能夠做出符合人類社會要求的良好行為。
❸ 讓飼主學會訓練狗狗的技巧並能夠加以實踐。
❹ 瞭解飼養犬種特有的天性與行為模式，預防及處理將來可能發生的行為問題。
❺ 學習如何選擇及使用幼犬行為教育所需的道具（玩具、狗籠、項圈、牽繩、零食）。
經常可以聽到飼主抱怨說「當初接受幼犬訓練的時候明明都學得好好的，可是現在卻……」或是「當時一點問題也沒有啊……」而飽受愛犬問題行為的困擾，其實從幼犬訓練所學會的規矩或指令，是需要在日常生活中不斷練習的，唯有讓這些行為教育澈底融入生活當中，才能真正地「培養出一隻優質好狗狗，並預防可能對人類造成困擾的問題行為出現」。

　　幼犬訓練課程的項目種類繁多，下列幾項是任何犬種都應該要學會的：

❶ 喜歡上梳毛

　　不只是長毛狗狗，為短毛狗狗梳理毛髮也是一項很重要的護理工作。梳毛並非只是梳開狗狗的毛髮而已，它還能促進狗狗的新陳代謝，清除毛髮上的打結或毛球以維持皮膚的健康。選擇梳子時，須配合狗狗毛髮的長度及種類從橢圓針梳、鬃毛梳、橡膠梳、軟性針梳、排梳等梳子中選擇適合的梳子，並須以適中且不讓狗狗感到疼痛的力道，仔細地梳理毛髮。飼主在瞭解梳子的正確用法及梳毛應有的力道之後，重複「把梳子拿給狗狗看時給予獎勵」及「梳子碰到狗狗毛髮的時候給予獎勵」的訓練，讓狗狗喜歡上飼主為牠梳毛這個動作。

❷ 願意乖乖地讓人幫牠剪趾甲

　　很多飼主都覺得幫狗狗剪趾甲是一件苦差事，因此經常將狗狗送到寵物美容店或動物醫院請別人剪。尤其狗狗的趾甲是深褐色或黑色的時候，更會因為看不到血管在哪裡而難以下手。若在幼犬時期讓狗狗嚐到剪趾甲的痛苦，狗狗就會漸漸不讓飼主幫牠剪趾甲，甚至在飼主一碰到牠們的腳掌或拿起趾甲刀時就因為厭惡而逃之夭夭。長期不剪趾甲的後果，除了會刮傷地板或榻榻米，重點是狗狗的趾甲過長會將腳趾頭撐開，讓腳掌難以施力而步行困難，有時甚至還會造成肩膀或腿部的負擔。腳底是非常重要的部位，因此仔細地修剪趾甲讓狗狗能夠輕鬆走路是非常重要的護理工作。飼主在準備幫狗狗剪趾甲前，先讓狗狗看到趾甲刀→給予獎勵、抓起前腳→給予獎勵、每剪一隻趾甲→給予獎勵，以這樣的訓練過程讓狗狗能夠習慣剪趾甲這件事。而在訓練的初期，請飼主務必不要發生讓狗狗趾甲流血這種失誤。

❸ 快樂地讓飼主為牠戴上項圈及牽繩

　　不論是什麼樣的狗狗都需要項圈及牽繩。雖然有時在家裡可以不用幫狗狗戴上項圈，但只要踏出門口一步，不管是搭車還是散步，都務必要為狗狗戴上項圈。雖然項圈有許多不同的類型，但首先要讓狗狗習慣脖子上有戴著東西的感覺。飼主可以在幫狗狗戴上項圈的同時給予獎勵，接著在穿戴完成後再給予獎勵，讓狗狗漸漸學會只要一戴上項圈及牽繩就會有好事發生。

問題行為的種類與原因

■ 對人類而言的問題行為

所謂狗狗的「問題行為」，指的是對人類而言造成困擾、讓人類感到不愉快的行為才叫做問題行為，其中也有因為狗狗本身的腦部或神經系統發生疾病而導致的行為異常。

狗狗常見的問題行為包括對著人類或其他動物發出低吼或撕咬等攻擊行為、在室內隨地大小便的如廁問題、咬壞家裡的家具或物品的破壞行為、經常大聲狂吠的亂叫問題等。不過這些行為是否構成問題，其實要視飼主家庭的生活環境、家庭組織及家人的想法而定，即使是很明顯的異常行為，若飼主及家人根本就不在意，那就不算是問題行為。而超小型犬所製造的問題行為則因為大部分都不太嚴重，因此也有不少飼主選擇睜一隻眼閉一隻眼。這些常見的行為問題，其實對狗狗而言幾乎都屬於正常行為，只因為飼主本身感到困擾或是給其他人添了麻煩，才被認定是問題。

嚴重的行為問題幾乎都發生在狗狗一歲以後，它們不但會在人狗之間造成衝突，破壞家人與愛犬之間的感情，甚至還有飼主因此而無法再飼養下去，而做出棄養或安樂死的決定，由此可知這種問題有多麼嚴重。

■ 攻擊行為

狗狗的問題行為中，最讓飼主感到困擾而經常求助於獸醫師或行為專家的，就是攻擊行為。牠們在攻擊之前，會經過「低吼→齜牙咧嘴→咬」三個階段，以下是幾種一般家犬可能會出現的攻擊行為：

❶ 支配性攻擊

生活在家中的狗狗，通常是在認為家中成員的地位比自己還高的情況下，以服從的態度和家人共同生活。服從是基於對家人的信賴與安心感而建立的，當狗狗無法信賴飼主、無法從家人得到安心感時，狗狗可能會認為自己的地位比家人還高，於是當飼主或家中成員做出某些被狗狗認定是在挑戰自己的行為時，例如把手伸向狗狗叼在嘴裡的東西、在狗狗進食時靠近牠或碰觸牠的狗碗、想把狗狗從沙發或床

◆ 支配性攻擊

上趕下來、或是伸出手想要撫摸狗狗頭部的時候，狗狗就有可能出現攻擊性的行為。

會誘發狗狗出現支配性攻擊的起因形形色色，幾乎每一個案例都不一樣。有的狗狗只要不摸牠的頭就不會出現任何攻擊行為，有的狗狗則看什麼動作都不順眼，一不高興就張口咬人，攻擊的對象有可能是鎖定家中的某個人，或是誰都有可能遭殃。久而久之，就演變成沒有一個家中成員敢碰觸狗狗這種嚴重的事態。支配性攻擊最容易出現在1～2歲的雄犬，目前也已確定狗狗在9～12月齡左右，發生支配性攻擊的機率會急遽增加，不過其實在狗狗迎接性成熟期的6月齡時，幾乎都已經出現支配性攻擊的徵兆。

❷ 領域性攻擊

當有陌生人或陌生犬隻接近狗狗視為自己勢力範圍的領域（也就是狗狗居住的房子或庭院）時，狗狗會對對方發出激烈的吠叫、低吼或齜牙咧嘴等攻擊性的行為，就是所謂的領域性攻擊。

◆ 如廁問題

❸ 因恐懼而引起的攻擊

每一隻狗狗害怕的東西都不一樣，當狗狗面對牠恐懼的對象卻又無路可逃時，狗狗除了會出現低吼、吠叫等行為之外，經常還會同時出現畏縮、耳朵後躺、尾巴夾在後腿中間等恐懼反應，當牠們真的被逼到走投無路時，就有可能出現咬人行為。

❹ 疼痛造成的防禦性攻擊

當狗狗因生病、受傷而感到疼痛，或是身上有慢性疼痛的現象時，可能會因為排斥他人的碰觸而出現咬人等攻擊行為。

❺ 嬉戲式攻擊

幼犬或一歲以下的年輕狗狗經常出現的行為，牠們會對著遊戲對象發出低吼或輕咬，覺得那是一種玩遊戲的方式。但若是早期就離開母親或兄弟姊妹、社會化不足的狗狗，會因為沒有好好體驗過與幼犬同伴玩耍的過程，導致牠們不知道控制自己的力道而用力啃咬。

▬ 如廁問題

如廁問題指的是狗狗在做為廁所以外的地方排尿或排便，常見的如廁問題包括以下數種：

❶ 服從性的排尿

幼犬或年輕狗狗經常可以見到的正常排尿行為。在家人靠近時，做出翻倒等服從姿勢的同時排出少量尿液。

❷ 興奮性的排尿

同樣也是幼犬或年輕狗狗經常可以見到的正常排尿行為，在興奮的同時以站立的姿勢排出少量尿液。

❸ 用尿液標示地盤

性成熟期之後的雄犬經常會對著柱子或牆壁排出少量的尿液。

❹ 恐懼造成的排尿

因強烈而突然的恐懼感而排尿。

❺ 因分離焦慮而排尿

狗狗因為被單獨留在家中而感到焦慮不安時的排尿。

❻ 如廁訓練失敗

狗狗沒有養成在固定場所排泄的習慣，因此在家中隨意大小便。

排泄行為是由自律神經所控制的，因此很容易受到恐懼、不安、興奮等情緒的影響。狗狗會經常在錯誤（對飼主而言）的時間或地點排尿，有可能是受到與意志無關的某個條件影響而養成的習慣。

如果飼主只因為發現狗狗沒有在正確的地方上廁所就大聲責罵，不理會這個行為發生的原因與背景，只會讓狗狗的如廁問題更加惡化。當飼主對著面前剛排尿完的狗狗大聲喝斥時，狗狗只會覺得牠是因為排泄這個行為本身才被責罵，而不會知道牠是因為沒在固定的廁所尿尿而被罵。而若是在離排尿已有一段時間後再去責罵狗狗，狗狗更是不知道自己被罵的原因，結果只造成狗狗更加恐懼與不安而已。

◆過度興奮

◆恐懼所引起的攻擊

■亂叫問題

「亂叫」指的是狗狗狂吠不已、不知何時才會結束、讓人覺得煩躁又莫名其妙的行為，並非行為學上的用語。

引發狗狗狂吠不已的原因非常多，諸如門鈴聲、平交道的警示音、電視或手機發出的聲音或鈴聲、想要引起家人注意的吠叫、陌生人通過自家門口、狗狗被單獨留在家裡的分離焦慮等與狗狗生活的環境或家庭有關的原因。若想要矯正狗狗亂叫的問題，必須先找出引發牠一直吠叫的原因，並透過改變環境和行為教育等方法，降低狗狗想要吠叫的衝動。每一個案例的處理方式都不一樣，若沒有訂出適當的對策，很可能無法矯正這個行為。若狗狗亂叫的問題太過嚴重，則必須接受行為學專家的診斷和治療，尤其是居住在公寓或大廈的狗狗，亂叫的問題可能更加嚴重，若處理不當還可能造成問題惡化。而犬種的選擇雖然也很重要，但即使是幾乎不太會吠叫的犬種，也會因為後天因素的影響而發生吠叫問題，因此狗狗所處的環境極為重要。

■恐懼與恐懼症

狗狗有時候對人類或物體會感到恐懼，當牠們極度害怕時，有時甚至會出現攻擊行為。

恐懼感強烈的狗狗，可能是因為幼犬時期的社會化不足，使牠們對陌生的人類、物體或聲音感到恐懼。所謂的恐懼症，是指狗狗針對某種特定刺激出現強烈恐懼反應的行為問題。最為人所知的就是狗狗對於打雷或放煙火時突然傳來的巨大聲響感到害怕的聲音恐懼症。

犬隻的恐懼症可利用心理學上的「系統減敏法」來加以治療。簡單地說就是就是在不引起病患恐懼的情況下，讓病患持續接觸較弱的刺激，若牠能維持不害怕的狀態，則再增加刺激的強度，直到能忍受之前會引起牠恐懼感的刺激為止，原理就是讓病患去習慣那項刺激。

對於害怕雷聲的狗狗，飼主可先準備錄製有雷聲的CD，一開始先以極小的音量放給狗狗聽，並給予狗狗獎勵（給牠愛吃的零食），

再以同樣方法漸漸提高音量讓狗狗習慣雷聲。

雖然系統減敏法在操作順利的情況下會有極佳的效果，但其中有很多細節是飼主必須要多加注意的，同時還必須分階段地操作，否則很可能只因為給予獎勵的時機稍有不對就造成反效果。

■騎乘行為

狗狗緊緊抱住人類的大腿或手臂，做出擺動腰部等類似交配的動作，也是會出現在養狗家庭中的行為問題。若狗狗是大型犬，有時還會因為狗狗力氣太大而造成傷害疼痛，或是被狗狗撲倒。

騎乘行為雖然主要發生在雄犬，但雌犬也會有這種問題。雖然大部分的飼主都會覺得這個動作很羞恥，但其實在狗狗的幼犬時期偶爾也會看到狗狗們在彼此玩耍時出現騎乘行為，這種行為不一定與性有關，有時是一種支配行為的表現。面對這種行為，飼主應該要冷靜且若無其事地避開狗狗不理牠，就可以阻止狗狗做出這種行為了。

◆ 強迫行為

◆ 重複行為

◆ 食糞

過度興奮

狗狗在有人進到家裡時興奮地狂搖尾巴，迅速地衝到人的面前再猛然撲到人的身上，是我們經常可以看到的景象，問題是當狗狗屬於中大型犬時，有時可能會把人撲倒甚至受傷。或是狗狗在散步的時候猛拉牽繩，牽繩鬆脫就完全不聽飼主的制止一路飛奔遠去。還有很多狗狗興奮難以制止的狀況，都屬於狗狗過度興奮所造成的行為問題之一。由於這些行為在家人眼中看起來都像是狗狗非常高興、開心的樣子，因此會被認為是一種「興奮」的表現。

由於興奮有可能會轉變成攻擊行為，因此飼主必須要懂得分辨狗狗興奮時的訊號，並瞭解每個訊號代表的意義。以搖尾巴來說，尾巴搖動的速度和尾巴的位置都代表狗狗不一樣的情緒。而家人回到家裡時狗狗的熱烈歡迎，也是一種過度興奮。

由於興奮這種情緒表現，有時一越過某個界線就會變成完全聽不進飼主聲音的高亢狀態，或甚至轉變成攻擊狀態，要判斷狗狗是否在正常的興奮狀態，其實並不容易。

人類或動物在過度興奮時，自律神經中的交感神經系統會非常活躍，像是不斷地流汗、呼吸變快等都是交感神經作用下的反應，不受自我意志的控制。身為狗狗的家人，必須確實學習如何控制狗狗的興奮程度，以免發生行為問題。

重複行為與強迫行為

狗狗的「重複行為」或「強迫行為」，是一種行為發生異常的行為問題。

重複行為指的是狗狗以難以想像的次數不斷用相同模式重複某種特定行為的異常行為，可能是因為腦部或神經系統的疾病或外傷所導致。有些重複行為則原因不明，即使進行檢查也檢查不出異常狀況。

強迫行為則是指動物在某些情況下，會突兀地開始某種非必要的行為且不斷地持續進行。當這種行為妨礙到正常行為時，就屬於異常狀態。

這一類的行為若沒有造成疾病或實際傷害，有時也可以忽略不管，但若是會傷害到自己身體的自殘行為，就必須進行行為治療。

食糞、異食癖

在幼犬或雌犬身上經常可以見到食糞這種行為，雌犬在哺育幼犬時會吃掉幼犬的糞便，幼犬則不論是哪種性別都有可能會將糞便吃掉，但隨著長大這種行為會逐漸地消失。由於食糞行為也會出現在野狼這一類的野生犬科動物，因此並不一定是異常行為。

家犬會出現食糞的行為，有時是為了引起家人的注意，因為牠學習到只要自己一吃糞便就會引起家人的大驚小怪和關心，於是養成吃糞便的習慣。另一個原因則可能是糞便本身帶有狗狗愛吃的味道。

異食癖是指狗狗喜歡把食物以外的東西吞下去，大部分是石頭、毛巾、襪子、球、塑膠或橡膠製品，以及其他千奇百怪的東西。狗狗會出現異食癖大多是因為牠們在幼犬或少年時期社會化不足所致。

「分離焦慮」引發的行為問題

■ 滿心不安的焦慮狗狗

　　「分離焦慮」是造成狗狗單獨留在家裡時出現問題行為的原因之一，狗狗因為和家人分開而感到極度的焦慮與壓力，並因此做出「不斷地狂吠」、「隨地大小便」、「破壞」等造成飼主困擾的問題行為。幾乎所有會出現這種行為的狗狗，在平常的日子裡就經常展現出極度依戀飼主的樣子。

　　不過有些狗狗則是因為從家人身邊解放太過開心了才會做出問題行為，這種情況特別容易發生在飼主平常用責罵或處罰方式對待狗狗的家庭，因為狗狗知道在家人面前不能做出那些行為。以這種情況來說，飼主才是引發狗狗行為問題的主因。

　　雖然現在已有很多飼主瞭解「分離焦慮症」這個名詞所代表的意義，但仍有不少人認為這種行為問題只是狗狗單純在搗蛋，或是狗狗教養太差的關係。而處理的方法，也常因為自己束手無策而找訓犬學校或訓犬人員解決。但並非所有的訓犬人員都能處理這種問題，在某些情況或程度比較嚴重的情形下，還必需經過獸醫師的診斷後才有辦法解決。而分離焦慮症更與狗狗的教養良好與否無關，飼主必須瞭解這是因為狗狗本身覺得痛苦才出現的行為。

　　那麼到底哪些原因會造成分離焦慮症呢？以下列舉幾個比較容易導致分離焦慮的原因。

・幼犬時期換過很多飼主，因此對於飼主離開身邊感到極度的焦慮與不安。
・在幼犬到成犬的成長過程中，因為精神上無法獨立自主而不願離開母親或飼養者，一直保持幼犬的精神狀態。
・因生活環境或家族成員的變化引發狗狗對分離這件事感到焦慮。
・狗狗進入高齡時期後，因適應能力及認知能力下降導致狗狗容易感到不安與焦慮。

　　在判斷狗狗是否有「分離焦慮症」的時候，除了會出現破壞、隨地大小便、不斷狂吠等行為之外，還可能有晚上不睡覺（為了叫醒

◆ 分離焦慮所導致的破壞行為

◆ 對著屋外不停地吠叫

飼主）、重複地舔舐自己或搔癢、食慾出現變化（例如暴食）、神經性下痢或嘔吐等現象，飼主必須多加注意以免忽略。

■「分離焦慮症」的治療方法

若飼主發現自家的狗狗出現類似分離焦慮症的行為，第一步就是先與精通行為學的獸醫師或行為專科獸醫師進行諮商。若飼主自行判斷或按照書上的步驟自行治療，有時反而會造成反效果。因為根據犬種的特徵、每一隻狗狗的特質以及牠所處環境的不同，治療方法也會有所差異，因此最好還是交由專家來進行診斷及治療。

若確定狗狗的確患有「分離焦慮症」的話，通常會以行為治療為主要治療方法，再輔以藥物治療，以便讓狗狗的這些問題行為確實獲得改善。

治療分離焦慮症所使用的藥物是一種抗焦慮劑，能調節腦內與焦慮或興奮有關的神經傳導物質。一般認為患有分離焦慮症的狗狗，其腦內與焦慮情緒有關的「血清素」作用較弱，血清素這種神經傳導物質從突觸前神經細胞釋放之後，正常情況下會被再吸收回去，而抗焦慮劑的作用，就是妨礙血清素的再吸收，提高它在腦內的作用，降低狗狗的焦慮情緒。此外，日光浴與適量的運動也會增加血清素的分泌量，因此飼主若是可以在早晨帶著狗狗沐浴在朝陽下散步，並讓狗狗過著正常規律的生活，對改善「分離焦慮症」將大有幫助。

不過光是藥物並不能完全改善分離焦慮症所引發的問題行為，一定還要同時進行行為治療。行為治療必須進行2～3個月之後，問題行為才會漸漸獲得改善，若發現症狀一直沒有改善時，可能是因為狗狗在家沒有獲得充分的行為治療所致。若飼主能定期帶狗狗去動物醫院檢查，並確實進行行為治療及服用藥物，應該就能獲得明顯的成效。

◆ 早晨的散步
在天氣好的日子帶著狗狗沐浴在朝陽下散步，對人類和狗狗的健康都大有助益。

■ 「分離焦慮症」的行為療法　　　　　◆圖1

行為療法是治療狗狗分離焦慮症的重要一環，主要目的在降低狗狗對家人過度的依賴性。

❶ 減少狗狗的焦慮。
❷ 讓狗狗和飼主家庭間的關係更加健全，透過訓練改善飼主與愛犬間的溝通方式。

圖1：回家之後在狗狗冷靜及穩定下來之前都不去理牠。

圖2：在出門前的30分鐘內都不去理會狗狗。

圖3：即使不外出，也做出出門前的準備動作，例如穿上外套、拿起鑰匙或皮包。

圖4：回家之後如果發現狗狗做出分離焦慮症的問題行為，千萬不能責罵牠。

圖5：飼主在家和狗狗玩耍的時候，要澈底取得主導權，這樣也可以讓彼此玩得更盡興。

圖6：外出時在屋裡留一些玩具（例如KONG葫蘆型乳膠玩具）給狗狗玩，分散牠的注意力。

◆圖2

◆圖3

◆圖4

■ 分離焦慮症的潛在行為

· 一直黏著飼主，不斷想辦法吸引飼主的注意力。
· 一看到飼主準備出門時狗狗就陷入焦慮狀態。
· 飼主回家時會非常激動地迎接飼主。

◆圖5

◆圖6

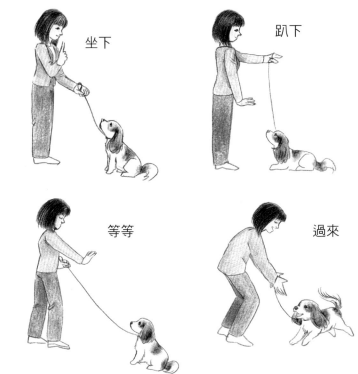

坐下

趴下

等等

過來

■ 基本服從訓練的重要性

儘管有不少飼主認為「我家的狗狗已經會坐下跟趴下了，所以平常應該不用特別訓練了吧……」，但其實這是一種錯誤的觀念。即使狗狗已經學會了大部分的指令，飼主若能每天撥出幾分鐘對狗狗進行基本服從訓練，可以讓自己和愛犬之間的關係更加穩固。不論是在散步途中或是家裡，請飼主務必花上少許的時間，讓狗狗服從自己的指令。

行為問題的治療與預防

■ 行為問題的治療流程

本書先前有提過，嚴重的行為問題只靠訓練並不容易矯正成功，而必須尋求行為治療專家的診斷及治療。

行為問題的主要診斷方法，包括「直接觀察行為」以及「向飼主問診」兩個方面。若要正確診斷行為問題並據以擬定適當的治療方針，不能只看構成問題的行為本身，還必須向飼主仔細詢問狗狗在不同場合下的各種日常行為、狗狗過去的經歷、所處的生活環境等各項細節。

而直接觀察狗狗的行為有助於擬定具體的治療計畫，因此在初次進行狗狗行為問題的診療時，通常會花上比較多的時間與飼主及其家人詳細討論及諮商輔導。

具體的行為治療包括以下方法：

❶ 改變環境
❷ 荷爾蒙療法
❸ 行為療法
❹ 藥物療法

關於第❶點，當構成問題的行為是由狗狗所處飼養環境中的某個條件所引發的自然反應時，可藉由改變環境條件來矯正問題行為。例如喜歡咬東西的狗狗因為沒有東西可以咬，只好跑去咬地毯或沙發的椅腳時，只要給牠一些耐咬玩具就可以解決這個問題，這就是一種改變環境的方法。

第❷點的荷爾蒙療法，最具代表性的例子就是雄犬的結紮手術。雖然效果並非100％，但結紮可以明顯改善雄犬的排尿標示地盤行為、降低對其他雄犬的攻擊性、以及對於發情期雌犬的執著行為。

而行為療法則是治療行為問題的主要方法，利用心理學的學習理論來矯正及改變狗狗的行為，是從治療人類行為問題的心理學方法演變而來。治療行為問題時，會將應該如何對待狗狗的具體細節納入治療計畫內，請飼主在家按照治療計畫執行。而成功的行為治療，必須靠飼主的努力與全體家人的從旁協助，才有可能完成。

◆ **膀胱炎**
有時會造成狗狗頻繁地排尿。

◆ **破壞家具**

◆ **在尿布墊上排泄**
讓狗狗學會在尿布墊上排便或排尿。

◆ **一碰觸狗狗就狂吠**

當行為問題較為嚴重時，只靠行為療法可能無法獲得明顯的成效，此時還需要輔以藥物療法，所使用的藥物則大部分為鎮靜類的藥物。由於有些藥物具有副作用，飼主務必要遵照獸醫師處方所指示的劑量及用藥期給藥。再次強調一點，那就是藥物療法一定要與行為療法同時進行，才能成功治療行為問題。

■ 預防行為問題的重要性

有些狗狗之所以會發生行為問題，其實是受到血統與飼養環境的影響。而有些狗狗更是在幼犬時期就已經出現行為問題的徵兆，由此可知繁殖者在把狗狗送到一般飼主的手中之前，選擇繁殖對象的血統、挑選性格穩定的雙親、以及排除先天性遺傳疾病等工作，是多麼地重要。尤其是在犬展上成績優異的狗狗，即使身上帶有造成行為問題的基因，也經常被用來繁殖後代，極有可能使那些有問題的遺傳基

◆ 健康檢查

犬還是大型犬，就可以馬上學會定點（室內或室外）上廁所的技巧。

而寵物店在販賣幼犬時，最好也不要讓幼犬長時間單獨待在個別的籠子裡，應盡可能地為幼犬營造一個可以體驗與學習的環境，讓牠們接觸社會化教育所必需的各種不同刺激。而為幼犬選擇一個合適的飼主，也是寵物店應負的責任。

■■ 生活環境與溝通的重要性

無論狗狗的血統有多麼優良，所接受的社會化教育多麼完善，當牠進入飼主家庭之後，牠與飼主家庭之間的溝通方式與生活環境還是有可能引發行為問題。

身為狗狗的家人，除了提供適當的食物及飲水、適度的運動、日常的身體護理、乾淨的環境、排泄物的檢查等維持狗狗健康生活的基本責任外，當狗狗身體不舒服時帶狗狗到動物醫院治療、平時定期施打疫苗及健康檢查等，也是飼主應當負起的責任。

狗狗在身體有異常狀況時，有時會出現行為上的變化，像是疼痛引起的攻擊行為，或是膀胱炎造成的到處亂尿尿等，是屬於疾病造成的行為問題。

而狗狗平常與飼主家庭之間的溝通方式若是出現問題，也是發生行為問題的原因之一。狗狗經常在觀察家人的一舉一動，要說家人和狗狗彼此就像是鏡子的一體兩面也不為過。行為問題的發生背景，其實有著狗狗和飼主平時相處方式的濃厚色彩，也就是說，行為問題其實反映出了人狗之間的溝通問題。尤其是幼犬時期飼主放任的行為，經常會助長未來行為問題發生的嚴重性。因此不論是幼犬還是成犬，在狗狗的成長過程中，飼主家庭的全體成員以一致的態度與原則來對待狗狗是非常重要的。

在養狗之前，所有飼養者都應該要知道狗狗是什麼樣的動物，飼養之後，以正確的方式對待狗狗，也是身為飼養者應負起的責任。

因擴散開來。而事實上也的確有很多飼主，因為狗狗特有的遺傳疾病或先天異常所造成的行為問題而非常辛苦。繁殖者在選擇繁殖對象的血統時，除了犬種該有的體態、外觀之外，也必須重視狗狗身心的健全性。

若雙親擁有穩定的性格與健康的身心，繁殖出來的幼犬也會遺傳到牠們的性格，在進行幼犬訓練時也會非常順利。

犬隻繁殖者的責任之所以如此重大，除了必須延續優良的犬種血統之外，還因為從嬰兒期到幼犬期的飼養環境對於狗狗是否能健康地成長極為重要。若是讓幼犬在出生後1個月左右就提早離開母親，會對牠的心理成長帶來不好的影響。最好讓幼犬在3個月大開始改換離乳食物前，都能與母親及兄弟姊妹共同生活，並在開始改餵離乳食物的時候也一起開始進行幼犬的如廁訓練。若幼犬能事先學會在尿布墊上排泄，當牠們進入飼主家庭後，不論是小型

現代的行為教育方法

■ 由犬隻行為引申而出的正向增強法

　　過去人們在訓練狗狗時，大多是利用牽繩或體罰給予狗狗疼痛來強迫控制狗狗的行為，但現代的行為教育法，已不再利用疼痛來強迫狗狗，而是當狗狗做出符合人類期望的行為時給予獎勵，做出人們不喜歡的行為時則無視牠的正向增強法。近幾年來人們也開始知道，藉由解讀狗狗的肢體語言可以瞭解牠們的心情，還能夠讓人狗之間的溝通更為順利，行為教育更有成效。

　　長久以來，很多人都認為在人狗之間的關係中，人類一定要取得領導地位，否則一旦狗狗變成老大，就會把飼主踩在腳下。由於這個觀念，不但讓許多狗狗承受了很多無謂的冤枉與痛苦的遭遇，反而還形成了問題的根源。其實人類根本不需要展現粗暴強勢的態度來取得較高的地位，因為犬隻在群體社會中，本來就會根據所處環境的狀況來調整牠與其他個體間的關係。因此人類與狗狗之間的關係，並不需要建立縱向的上下關係，而是像「家族」一般的關係會更為恰當。

■ 賞罰分明的「懲罰」與「獎賞」

　　狗狗的行為教育，若是在幼犬時期有確實地進行幼犬訓練，當牠們長大為成犬之後，行為會更容易控制，與人之間的溝通也會比較順利。而對狗狗本身來說，也可以養成比較強的抗壓性，不會輕易被壓力擊垮。儘管如此，行為訓練並非只到幼犬訓練就結束了，即使是成犬，只要在共同生活的日子裡，飼主仍應該每天持續地進行少許的行為訓練，加強飼主與狗狗之間的互動，讓彼此的感情更為深厚。

　　狗狗行為訓練的重點，就在於飼主必須以賞罰分明的明確態度對待狗狗，在給予狗狗「懲罰」和「獎賞」時，發出指令的音調也要不同。體罰只會破壞飼主與狗狗之間的感情，不會產生任何好的結果，千萬不可使用。

❶ 面對狗狗做出自己不喜歡的行為時

　　當狗狗做出自己不喜歡的行為時，若飼主只是以不明確的態度對著狗狗罵出「不可以這樣唷～」，狗狗會覺得牠得到了飼主的注意力（對狗狗而言是一種獎賞）而在以後再度重複一樣的行為。飼主在斥責狗狗做出不對的行為時，應該以低沉的聲調大聲喊出「不行！」或「No！」，讓狗狗嚇得立刻停止動作，瞬間敲擊金屬發出的巨大聲響也會有不錯的效果。若狗狗還是幼犬，也可以學狗媽媽輕輕抓住小狗的脖子後方將狗狗提起來然後罵牠。除此之外的體罰方式只會讓狗狗感到恐懼與不安，甚至引發防禦性的攻擊行為，千萬不可使用。

❷ 面對狗狗做出符合自己期望的行為時

　　當狗狗做出符合自己期望的行為時，飼主應該立即給予獎勵，誘使狗狗以後更樂意做出相同的行為。在這種情況下，飼主只要使用較高的聲調發出讚美並溫柔地撫摸狗狗，其實就可以達到獎賞的效果，不過若是想要教導狗狗做出特定的動作，可將狗狗愛吃的食物如雞肝等切碎的零食做為獎勵，能夠得到更快的學習效果。

◆ 捏住小狗的脖子後方將牠提起來

若狗狗還是幼犬，可以學狗媽媽將幼犬叼起來的方式，用手捏住小狗脖子後方將狗狗提起來做為處罰。

◆ 天譴法

不透過家人的手，利用天譴的方式給予處罰也是一種方法。

◆ 籠內訓練

籠內訓練是狗狗基本行為教育中不可欠缺的一環。訓練狗狗可以在任何狀況下回到運輸籠內，不但方便移動狗狗，在緊急時刻也可以派上用場。

◆ 響片訓練

響片訓練是一種利用響片這種會發出細微音量的小道具來訓練動物的方法，歐美國家經常使用，而在日本雖然有不少人知道這種方式，但實際應用在狗狗行為訓練的人則仍屬少數。

那麼響片訓練到底是個什麼樣的訓練法呢？

響片訓練通常被用來教導狗狗一些小把戲，但也可以用在行為的矯正上，基本上，利用響片訓練可以教會狗狗任何事情。

儘管訓練狗狗不要做出一些令人困擾的行為非常重要，不過若是可以用響片訓練教會狗狗做出一些獨特的把戲，狗狗就會大受歡迎，因此許多飼主很喜歡用來教導狗狗各式各樣的特殊才藝，加上響片訓練對狗狗而言是一種很正向的訓練法，狗狗也很樂在其中。

響片訓練的使用方式不難，道具也很簡單。響片本身裡面有一個彈簧片，按下去就能發出「喀噠」的聲響，自古以來也常用來做為兒童的玩具。

響片訓練的第一步，就是按一下響片發出喀噠聲後，就給狗狗一顆零食，直到狗狗一聽到喀噠聲注意力就被吸引過來為止。當狗狗毫不遲疑地一聽到聲音就知道有零食吃時，就表示狗狗已經完成了響片訓練的基本條件。而若是對聲音比較敏感的狗狗，則必需先從讓她習慣響片聲音的練習開始。

之後當狗狗做出自己期望的行為時，飼主就抓準時機按下響片同時給予一顆零食，利用這種方法就可以讓狗狗漸漸學會做出飼主想要的行為。由於響片訓練法完全不需要用到責罵，因此對飼主與狗狗都不會形成壓力，只要一點一滴的進步，就可以完成行為訓練，而這種一階段一階段邁向目標的訓練方式，可以說就是響片訓練的意義。

響片訓練是基於科學理論所發展出來的訓練法，它依據犬隻的學習理論，利用響片這個道具來增強或削弱狗狗的某些行為。而會選擇響片的理由，是因為只要靠著響片在正確的時機發出簡短的聲響，就能達到訓練目的。若是利用人的聲音，除了可能錯失最佳時機外，由於人類在發出聲音時會摻入自己的情緒，也可能會給狗狗帶來壓力。

而對狗狗來說，響片只要在正確的時機一響，狗狗很容易就能理解自己做的行為可以得到獎勵，是一種很愉快的訓練過程。

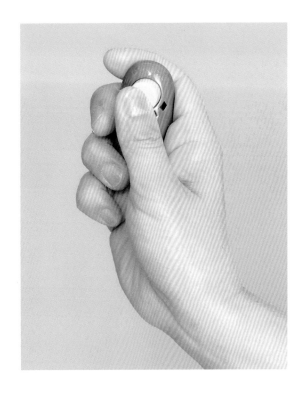

敏捷犬障礙賽

在狗狗的運動項目中，敏捷犬障礙賽是一種對人類的體力
也非常要求的比賽，但它卻是最能彰顯出人類與愛犬合作
默契的運動。若想讓狗狗成為敏捷犬，最重要的就是基本
服從訓練。

第5章
純種犬與
犬種標準

犬種的種類以及各犬種的犬種標準

身為伴侶動物的狗狗，為人們的生活帶來了安祥與活力。
而人類為了讓狗狗協助自己，不斷地進行犬種的品種改良，
若沒有人類，犬種就不可能繼續存在。

犬種的維持與保存，可以說是我們人類「文化」的一部分，
極需我們努力地加以守護。
目前的世界潮流，已更加重視犬種的健全性以及牠們原本的自然型態，
也因此有許多犬種標準必須加以改變。

狗狗是什麼樣的動物？健全的狗狗應該有著什麼樣的特質？
維繫著犬種應有型態的犬種標準與犬展又是什麼？
希望本章內容能引起大家的興趣，
讓更多人能正確地瞭解狗狗這種動物。

監修／JKC、FCI全犬種審查員 石川一郎

犬展的意義與犬種標準

■ 犬展概述

犬展一開始原本是一種犬與犬之間的「搏鬥賽」，是由英國王室在十六世紀正式許可的一種競技。

1859年英國舉辦了全世界首次的正式犬展，當時舉辦的目的是為了展現犬隻型態的優美。而落後英國十年的美國，則參考英國的模式在1874年再度舉辦，日本則是到了1913年才第一次在東京的上野地區舉辦犬展。

犬展與人類的選美比賽不同，主要的目的在選出優良的純種犬種畜（繁殖後代的種雄犬及種雌犬）並加以表揚，並非讓參展犬彼此競爭後去爭奪名次。犬展之所以必須舉行，是因為它肩負著維持純種犬的健康、促進犬種培育技術的進步與發展、以及推廣純種犬的重要使命，而守護先人們經年累月辛苦培育出來的固定犬種、讓這項文化能傳承下去，也是犬展的重要任務。因此在進行犬種的審查時，特別重視品種的傳承以及犬種存在的意義，從雄犬的睪丸到牙齒排列或是否缺牙等，均進行詳細的檢查。

■ 犬展規則

以JKC（日本畜犬協會）為例，最常舉行的犬展是全犬種展覽會，通常會將雄犬、雌犬分開，選出各犬種的冠軍BOB（Best of Breed）後，再從各犬種代表犬中選出全場最佳雄犬KING及全場最佳雌犬QUEEN，接著再從KING及QUEEN兩隻狗狗中間選出最優秀的犬隻——全場總冠軍BIS（Best in Show）。

FCI（世界畜犬聯盟）是1911年由德國、奧地利、比利時、荷蘭、法國五個創始會員國所共同成立的聯盟，總部目前設於比利時的蒂安（Thuin）。

至2011年11月為止，FCI共有79個國家加盟，並分成歐洲分部、美洲加勒比分部、亞洲太平洋分部、非洲分部及中東分部。日本國內JKC則在1979年加盟成為正式會員，並不定期舉辦「東京國際犬展」。目前JKC為亞洲分部的代表，因此也是FCI的理事國成員之一。

FCI的營運目的與職責如下：

・犬籍登錄及犬種血統的互相承認
・統一犬種標準

■ 犬展的種類及主辦單位

犬展的種類（JKC）

犬展主要分成三種：

◆ 單犬種展（speciality show）＝只有單一犬種參展的展覽會
◆ 犬種分組展（group show）＝只有單一個犬種分組參展的展覽會
◆ 全犬種展（all - breed show）＝所有犬種參展的展覽會

主辦單位（規模）

◆ 俱樂部展覽會（單犬種俱樂部、犬種分組俱樂部、全犬種俱樂部）
◆ 俱樂部聯合展覽會（日本各地區的犬種俱樂部聯合會舉辦的全犬種展覽會）
◆ 犬種部門展覽會（單犬種部門及犬種分組部門聯合主辦的展覽會）
◆ FCI展覽會（各聯盟協議會在不同地區主辦的展覽會）
◆ FCI國際犬展（由JKC總部所主辦的亞洲地區最大展覽會）

- ·犬舍名稱相關之互相協定
- ·透過科學資訊與情報的交流，促進犬種之相關研究
- ·舉辦犬展及各項犬隻技能競技比賽，並促進各會國間互相支援
- ·純種犬之認定與分類

　　FCI歐洲犬展的審查水準極高，原因就在於他們的審查制度。該犬展的審查員平均每人每天負責審查的犬隻數量約為70～90隻，一般人可能會認為這樣的數量審查起來非常輕鬆，但實際上這樣的隻數才是最恰當的。

　　在美國或日本所舉辦的犬展中，審查員一天下來要審查的犬隻約150隻，平均每隻狗只能審查1分半～2分鐘左右，歐洲犬展的參賽犬隻則可獲得3～5分鐘的審查時間。其中的差異就在於FCI的犬展能夠對犬隻一隻一隻地觸摸審查並寫下短評後，評定犬隻的等級。

　　等級從高到低分別為：特優excellent、優良very good、良好good、尚可sufficient、不合格disqualified五個等級（日本只有優秀excellent、優良very good、良好good三個等級）。

　　假設在一個分組裡有10隻狗狗參展，全部都評定為特優excellent，那麼就會在這10隻狗狗之中評選出前4名，而若是只有4隻狗狗被評定為特優excellent，就只針對這4隻評選出第一到第四名。分組審查結束後，得到名次的參展狗狗會立刻帶到犬展的行政人員那裡登錄在審查紀錄上。審查紀錄中會詳細記載狗狗的名次或評價以及審查員的短評，好的短評對於狗狗下次的繁殖計畫也很有幫助。先不論有沒有在犬展中得獎，有些繁殖業者會把記載有優良短評的審查紀錄和狗狗的照片放在一起表框紀念，然後把歷代狗狗的紀錄裝飾整個房間。

　　參加犬展也有助於為自己的狗狗尋找交配對象，在犬展會場經常可以看到審查員意見為「這隻狗的體態十分理想，只要頭部再優美一點就更加完美」的參展者，在會場尋找「頭部優美」的狗狗做為交配對象這種類似的場景。可以說這就是犬展最原始的目的。

■ 參觀犬展的好處

　　對於準備要開始飼養狗狗的人來說，匯集了各種純種犬的犬展會場可以說是絕佳的參觀地點，不但能看到各式各樣的犬種，還能瞭解犬種原有的理想樣貌，做為將來選擇犬種的判斷基準，選出最適合自家飼養環境的犬種。

　　而對於正在飼養狗狗的人來說，則可以試著去參觀自己所飼養犬種的單犬種展，不但可以增加該犬種的相關知識，還可以在犬展賽程間的空檔向參展飼主詢問交流關於狗狗的飼養技巧。

　　犬展是一個能夠看到各犬種原有理想樣貌的絕佳機會，例如貴賓犬在參展時，必須將毛髮修剪成三種指定造型（幼犬型、歐陸型、英格蘭鞍型）中的一種才能參與審查，而這三種造型在平常都是難得一見的。其他如㹴犬或是長毛獵犬也必須配合犬展的規定，修剪成符合犬種標準的造型後才能參展。也因此在犬展中，專業的毛髮修剪技巧及犬隻的牽引技巧也是欣賞的重點之一。

　　參觀犬展的樂趣還不只如此，在參展前的準備場所裡，還可以欣賞到參展犬隻的毛髮修剪過程，不過由於此時參展者或指導手（牽引犬隻上場比賽的人）都正在集中精神為上場作準備，參觀者務必要遵守禮節，不能站在參展者附近大聲喧嘩，或是隨意觸摸參賽的狗狗。看了以上這些敘述，或許大家會一時難以理解犬展的相關細節，不過只要能多瞭解一些犬展的規定，相信大家一定更能感受到犬展所帶來的樂趣。

■ 參展時的毛髮修剪作業

為什麼要犬隻參加犬展時需要修剪成特定造型呢？其實修剪毛髮的意義，是為了展現出犬隻理想的型態，於是在符合犬展規定的情況下，利用人為加工的方式，將外型的缺點遮掩住，並引出體態的優點，使犬隻更加接近犬種標準中的理想外型。

毛髮修剪是利用剪毛與拔毛等方式，讓狗狗身體各部位的外型顯得更加均衡的技巧。剪毛是針對貴賓犬等狗狗，利用剪刀將毛髮剪出特定造型的技術，而拔毛則是為了讓㹴犬的毛髮展現出剛毛的特質，利用拔毛刀或手指梳理的方式，將毛髮拔除的技術。以貴賓犬與㹴犬為例，牠們分別屬於修剪技巧完全不同的兩個犬種。

根據犬展的相關規定，某些特定犬種必須修剪成符合犬種標準的造型才能參加比賽。

【貴賓犬】

貴賓犬在參加犬展時，有三種造型可以做選擇：

❶ 幼犬型

只有在幼犬時期毛髮還不夠長的時候才可以被修剪成幼犬型，若年齡已接近成犬，則須修剪成第二幼犬型（second puppy clip），是一種當毛髮長度接近成犬程度時的進階造型。在歐洲有不少成年貴賓是以第二幼犬型的造型參展。

❷ 歐陸型

歐陸型是一種簡潔又時髦的造型，是參展貴賓犬的代表造型，最能顯現貴賓犬體型的均衡感。臀部的毛髮以電剪剃乾淨，能清楚看出腿部的健全性及角度結構。

❸ 英格蘭鞍型

是一種復古的厚重華麗造型，雖然要修剪的部位很多，非常考驗寵物美容師的修剪技巧，但均衡的造型能充分地顯示出貴賓犬的優雅感。

◆ 幼犬型

◆ 歐陸型

◆ 英格蘭鞍型

【㹴犬】

　　㹴犬依腿長分為長腿、中等及短腿型，每一種㹴犬都有其特徵造型。㹴犬類是一種擁有悠久歷史的犬種，各地區的㹴犬原本培育的用途都很類似，但其中也有很多當地獨特的造型或剪毛方式留存到現在。即使在長腿㹴犬中也有只因為頭蓋骨寬度不同或耳朵下垂的折線位置不同就完全影響到犬種應有的理想外型。

　　由於拔毛技術所展現出的毛髮質感，以及參展當日毛髮是否呈現最佳狀態，對於狗狗能否在犬展中獲得良好評價影響極大，因此參展前的預先準備作業是極為重要的秘訣，而這必須靠寵物美容師或參展者經驗豐富的技術及美感才能完成。

■ 犬展的審查方式

　　審查犬隻並不是一件容易的工作，必須從藝術（美感）與科學（正確理解犬體學與犬種標準）兩方面著手。審查員還必須累積正確的犬種標準相關知識，才能依據這些知識進行犬隻的外型、健全性、素質、均衡性、狀態及展場上的表現能力（讓人眼睛一亮的特質）等各方面的審查。

　　審查員在構築出自己心目中的各犬種理想型態後，再將參展犬隻與其對照，選出優質的理想純種犬。評選時並非拿參展犬隻互相比較，而是與該犬種之犬種標準所得出的理想型態進行比較。因此即使是巨大的聖伯納犬與迷你的吉娃娃犬，也能夠在同一賽場彼此較勁。

■ 何謂犬種標準

　　犬種標準是對於已認定的純種犬所訂出的一個標準，內容記載有各犬種的歷史沿革、用途、各部位標準、體型大小、缺點及不合格事項。而各犬種的繁殖者再將犬種標準所引申而出的犬隻型態特徵，做為繁殖計畫的目標。

　　犬種標準是繁殖者、展覽會中的審查員、指導手、美容師、飼主等犬隻相關人士所依循的唯一共同標準。也因為犬種標準的存在，才能區分出各犬種間的不同以及相似犬種間的差異性。

　　不過由於每個人對犬種標準的解讀會有些許差異，因此各人所描繪出的犬隻理想型態也會有所不同。當然，若沒有這種主觀上的差異，審查時用電腦審查一定會更加公正，但是電腦卻沒辦法檢查出犬隻的狀態或充實度。

　　犬種標準必須隨著時代而改變，因為它所肩負的任務，是依照現實生活中犬隻的變化進行修正，並隨時補足標準中不足的部分。也因此犬種標準會將這些演變也一同記載在內，才能夠讓眾人瞭解時代背景與犬種變化的關係，保持犬種標準的中立性。

　　FCI在制定犬種標準時，會委託各犬種的原產國加以制定。而當原產國提出變更犬種標準的申請時，FCI也會在犬種標準委員會進行討論及認定，並送交給所有會員國參考。而JKC則會再依據FCI的標準，由JKC的犬種標準委員會討論後送交理事會決議，最後再由理事長加以認定。

　　AKC（American Kennel Club, 美國畜犬協會）則是由該犬種部門（由各犬隻俱樂部代表人員共同成立的組織，為個別犬種的聯合組織）進行討論後，再決定是否變更標準。

　　由上述內容可知，FCI的犬種標準，到了AKC後很可能會出現變化。不過即使標準本身的內容不同，但大方向仍是一致的。雖然目前有許多犬種被分為歐洲型和美國型，而牠們的犬種標準內容也的確有所不同，不過這其實只是不同民族性對犬種標準的解讀不同所致。當然也有少數曾經為同一個品種的犬種，如可卡獵犬及秋田犬，在名字冠上美國之後就完全改變成為另一個犬種。或許這就是因為FCI與AKC在制定犬種標準的方法有所不同而產生的變化吧。

頭部

■ 頭部 Head

　　頭部可以說是區分犬種不同特徵的最重要部位,從頭部的外型,可以看出犬種的用途及發展的歷史沿革。

　　犬隻頭蓋骨的幅度與身軀的幅度也有一定比例,試想像一下,俄羅斯獵狼犬的頭蓋骨很窄,而擁有高挑身材的牠,從比例看來,身軀的幅度絕不可能太寬。像鬥牛犬這種頭蓋骨極寬的犬種,身軀的幅度就會比較寬,重心則比較低。

　　口吻與頭蓋骨之間也有一個均衡的比例,頭蓋骨較寬的犬種,其口吻就會比較短,而擁有較長口吻的犬種,其頭蓋骨的幅度就會相對比較窄。

　　口吻長度較短的犬種稱為「短吻犬種」,而越是短吻犬種,審查時重點就越會放在頭部的外型上。這個原則在鬥牛犬、北京犬和日本狆犬等短吻犬種都非常適用。相反地,如蘇格蘭牧羊犬或短毛牧羊犬這種特徵為細長型頭部的犬種,就會將重點放在頭部的表情。這些原則都非常明確地記載在犬種標準的頭部項目中,很容易就可以理解。

　　在為幾種相似犬種進行分類時,頭部的表現也很重要。例如比較黃金獵犬與平毛獵犬的頭部,由於黃金獵犬的頭部能明確區分出頭蓋骨與口吻兩個部位,因此牠們的頭部屬於兩段式(two piece),而平毛獵犬的額段則很不明顯,頭部和口吻看起來就像合在一起一樣,因此稱為一段式(one piece)的頭部。㹴犬中的威爾斯㹴與剛毛獵狐㹴也是在頭蓋骨的幅度有所差異,威爾斯㹴的頭蓋骨較寬,剛毛獵狐㹴則較窄。

北京犬又稱為「面紙盒」犬,從正面看臉部為平坦狀,頭蓋骨上緣則呈現水平。

美國可卡獵犬的頭蓋骨呈現適度的圓形,額段到鼻尖的距離,應為額段(越過頭頂)到枕骨長度的一半。

■ 頭部的差異

❶ 一段式(one piece):
平毛獵犬

❷ 二段式(two piece):
黃金獵犬

巴哥犬在拉丁語的意思為「拳頭」，是因為牠擁有外型像拳頭一般的頭部。

小型伯勒班康犬是格里芬犬的一種，短毛，表情類似人類。而長有剛毛狀的鬍子的布魯塞爾格里芬犬則又被稱為「猴子臉」。

鬥牛馬士提夫犬擁有巨大的頭蓋骨，圓周長度與身高相等。

米格魯小獵犬的額段位置剛好位在中間，頭蓋骨和口吻擁有一樣的長度。

英國波音達獵犬的頭蓋骨為中等幅度，外型類似盤子，故又稱為「盤狀臉」。

拉布拉多犬的頭蓋骨幅度寬廣，擁有被稱為軟嘴的柔軟嘴唇，能將獵物含在嘴裡運送卻不會讓獵物受傷。

細長型的頭部是俄羅斯獵狼犬的特徵，幅度狹窄的頭蓋骨上，口吻部應呈現長弧形，形狀類似鷹勾鼻，又被稱為「羅馬鼻」。

蘇格蘭牧羊犬頭部的尖端應為銳角，呈現明顯的楔形。均衡而完美的頭蓋骨與口吻部所呈現的表情極為重要，須表現出知性及高尚的風度。

阿富汗獵犬的頭部應表現出具有東方風味的表情，擁有極佳的視覺，符合視覺型狩獵犬（sighthound）的特徵。

耳朵

■ 耳朵　Ear

犬隻的耳朵部位在審查時，要看的不只是形狀，還須確認與頭部相連（耳根）的位置、大小、長度、傾斜角度等各方面的外型。同樣的，透過耳朵的形狀和大小，我們也能夠瞭解該犬種的用途與歷史沿革。審查時耳朵屬於容易與理想型態進行比較的部位。

從1980年代開始，以歐洲國家為首，各國紛紛開始明文禁止斷耳的行為，由於這個規定，部分犬種給人帶來的固有形象也會漸漸開始改變。而我們至今所熟悉的經驗及感覺，也會由於將來可能出現的未剪耳杜賓犬或拳師犬而漸漸改變。

立耳（prick ear）的結構能夠更容易感受到聲音，因此對於需要聽取聲音的工作犬是必要的，此外立耳也有助於犬隻在體溫上升時進行散熱。

半立耳（semi-prick ear）對於犬隻的聽音能力也很重要。

垂耳經常存在於獵犬、雪達犬或波音達獵犬等犬種。例如用途主要在嗅聞地面氣味的巴吉度獵犬，由於牠們長而下垂的耳朵擁有皺摺，能在牠們低頭嗅聞時垂到地面，將氣味收集起來，協助牠們不漏失任何氣味。

■ 垂耳

獵犬耳
吊飾耳
流蘇耳（榛果耳）
玫瑰耳
螺旋耳
竹葉耳

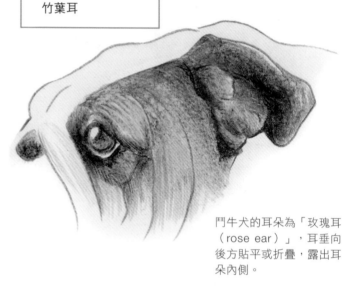

鬥牛犬的耳朵為「玫瑰耳（rose ear）」，耳垂向後方貼平或折疊，露出耳朵內側。

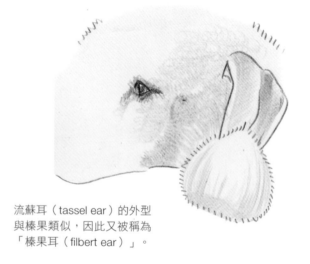

流蘇耳（tassel ear）的外型與榛果類似，因此又被稱為「榛果耳（filbert ear）」。

像尋血獵犬這種大而下垂的耳朵，稱為「吊飾耳（pendant ear）」。這種犬隻擅長嗅覺，下垂的大耳朵在犬隻低頭嗅聞氣味時會垂到地面，協助收集氣味。

拉布拉多犬的垂耳（drop ear）。

■ 半立耳

半立耳（semi - pricked ear）
鈕扣耳（button ear）

喜樂蒂牧羊犬的耳朵為半直立型的耳朵，稱為半立耳（semi-pricked ear），耳朵呈現直立狀態，只有尖端往前方下垂。

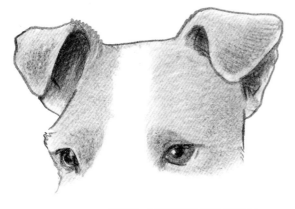

長腳㹴犬的特徵為耳朵下方呈現直立狀，上半部往前下垂，稱之為鈕扣耳。不同㹴犬的耳朵折線理想高度並不相同。

■ 立耳

豎耳（prick ears）
蝙蝠耳（bat ear）
鬱金香耳（tulip ear）

法國鬥牛犬的耳朵為垂直直立型的耳朵，稱為「鬱金香耳（tulip ear）」，雖然也被稱為「蝙蝠耳（bat ear）」，但此名稱有時也用於外開型的立朵（如卡狄肯威爾斯柯基犬）。

德國狼犬的豎耳為完全直立型的耳朵，又稱為「直立耳（erect ear）」。

玩具曼徹斯特㹴的立耳因為其形狀而被稱為「燭燄耳」。

眼睛

眼睛　Eye

俗話說「會說話的眼睛」，眼睛的外型及表情是非常重要的犬種審查標準。從眼睛的位置也可以看出犬隻適合什麼樣的用途。眼睛的外型則有各種形狀，從又大又圓的眼睛到銳利地向上挑起的眼睛都有。

ＦＣＩ犬種分組的第十組稱為視獵犬（sighthound）組，所謂的視獵犬，即視覺型的狩獵犬，利用眼睛搜尋到獵物後，以絕佳的奔跑能力追捕獵物，據說牠們的視野範圍可達到250度以上，也就是說，除了正後方以外，牠們能夠看到各方向的物體。

牛頭㹴凹陷且眼角斜向上方的三角形小眼睛，與牠育種的歷史沿革有關。當初牛頭㹴是培育用來鬥牛之用，為了防止眼睛受傷，因此培育出陷入頭骨深處的深邃小眼睛。

臘腸犬的眼睛呈現卵圓形，中等大小，眼睛的顏色為深棕色。

柴犬擁有三角形的深棕色眼睛，眼角微微上挑。對柴犬來說眼睛極為重要，眼睛的大小與角度會影響到頭蓋骨的形狀及耳朵的位置。與同樣是日本犬的秋田犬相比，大型秋田犬眼睛上揚的角度較小，而中型秋田犬則角度很大。

杜賓犬的眼睛呈現卵圓形，約中等大小，眼睛的顏色為黑色。

日本狆的眼睛又大又圓（別名燈籠眼），兩眼相距較遠，鼻鏡位於兩眼連成的直線上。

由於法老王獵犬的毛色為土紅色，鼻子的顏色為肉色，因此琥珀色的眼睛極為珍奇。

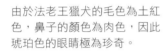

大而圓的眼睛是巴哥犬的特徵，顏色為黑色。巴哥犬的另一個特徵是背部有一條深色偏黑的線條，線條越黑的巴哥犬眼睛的顏色也越深，是一種體內色素的表現。

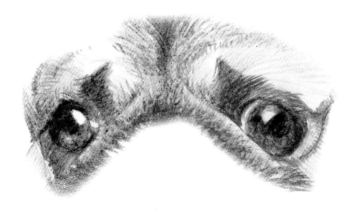

波士頓狗的眼睛兩眼距離很開，大而圓，顏色為黑色。

■ 尾巴　Tail

與前述的剪耳情況一樣，關於斷尾的規定也在制定當中。

尾巴原本的功能是犬隻在轉換方向時可以發揮類似舵的角色，保持步行的平衡。而由於指示犬等狩獵犬在灌木叢間四處追趕獵物時經常讓尾巴受傷，因此才開始有斷尾這項作業。

近年來有些國家開始不接受斷尾的犬隻入境該國，因此目前日本的繁殖業者若需要將犬隻輸出到國外，也漸漸開始不進行斷尾工作。

■ 尾巴的種類

◆ 輪狀尾（ring tail）……阿富汗獵犬
尾巴尖端捲曲成輪狀。

◆ 松鼠尾（squirrel tail）……蝴蝶犬
尾巴的形狀類似松鼠尾。

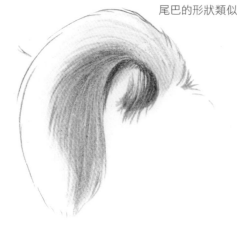

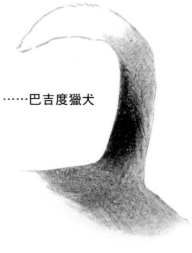

◆ 劍狀尾（sabel tail）……巴吉度獵犬
尾巴形狀類似西式的佩劍，
呈現微微的彎曲狀。

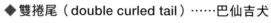

◆ 旗狀尾（flag tail）……戈登雪達犬
旗子狀的尾巴

◆ 雙捲尾（double curled tail）……巴仙吉犬
尾巴向上捲曲兩圈並緊靠背部。

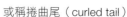

◆ 螺旋尾……巴哥犬
或稱捲曲尾（curled tail）

◆ 捲尾……秋田犬

捲尾有各式各樣的變化，
包括捲在背上或臀部上、
捲成一圈或兩圈。

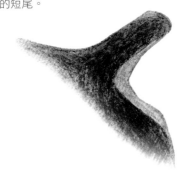

◆ 鐮狀尾……甲斐犬

日本犬的鐮狀尾會向前方傾斜或
是彎曲成貼平背部的樣子。

◆ 紅蘿蔔尾……西高地白㹴

若㹴犬的尾巴末端為尖型，表示
沒有進行過斷尾。若是斷尾過的
㹴犬，尾巴末端會將毛髮修剪成
圓形。

◆ 斷尾造成的立尾……杜賓犬

因進行過斷尾手術形成的短尾。

◆ 軍刀尾（saber tail）……德國狼犬

軍刀形狀且微微彎曲的下垂尾巴。

身軀、背部

■ 身軀　Body
背部　Back

犬隻的身軀可大致分為長型、中長型、及方型三種。

首先先來瞭解一下犬隻如何測量身體各部位的長度。在測量犬隻體型的大小時，會測量肩胛隆起的最高點到地面的垂直距離。肩胛隆起並非單一的點，而是呈現線狀，因此須從最高點來測量犬隻體型的大小。由於犬隻身體構造的名稱是由「馬學」演變而來，因此必需先正確瞭解這些重要部位的名稱。犬隻的體長是從肩膀突起或胸骨突起到坐骨突起的水平距離，但若是肩膀突起特別突出，或是胸骨突起特別突出時，該選擇從何處開始測量呢？這個問題沒有絕對的答案，可事先瞭解該犬種的理想表現應該是哪個部位在前面之後，再選擇測量體長的方式。（以筆者為例，由於筆者所飼養的犬種為臘腸犬，因此習慣從胸骨突起開始測量體長，而不同犬種的育種專家對於測量體長的看法可能都不盡相同。）

方型的身軀指的是犬隻身高與體長的長度幾乎相等，也有「身高體長比＝10：10」這種敘述法。

長型身軀通常用來形容臘腸犬、威爾斯柯基犬、斯凱狸等犬種。臘腸犬的身高體長比為10：17～18，斯凱狸的體長則為身高的兩倍，這些標準都明確記載在犬種標準內。

短背型（short coupled）的身軀是指腰薦部（coupling）特別短的犬隻，而所謂的腰薦部指的是從最後一根肋骨到髖骨之間的距離。

犬隻的背部雖然經常被稱作「topline」，但在單指背部時，應該稱為「backline」才是正確的表現法，亦即「背線」的意思。

背部完全筆直的稱為「水平背（level back）」，腰際高的稱為「弓型背線（roach back）」，從肩胛隆起往尾巴漸漸傾斜向下的稱為「背線傾斜（slope）」，或是腰際呈現「弓型」的俄羅斯獵狼犬或貝林登狸等各種不同的標準，在犬種標準內都有明確的記載。

◆ 背線

貝林登狸
貝林登狸的腰部後方自然向上拱起成弓型，腰部正上方形成曲線。

德國狼犬
擁有明顯的肩胛隆起，水平線延伸整個微微傾斜的背部直到臀部，臀部則向下傾斜。

牛頭狸
腰際向上拱起形成弓型背線（roach back）。

美國可卡獵犬
背線往肌肉結實的軀體後方微微傾斜。

◆ 方型身軀

貴賓犬
優雅的外型與富含氣質的外貌，構成方正的體型。

英國古代牧羊犬
身軀微短而結實。

巨型雪納瑞犬
身高與體長幾乎相同。

◆ 長型身軀

斯凱㹴
體型長而低矮，體長為身高的兩倍。

卡狄肯威爾斯柯基犬
身軀極長且強壯結實。

俄羅斯獵狼犬
腰部到臀部形成曲線，其中最高點位於第一腰椎或第二腰椎的部位。

巴吉度獵犬
全身長而厚重，背部呈水平。

丹第丁蒙㹴
肩膀的位置較低，呈現向下的曲線，與向上拱起的腰部形成協調的背線。腰部上方往尾根處漸漸傾斜。

剛毛臘腸犬
身高：體長的比例為10：17～18

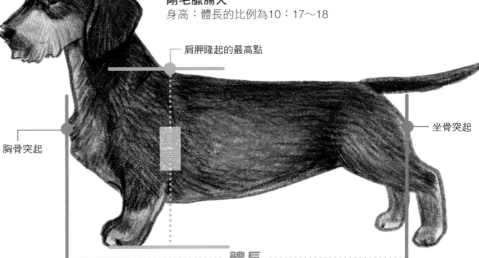

肩胛隆起的最高點

胸骨突起

坐骨突起

體長

剛毛獵狐㹴
身高與體長幾乎相同。

◆ 中長型身軀

英國雪達犬
體長為恰到好處的中等長度。

哈士奇犬
體長長度略長於身高高度。

中國冠毛犬
體型優美，屬於中等偏長的身軀。

杜賓犬
雄犬的體長長度不能超過身高的1.05倍，雌犬不能超過1.1倍。

澳洲牧羊犬
體長長度略長於身高高度。

澳洲㹴
身高矮，體長比身高長上許多。

胸肋部

■ 肋骨　Rib

從肋骨也可以看出犬種發展的歷史沿革與用途上的變化。

通常在描述肋骨時，會以「胸腔」這個詞彙來表現肋骨所圍成輪廓的體積與大小。大而廣的胸腔表示能夠充分地包圍心臟及肺臟。

對於需要擁有高度持久力的運動型犬種來說，胸部的深度極為重要，牠們的胸部應為擁有足夠深度的「深胸（deep chest）」類型，而相對的寬胸（wide front）犬種如鬥牛犬，胸腔則呈現桶狀，能顯現出站姿的穩定感。

而像俄羅斯獵狼犬這一類速度型犬種的胸腔則應為「船底型」，船底型胸腔能夠引導前肢沿著身體的中心線運動，使牠們的步行運動更加順暢，讓牠們在步態的表現上能夠呈現「單一軌跡（single - track）」。

構成身軀前半部的前胸也稱為「胸腔（chest）」。胸部共分成前胸、側胸及下胸三個部分。

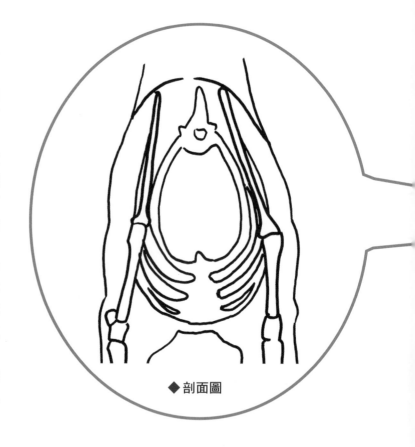

◆ 剖面圖

■ 牛頭㹴的部（圓胸型）

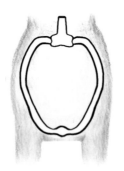

◆ Circular chest（圓胸）

■ 不同犬種的胸部形狀

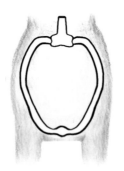

◆ 桶狀胸
（barrel chest）
（木桶狀的胸部）
鬥牛犬、西施犬或巴哥犬。

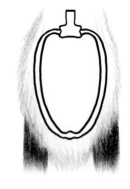

◆ 卵型胸
（oval chest）
（橢圓形的胸部）
邊境牧羊犬等牧羊犬類。

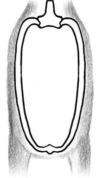

◆ 板狀胸
（slab chest）
（平板狀的胸部）
靈堤、惠比特犬。

■ 擁有足夠厚度的胸腔

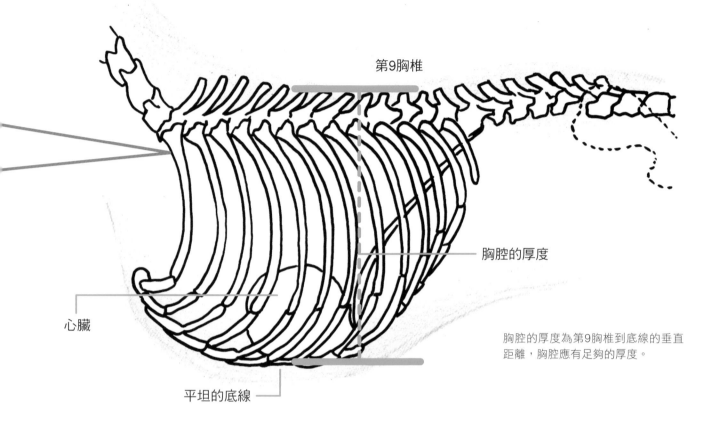

第9胸椎

胸腔的厚度

胸腔的厚度為第9胸椎到底線的垂直距離，胸腔應有足夠的厚度。

心臟

平坦的底線

■ 淺胸

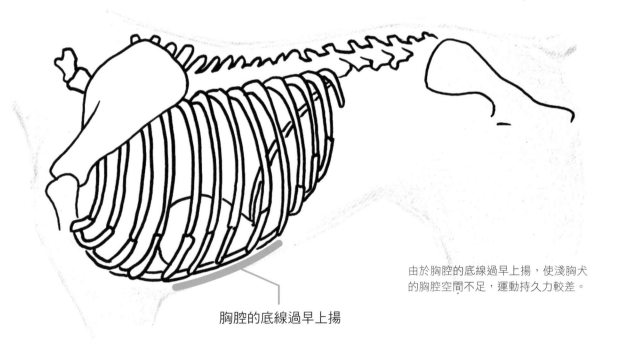

由於胸腔的底線過早上揚，使淺胸犬的胸腔空間不足，運動持久力較差。

胸腔的底線過早上揚

■■ 前肢　Forequarter
　後肢　Hindquarter
　腳掌　Foot

　　犬隻腳掌的形狀形形色色，以腳趾來說，正常情況下前肢為5隻腳趾，後肢為4隻腳趾。犬隻原本前後肢都擁有5隻腳趾，但前肢最內側相當於人類拇指的腳趾已退化，後肢則完全退化消失（少數犬隻有殘留下來）之後，演變成現在這種外型，前肢內側的腳趾萎縮，附著在腳掌未接觸到地面的部位上。

　　腳掌底面與地面接觸的皮膚為角質化的肉墊，且為了防止腳底打滑而未生長毛髮。

　　肉墊中分為相當於手指或腳趾的「趾肉墊」，以及相當於趾根的「掌肉墊」（前肢）及「蹠肉墊」（後肢）。前肢還有一個相當於人類的手腕部位的小肉墊稱為「腕肉墊」，而後肢的「踵肉墊」則已完全退化，由此可推測出在犬隻腳掌與地面接觸面積越來越小的演化過程中，是由後肢開始變化。

　　前肢會受到胸腔形狀的影響，筆直的前肢或重心較低的犬種，為了能支撐身體的重量，雙腳的站姿會比較開，以便取得平衡。

　　後肢的平衡度可從犬隻的後方往前看，跗關節應呈現平行排列。雖然跗關節位置較矮的犬隻身體比較穩定，但對於某些特殊用途的犬種如葡萄牙水獵犬（當漁夫將捕到的魚貨從船邊送上岸時，葡萄牙水獵犬會跳到海中幫漁夫把從漁網掉出來的魚叼回岸上）來說，跗關節下方的蹠骨越長，越有利於游泳，擁有類似魚鰭的功能。

　　不同的犬種腳掌的形狀也不一樣，有時會影響犬隻的步態。

◆ 貓腳（cat‑foot）
　　腳掌的形狀如貓腳一般為握緊的圓形。

◆ 野兔腳（hare foot）
　　中間兩隻腳趾特別長，橢圓形的腳掌。
　　如：俄羅斯獵狼犬

◆ 紙足（paper foot）
　　肉墊很薄，腳掌薄而扁平，腳趾張開。

◆ 外翻足（splay foot）
　　腳掌很寬，各腳趾之間分的很開。

◆ 貓腳（cat‑foot）
傑克羅素㹴

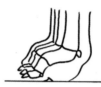

◆ 趾頭呈張開狀的外翻足（splay foot）
巴哥犬

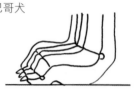

◆ 長腿型
肘部到地面的長度比肩胛隆起到肘部的長度還長的犬隻，稱為長腿型犬隻。

柴犬　　　　　　　　阿札瓦克犬

◆ 短腿型
肘部到地面的長度比肩胛隆起到肘部的長度還短的犬種。

北京犬：短而粗的腿部，前肢骨骼粗壯，後肢則比前肢輕盈。　　諾福克㹴：四肢短而有力。

◆ 狼爪（dew claw）

大白熊犬
（庇里牛斯山犬）

伯瑞犬

葡萄牙水獵犬的後肢跗關節以下的部位比一般犬隻還長。

伊比莎獵犬　　　　　威瑪獵犬

卡狄肯威爾斯柯基犬：四肢雖短但身體並不貼近地面。

◆ 蹼足（webbed foot）

腳趾間長有發達的蹼。
如：紐芬蘭犬

　　有許多犬種的理想腳掌型態是呈現「緊握狀」（趾甲短，腳尖像握緊一樣呈現圓球狀）的圓形。這是因為過去美國一位貴賓犬的育種權威在育種時很著重貴賓犬的緊握狀腳掌，直到如今美國的貴賓犬仍經常可見此型腳掌。

　　犬種標準關於腳掌的敘述中，阿富汗獵犬的腳掌標準可說是頗具特色。阿富汗獵犬的犬種標準記載該種應該要有「大腳」，這是因為該犬種的原產地阿富汗，擁有嚴酷的氣候與充滿沙漠、懸崖、岩石地的環境，必需要有大而厚的肉墊才能在這種環境下奔跑。

■ 關於犬隻的狼爪

　　雖然大部分的犬隻在出生後會馬上去除狼爪（dew claw），但也有部分犬種會將狼爪留下來，其中最有名的為大白熊犬（庇里牛斯山犬）及伯瑞犬。不過過去筆者曾經在外國的犬展偶然看到審查員在審查伯瑞犬的血統時，在觸審過程中完全忘了去檢查牠的狼爪，連碰都沒有碰一下。在伯瑞犬的審查標準中，狼爪是非常重要的項目，如果缺少狼爪就會不合格，而且並非只要有狼爪即可，每一個狼爪都應有趾節並牢牢附著在腳上。

　　日本人可能不太認識，有一種名為挪威蘭德獵犬的稀有犬種，前肢及後肢均有兩個未退化的大型狼爪（雙狼爪）。這個犬種的用途主要是在海岸斷崖絕壁的岩石細縫中，獵捕一種名為「海鸚」的海鳥類，因此擁有其他犬種所沒有的身體構造。牠們的前肢共有6隻腳趾，大型狼爪能幫助狗狗在陡峭的岩壁爬上爬下，而且還是所有犬種中唯一前肢能90度外翻的犬種。這種犬種在審查時，除了在審查桌上應檢查牠的狼爪之外，也可以要求指導手讓犬隻打開前腳。

被毛

■ 被毛 Coat

在同一個犬種中，被毛種類是可以有變化的。以吉娃娃犬為例，牠們的毛質可分為「短毛（smooth coat）」及「長毛（long coat）」兩種。而從2011年起，也將德國狼犬的毛質分為原本的「直硬毛」及新增的「長直硬毛」兩類，除了均可參加犬展，並規定兩種毛質的犬隻不得互相交配，在犬種標準內明確地列入兩類被毛變化。

有些犬種的被毛型態則是該犬種的特徵，例如約克夏㹴，在犬展的審查中就極為重視牠們的被毛。約克夏㹴的被毛可從三個角度進行檢查：

❶ **毛質**：被毛應給人絹絲般的感覺，最理想的被毛狀態應該是碰觸到的瞬間會有冰涼的觸感。

❷ **毛色**：約克夏㹴的一生中毛色會出現多次變化，但身體的毛色以深鋼藍色（dark steel blue）為最理想的毛色，頭部深黃褐色（或金黃色）的毛髮也是約克夏㹴的特徵之一，且這種金黃色應該在毛根的顏色較深，並往毛尖漸漸變淺色，呈現出顏色的漸層感。

❸ **毛長**：從下顎到全身的毛髮都垂到地面為理想的被毛長度。

若是剛毛類（wired coat）的㹴犬，則必須讓毛髮維持在剛毛狀態，這必須利用拔毛的技術將毛髮拔起，呈現出優質的硬毛狀態。

◆ **長毛**（西施犬）

◆ **絲狀毛**（約克夏㹴）

◆ **短毛**（迷你品犬）

◆ **剛毛**（萬能㹴）

◆ **羊毛狀毛髮**

（乞沙比克灣獵犬）

◆ **捲毛**

（捲毛尋回獵犬）

◆ **長厚毛**

（博美犬）

犬隻的毛色

■ 從犬種難以判斷毛色

犬隻的毛色是個一言難盡的領域。每個人對顏色的感受不盡相同，若沒有在同一時間看到同一個顏色，彼此間很難有顏色的共識。此外，毛色會隨著犬隻的成長產生變化，而黑色素的多寡與犬隻的生活環境都可能讓毛色產生差異。

更複雜的是，即使是同一種顏色，在不同的犬種還會有不一樣的稱呼。而同一個犬種裡，則會有合乎犬種標準的毛色，也會有不符合犬種標準的錯誤毛色。

在JKC所發行的血統書上記載有犬隻的毛色，而原則上犬隻的繁殖者有自行判斷決定毛色的權利，也就是說繁殖者在申請血統書時，是以犬隻發育為成犬時的毛色來申請。雖然只有幾種固定毛色的犬種在登錄毛色時比較不會有所爭議，不過像臘腸犬或吉娃娃犬這一類毛色繁多的犬種，也可以進行毛色的登錄申請。申請血統書時所登錄的毛色不可使用剛出生時的幼犬毛色，而必須事先推測出犬隻將來會有的毛色來進行申請，繁殖者在申請時應為自己的專業判斷負責。若是經驗較為不足的繁殖者，則應事先與可信賴的專業人士討論後再決定申請登錄的毛色。唯有以專業謹慎地態度進行申請，才能避免將來血統書上記載的毛色與買方（飼主）希望的毛色不合所產生的糾紛，或是血統書上的毛色與實際毛色根本不相符的登錄錯誤。雖然事後也可以申請變更血統書上記載的毛色，但只有繁殖者才有此項權利。

至於吉娃娃犬，雖然所有種類的毛色都有獲得認可，但自2011年起，「混色（merle color）」的毛色已不再獲得認可。這是因為吉娃娃的原產國墨西哥的畜犬協會認為，此種顏色並非吉娃娃自然的毛色，而是透過與其他犬種交配後才培育出的毛色，於是在犬種標準中「認可所有毛色」的規定中額外加了這項修正，並通知世界各國有進行毛色登錄的協會。

■ 犬隻的各種毛色變化

犬隻的毛色變化多采多姿，光是紅色就包括從偏黃色的紅色到深紅色等各種不同的色調，因此毛色的範圍極廣，這裡僅先就犬隻可能培育出的毛色變化加以說明。

單色（solid color）

白色（white）／奶油色（cream）

表示白色、象牙色、檸檬色或黃褐色（sable）等淡色。

暗褐色

包括深紅褐色或偏黑色的褐色。

灰色（grey）

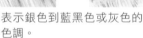

表示銀色到藍黑色或灰色的色調。

紅色（red）

包括紅色、紅寶石色、栗色（chestnut）、橘黃雜色（orange roan）等顏色。

藍色（blue）

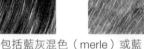

包括藍灰混色（merle）或藍色斑紋。

肝色（liver）

包括偏紅色的褐色與肉桂色（cinnamon）。

黑色（black）

帶有光澤的黑色、以及如黑墨般吸收光線的黑色。

金色（gold）

包括杏黃色（apricot）、小麥色（wheaten）等色調。

花紋（pattern）
（主要的底色上夾雜其他顏色的毛髮，形成花紋狀）

紅色虎斑（red & brindle）

橘紅色或深紅褐色的花紋。

黑色虎斑（black & brindle）

混有黑色毛髮的花紋。

國家或犬種造成的毛色差異

在臘腸犬的毛色中，有所謂的「雙色毛（double）」，同樣的配色在喜樂蒂牧羊犬卻改稱為「混色（merle）」，而兩種顏色從外表看起來一模一樣。也就是說，同樣意義的詞彙，會因為犬種不同而改變稱呼，這一點是大家必須要注意的。

雖然巧克力棕色（chocolate & tan）是臘腸犬最普遍的毛色，但臘腸犬原產地德國的繁殖者卻認為巧克力色屬於較淡的褐色，所以正確名稱應該稱作「褐棕色（brown & tan）」，而這就是不同國家對顏色認知不同的例子。

而毛色變化多端的貴賓犬，在貴賓犬做為水獵犬用途的那個時代裡，原本只有白色與黑色兩種原色，後來才開始出現褐色而變成三種原色。在經過繁殖者巧妙地將這三種原色不斷互相組合之後，如今的貴賓犬已能保有原色的優美並防止褪色。而犬隻的毛色變化也是從那個時代開始，變得越來越多采多姿。

色素的重要性

毛色的表現與色素息息相關，毛色越淡的犬隻，身上的色素也比較容易偏淡。犬隻色素的濃淡，可從犬隻的眼眶、鼻頭和嘴唇的顏色來判斷，腳底肉墊或趾甲的顏色也是參考的依據，而色素濃厚的犬隻，則會連肛門周圍也偏向黑色。像瑪爾濟斯犬或比熊犬這一類的犬種，在審查時就極為著重眼睛、眼眶與鼻頭的黑色表現，這三個位置又被稱為「黑色點」。此外當犬隻的皮膚偏灰色時，就表示牠的色素遺傳能力很強，在進行繁殖育種的時候，擁有這種特徵的種公就非常炙手可熱。順帶一提，理想的白色貴賓犬，毛色應為「雪白色」，眼眶、鼻頭、嘴唇、肉墊和趾甲應為深黑色，而皮膚則最好是色素濃厚的暗色皮膚。

黑色素不只關係到外表，對於身體內在的健康也有很大的影響。

雙色（parti - color）

金白色（gold & white）

白色底色上有金色、檸檬色或橘紅色的斑點。

胡桃紅白色

紅色、栗色（chestnut）、橘紅色、淺黃褐色（fawn）與白色斑點。

棕白色（tan & white）

獵犬類犬種常見的毛色。

肝白色（liver & white）

獵鳥犬常見的毛色。

黑棕色（black & tan）

全身的毛色為黑色，其中有固定分布的棕色斑紋（marking），兩種顏色間對比明顯。

深藍棕色

藍色虎斑（blue & brindle）上有藍棕色斑點。

黑白色（black & white）

白色底色上有黑色斑點或花斑。

三色（tricolor）

黑棕白色（black & tan & white）

白色、紅色（棕色以斑塊模式出現）、黑色三種顏色共同組成的毛色。

毛色變化（color variety）之審查規定

各犬種的複雜毛色

FCI所舉辦的犬展，目前已針對許多犬種將不同的毛色變化分開審查，而日本則是從2011年起，除了玩具貴賓犬以外，針對標準型、中型、迷你型三種體型的貴賓犬也開始將不同毛色的犬隻分開審查，並將「白色、黑色、褐色」列為一組，「灰色、橘褐色（杏黃色）、紅褐色」列為另一組。

而雪納瑞犬與大丹犬雖然從以前就已針對不同毛色採用分開審查制度，但目前歐洲國家對於白色迷你雪納瑞犬相關的毛色變化，其審查水準似乎已越來越為嚴謹。

AKC（美國畜犬協會）則針對美國可卡獵犬也採用不同毛色的分開審查制度，而凱利藍㹴則是將白色與其他毛色分開審查，不過若是讓白色犬隻互相交配太多代，有可能會繁殖出視覺障礙或聽覺障礙的後代，必須極為小心。

以斑點毛色為魅力所在的大麥町犬，在剛出生時斑點的顏色極淡，有時甚至像純白色的幼犬。由於大麥町犬經常發生聽覺障礙，因此連犬種標準內也要求繁殖者在進行繁殖時需注意聽覺障礙的問題。本書在第204頁也有針對犬隻的毛色育種技術稍加介紹，希望所有犬隻的育種繁殖人員，在繁殖犬隻時能注意正確的毛色，避免培育出錯誤的毛色，以維護犬種的特質，讓犬種能更健全地繁殖下去。

而在毛色與遺傳基因的關聯性中，還有一種「攻擊性」的問題。雖然這種現象比較常發生在特定犬種，但其實不只這些特定犬種，貓也有與毛色相關的攻擊性問題。英國學者曾在1996～1997年間進行一項研究，發現毛色為單色的犬隻比起混雜兩種毛色的雙色犬隻有更高的攻擊性，而在單色犬隻之中，則以黑色毛色的犬隻攻擊性較強。也就是說，即使是在同一個犬種裡，犬隻是否有攻擊性也是受到遺傳基因所控制。

貴賓犬的毛色

白色

黑色

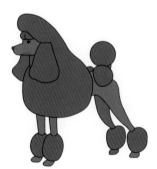

褐色

灰色

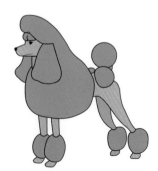

橘褐色（杏黃色）

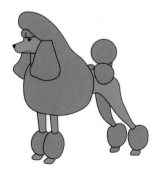

紅褐色

犬隻毛色與斑紋之專門用語

用　語	特　徵
杏黃色（Apricot）	杏黃色的毛色，如貴賓犬。
白化現象（Albinism）	白化現象，色素缺乏症。皮膚、被毛、眼睛等部位的色素退化現象。
白子（Albino）	白子、患有白化症的犬隻。
小麥色（Wheaten）	小麥色的毛色，如愛爾蘭軟毛㹴。
狼灰色（Wolf Grey）	狼灰色。
橘黃色（Orange）	橘黃色，如博美犬。
藍灰色（Grizzle）	偏藍的灰色。
灰色（Grey）	灰色，包括淺銀灰色到深黑灰色。
金黃色（Golden Color）	金黃色，深金黃色又稱金紅色（Golden Red），淺金黃色又稱Golden Yellow，如黃金獵犬或拉薩犬。
淺金色（Golden Buff）	紅色比例增加，帶點金色的淺黃色。
砂色（Sand）	砂土色。
深黑色（Jet Black）	烏黑、深黑色。同意語：炭黑色（Coal Black）
銀黃色（Silver Buff）	淺黃色偏白色又帶點銀色。
銀白金色（Silver Platina）	或稱作白金銀色（Platina Silver），帶有銀色的白金色。如斯凱㹴或貴賓犬。
鋼藍色（Steel Blue）	鐵青色，如約克夏㹴。
石藍色（Slate Blue）	帶有深灰色的藍色。
黃褐色（Sable）	黃褐色或亮色的長毛中間摻雜毛尖為黑色的毛髮。從蘇格蘭牧羊犬或喜樂蒂牧羊犬的淺色到博美犬的褐色都包括在內。
單色斑紋（Self Marked）	全身為黑色的單色毛色，但在胸口、腳趾和尾尖處有白色的斑紋。
單色（Solid Color）	純色或單色毛髮，以嚴格的標準來看應該全身顏色一致沒有濃淡之分，如貴賓犬。
斑斕色（Dapple）	由好幾個顏色組成斑紋，沒有任何一個顏色特別佔優勢。
巧克力色（Chocolate）	深紅褐色，深豬肝色。
線狀花紋（Trace）	淺黃色毛色的巴哥犬上有一條黑色的線狀花紋。
雙色（Bicolor）	毛色由兩種顏色構成。
色素沉著（Pigmentation）	色素沉著的狀態。在白色犬隻的眼睛、鼻子、肉墊等部位有其他顏色。
犯規色（Foul color）	犬種標準規定毛色以外的顏色，評審時會被認為是缺陷或扣分，屬於違反規定的毛色。
黑面罩（Black mask）	口吻部的毛色為黑色，如北京犬、巴哥犬。
白條紋（Blaze）	從兩眼之間到顏面中央的白色細長條紋。
白底紅斑（Blenheim）	專指騎士查理士王小獵犬的白底紅斑毛色。
貝爾通色（Belton）	白色底毛上全身都有分布如雀斑一樣的細小斑點，根據斑點的顏色可分為藍貝爾通色、橘黃貝爾通色、紅褐貝爾通色、檸檬貝爾通色，代表犬種為英國雪達犬。
紅褐色（Mahogany）	深栗紅色，以愛爾蘭雪達犬的毛色為代表。
紅棕色（Mahogany tan）	帶有紅色的棕色。
紅寶石色（Ruby）	深栗紅色，以騎士查理士王小獵犬的毛色為代表。
雜色（Roan）	在底色上摻雜著白毛的毛色，根據底色的不同可分為藍雜色、橘黃雜色、檸檬雜色等，以英國可卡獵犬的毛色為代表。

犬隻的毛色育種

■ 毛色育種規則

所謂的毛色育種，是指為了讓生下來的幼犬擁有目標毛色而進行的選擇性配種過程。至於目標毛色，一般是指犬種標準所認可的正確毛色，而非培育出犬種標準中不被認可的錯誤毛色。

一般來說，經驗豐富的繁殖業者對於毛色該如何配種都已有詳細的理解，但對於剛開始嘗試繁殖犬隻的人來說，則完全無法理解哪些毛色能不能進行配種。因此筆者強烈建議繁殖經驗較少的人或初學者，務必在進行繁殖前向經驗豐富的繁殖業者仔細諮詢。近年來有越來越多的錯誤毛色被培育出來，其中很可能造成遺傳疾病的發病或是讓犬隻因此帶有遺傳性疾病的基因，所以任何人在繁殖犬隻前，請務必事先詢問前人的經驗或參考犬種相關的專門書籍，累積足夠的育種知識後再去進行。否則很可能因為繁殖者的無知之過，讓完全無辜的幼犬一生下來就罹患疾病。為了不讓這種情形發生，繁殖前的充分準備，是每個從事犬隻繁殖的人應有的責任。

一般人都認為狗狗生產是再簡單不過的事，而犬隻也的確是「好生」的象徵，但繁殖這個工作，其實有非常多的細節須要注意。筆者自身也有許多慘痛的經驗，也有過幼犬死產或是雌犬留下剛出生的胎兒而死亡的悲劇，即使到了現在，只要遇到犬隻生產，自己依舊會擔心不已，也從來不敢忘卻「初心」。

■ 毛色豐富的臘腸犬

臘腸犬除了有不同的體型大小與不同的毛質之外，色彩豐富的毛色變化也是牠們大受歡迎的原因之一，大家對於之前臘腸犬風靡一時的熱潮應該都還記憶猶新。在這些豐富的毛色中，僅就巧克力棕色與斑斕色的交配做說明。

巧克力棕色（Chocolate & tan）的臘腸犬，其鼻頭、眼眶、趾甲、肉墊是允許出現肉色的。若讓牠與單色（如紅色）的臘腸犬交配，會產下色素極淡的單色後代，亦即毛色為紅色單色，鼻頭、眼眶也呈現肉色的後代，這樣的毛色除了完全不符合犬種標準的內容之外，大部分的犬隻皮膚狀況還極差，可說是完全不適合進行繁殖。

而同為斑斕色（Dapple）的臘腸犬彼此交配會出現更危險的情況，千萬不可進行此種交配，否則會生出患有先天性疾病或容易患病的雙重斑斕色幼犬，其中除了可能有視力不良的情形，更讓人擔憂的是患有心臟方面的疾病。

大約在距今40年前，筆者從某家犬舍得到了日本第一隻標準長毛斑斕臘腸犬，當時完全沒有像現在一樣的毛色育種相關資料或專門書籍，因此進行了不少如今難以想像的配種過程，結果當然是慘痛無比。為了避免同樣的錯誤再度發生，在進行毛色育種時，請務必熟讀相關的專業知識。

斑斕色與單色（如紅色）的犬隻交配也會產生問題，所產下的幼犬會擁有紅斑斕色（Red dapple）的毛色，即紅色的毛色上會出現少許斑點，這些斑點在幼犬時期比較明顯，但隨著發育會越來越不明顯，很容易誤以為是普通的紅色臘腸犬。若是讓這樣的犬隻與斑斕色的臘腸犬交配，雖然外表看起來不一樣，但卻會出現上述斑斕色彼此交配的後果。此外，雖然斑斕色臘腸犬的眼睛是可以有藍色斑點的，但這卻會出現在紅色臘腸犬身上。因此像這種巧克力棕色與斑斕色的配種工作，除非是精通育種的繁殖者，否則最好還是與黑棕色的臘腸犬交配，這種交配方式極少生下患有先天性疾病的幼犬。而不只是巧克力棕色或斑斕色，例如紅色毛色但趾甲卻為米黃色等色素變淡的臘腸犬，只要與黑棕色等色素濃厚的犬隻交配，雖非絕對，但可說是色素變淡的最佳解決方法。

■ 貴賓犬的毛色育種

對於超受歡迎的貴賓犬來說，單色毛色（Solid Color）是最基本的型態。

幾乎所有貴賓犬的毛色都會隨著幼犬的發育過程而改變，這時就必須靠繁殖者在幼犬時期判斷將來的毛色。即使是單色毛的貴賓犬，

■■ 理想的毛色配種範例

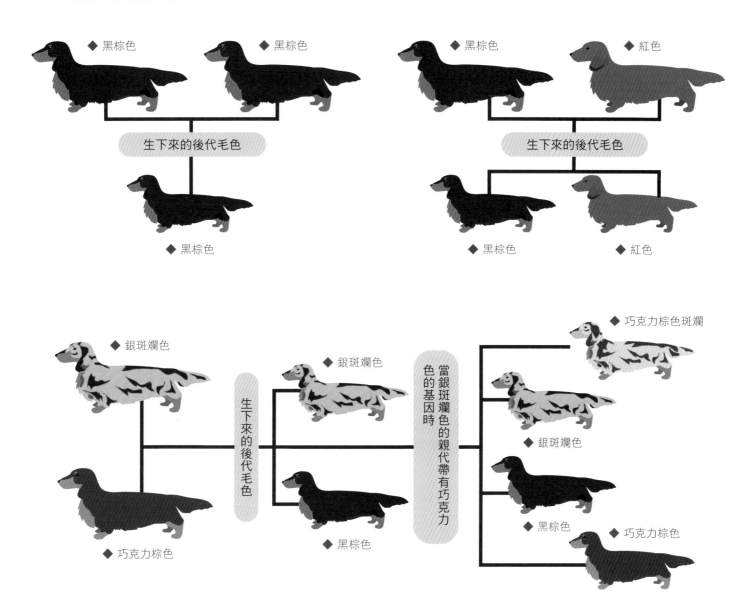

◆ 黑棕色　　　◆ 黑棕色

生下來的後代毛色

◆ 黑棕色

◆ 黑棕色　　　◆ 紅色

生下來的後代毛色

◆ 黑棕色　　　◆ 紅色

◆ 銀斑斕色

◆ 巧克力棕色

生下來的後代毛色

◆ 銀斑斕色

◆ 黑棕色

當銀斑斕色的親代帶有巧克力色的基因時

◆ 巧克力棕色斑斕

◆ 銀斑斕色

◆ 黑棕色

◆ 巧克力棕色

將來也可能變色為劣質的毛色，或是一生下來就背負著重大缺陷，但若是繁殖者本身沒有足夠的專業知識或經驗，在這個時期根本就無法看出這些問題。況且若繁殖者是在不瞭解毛色育種相關理論的情況下，隨意地組合毛色來進行配種，那生下來的幼犬不論是什麼毛色，都不可能是漂亮的單色毛，還可能讓幼犬一生下來就有毛色中最危險的色素退化現象，也就是白化現象。

對貴賓犬來說，毛色育種是一個極受重視的繁殖方法。

如何培育出接近犬種標準要求的理想毛色，以及如何讓毛色能維持長時間的穩定，就是繁殖者組合不同毛色的貴賓犬進行配種所希望達到的目的。由於這是一項非常高難度的繁殖方法，不管是什麼人，都必須事先瞭解繁殖相關的專業知識後才能進行。

不只是貴賓犬，對繁殖工作來說，所謂的品種改良，必須兼顧犬隻的素質與健全性，這兩者就如同行進中的車輪一樣，缺一不可。若只將繁殖的重點放在犬隻的被毛上，拘泥於培育出漂亮的毛色，長久下來即使毛色改良了，卻很可能使犬隻的素質漸漸變差，健全性也逐漸不足，甚至培育出性格偏差的犬隻。毛色育種，可說是一項必須按部就班、兼顧各個層面、著重犬隻素質與品種的計劃性改良工作。

犬隻的步態

為什麼犬展要審查犬隻的步行方式？

步態審查重點

犬隻的審查有六個原則，分別為「品種」、「健全性」、「素質」、「均衡感」、「健康狀態」、「展場表現能力（特質）」，每個項目都非常重要，而犬隻的「步態」，可說是貫通所有項目的要素。

犬展中的步態審查，最能確認出前述六個原則中的「健全性」，所謂的健全性，可大致分成兩個項目：

❶ 肉體的健全性：檢查雄犬有無睪丸、牙齒排列、有無缺齒、確認骨骼構成等。

❷ 精神的健全性：確認犬隻是否擁有該犬種應有的性格，除了最基本的身為家犬應有的功能之外，還需確認該犬種特有的個性或特質。

步態審查最適合用來確認犬隻肉體（肌肉、骨骼）的健全性，但前提是必須事先瞭解各犬種特有的步態才能加以判斷，並不是只要狗狗走得快就表示步態良好。從犬隻的步態特徵可以看出該犬種的發展沿革與用途變化，可以說步態是決定犬隻身體外型的重要因素。

推測犬隻體內的骨骼型態

犬展中的審查員，在審查參賽犬隻時會以「視審」和「觸審」兩種方式審查。

在「視審」的過程中，經驗豐富的審查員可以只憑犬隻站立的姿態，推測出該犬隻會有怎麼樣的步態。這個第一印象是非常重要的，而步態審查就是實際確認犬隻的各部位是否如審查員所推測的那樣能夠健康、俐落地活動。當然有時候也會發生犬隻立姿時給人不良的印象，結果實際步態審查時卻表現得非常良好。而相反地，也會有與推測結果出現極大落差的不良步態出現，這可能是因為審查員在推測時過於樂觀，或是經驗不足所導致。不過最近寵物美容師或指導手的技術越來越高明，利用完

美的美容技巧與牽引技巧騙過審查員的案例也不少，也未必就是因為審查員的預測失準。

步態審查並非只是單純確認犬隻的移動方式，而是要如同下圖一般，實際確認犬隻能否如同所推測的「體內骨骼或肌肉發揮應有的功能」。

為了讓審查員能夠正確判斷，犬隻在步態審查時以符合犬種特性的速度行進是非常重要的。偶爾有些指導手會強迫犬隻快速奔跑，不過其實這種速度並不恰當，過快的速度除了會讓審查員無法確認犬隻的步態，還可能大大偏離該犬種應有的特徵表現。

現實

審查員的想像（骨骼）

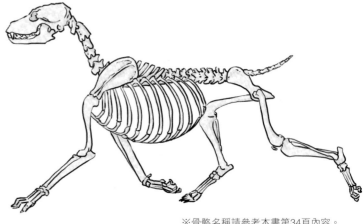

※骨骼名稱請參考本書第34頁內容。

A 擁有正確角度的犬隻

當犬隻的前後軀體都擁有正確（符合理想）的角度時，後肢就能夠盡情地向後伸展，
前肢也能大步地向前踏出，展現出步幅廣闊、充滿活力的步態。

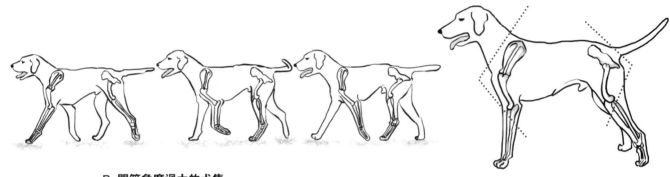

B 關節角度過大的犬隻

若犬隻前後軀體的關節角度過大，會使得四肢無法充分地前後邁開，形成步幅狹窄、
欠缺活力的步態。

■ 從肩胛骨的角度推測

在「觸審」的過程中，審查員可直接碰觸犬隻，確認視審過程中無法推測的部分。例如在檢查肩膀的傾斜角度時，審查員會用手比出犬種標準要求的理想角度，再實際碰觸犬隻檢查牠們是否擁有正確的角度。雖然杜賓犬之類的短毛犬種可以不進行觸審，直接以視審方式確認角度，但若是像貴賓犬這一類毛髮已修剪出造型的犬種，審查員還必須在不破壞造型的情況下，仔細確認骨骼的角度與長度。

藉由肩膀（肩胛骨）傾斜角度的檢查，可以得知犬隻肩胛骨與肱骨之間的「關節角度」。關節角度越大（肩胛骨較為直立）的犬隻，行走時前肢擺動的幅度（步幅）較窄（如圖B），而肩胛的斜度若為水平45度、與肱骨形成將近90度的關節角度時（如圖A），步行時前肢擺動的幅度會比較大，就可藉此推測犬隻可能會擁有充滿躍動感的優美步態。

犬展的視審與觸審，其實就是將想像與現實互相融合的重要工作。

【A】

犬隻理想的關節角度是肩胛骨與肱骨之間形成90度的直角。這種關節角度能讓犬隻的肱骨確實向前擺動，展現大而有力的步幅。

【B】

肩胛骨較為直立的犬隻，其與肱骨之間形成的關節角度會比較大，在構造上無法讓肱骨充分地向前移動，而使得步幅變窄。

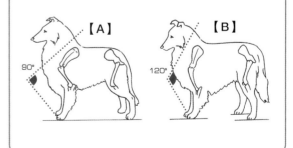

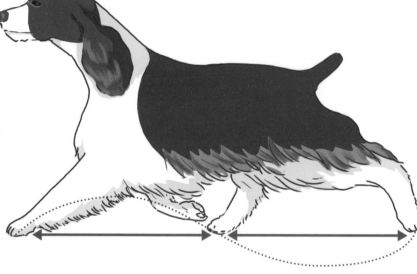

優良步態與不良步態的結構

■ 步態結構與檢查重點

在確認犬隻的步態之前，必須先瞭解牠們身體各部位的功能性，否則無法判斷出步態的正確與否。接下來讓我們一起瞭解犬隻一般步態的結構以及檢查重點。

伸展距離（Reach）指的是肢體從站姿位置到伸出抵達地面之間的移動距離。

動力軌跡
（momentum arc）
前肢向前伸展時的軌跡

向量軌跡
（vector arc）
後肢向後踢起的軌跡

哪一個更具有功能性？

　【a】

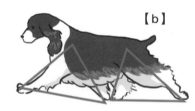　【b】

圖a為軌跡距離形成等邊三角形的理想步態。圖b則為前後三角形形狀不一、三角形底邊也呈現非水平狀態的不平衡步態。

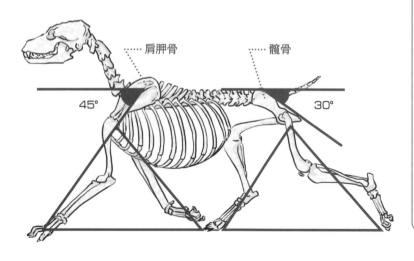

肩胛骨　　　髖骨

45°　　　　30°

前軀的步態結構

一般的伸展距離，是指從肩胛骨關節處往地面垂直延伸的位置，到前肢往前伸展到極限的位置之間的距離（步行時肩胛骨的位置會稍微移動，而後軀的髖骨位置則沒有改變）。站姿時肩胛骨與水平面呈現45度最為理想。

後軀的步態結構

當後肢的髖骨與水平面呈現30度時，就能夠協調往前踏與往後踢的力量，產生理想的推進力。若髖骨的角度過大，往前踏步的力量會太大，往後踢的力量則會變小，使得推進力下降。相反地若是角度過小接近平行，則往前踏的力量減弱，往後踢的力量增加，會造成無謂的體力消耗。

步態的種類

常步（Walk） 常步，相對上較為自由的步行方式，很少加速、會經常變換方向。

速步（Trot） 速步，比常步快速的步態，步幅也比常步還大，以對角肢體兩點著地的方式運步前進。

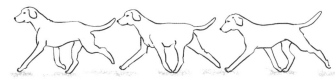

驅步（Gallop） 或稱襲步，以最快速度奔馳，呈現四拍節奏的步態。

三姿態審查

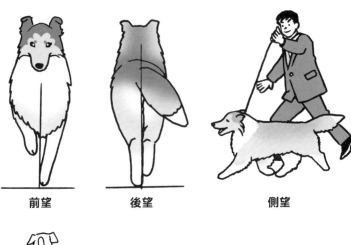

前望　　　　　後望　　　　　側望

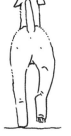

▲正確步態

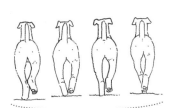

不良步態

▼正確步態

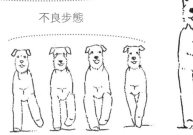

■ 優良步態的動作構成

做為「優良犬隻」的條件，精神上與肉體上的健全性是理所當然的條件，當身心都能表現出澄澈的美感時，才會有一種真正的「健康美」。而唯有正確的身體構造，才會有所謂的健全性。

身為「健全性」觀察指標的犬隻步態，也就是犬隻走路的姿勢，是審查的一大重點。步態依步行速度大致上分為三種，而犬展中主要審查的則為「速步」。

犬隻是動物，也就是會動的生物，根據2010年英國科學雜誌曾發表過的一篇針對犬隻遺傳基因進行調查的研究結果，牠們的祖先是棲息在中東地區的灰狼。

而從會進行狩獵的野生種灰狼與犬隻的密切關係看來，現代犬隻充分發揮效率的「以最小的力量移動最遠的距離」步行方式，可以說就是繼承自灰狼的血統。而能達到此種目的的移動方式，對一般犬隻來說可算是最為理想的步態。當然這種說法並不適用於所有犬種，不過仍可將它當作一般的基本原則。

■ 步態的檢查方法

在確認犬隻的步態時，可從三個方向來觀察犬隻，稱之為「三姿態審查」。所謂的三姿態就是從犬隻的正面（前望）、側面（側望）及正後方（後望）三個角度觀察犬隻，這原本是觀察犬隻站姿（靜態、停止狀態）時的用語，不過也可以用來確認步態。最近的犬展還有利用讓犬隻直線來回的動作來完成「前望」及「後望」審查，以及讓犬隻繞場一周來完成「側望」審查。

犬隻直線來回時，以審查員所在位置為出發點，從後方觀察犬隻後肢的移動及尾巴的表現，並在犬隻的回程時從前方觀察前肢的移動、幅度及抬頭的姿勢，而犬隻繞場一周時，則從側面觀察前後肢的步幅寬度與背線等項目。

不同犬種的步態

■■ 即使屬於同一分組的犬種，步態也不盡相同

常有人說所謂優良的步態就是「以最小的力氣前進最大的距離」，雖然這種說法不算錯誤，但由於每一個犬種的產生，自有其獨特的歷史沿革與用途發展，也因此發展成不同的外貌，以及因應體型產生不同的步態，也就是說每個犬種的步態都有其品種獨有的特性，因此在各犬種及不同犬種分組間，都可以看到步態的差異。

一般情況下，犬隻在行走時，是靠著後驅的推進力做為動力，動力沿著背部傳導到前驅後，使身體能夠順利前進，如果比喻成車輛的話，就像是「後輪驅動」的汽車，而大部分的犬種都屬於這種動力模式。

不過還是有完全相反的犬種，牠們的步態就像是「前輪驅動」的汽車一樣，以前驅的力量引導全身向前方行進。

此外，犬隻在以一定速度奔跑時，為了防止身體左右搖晃及維持身體的重心，有的犬種會以左右肢體向身體中心點靠近的步態行進，另一方面，像臘腸犬這一類的犬種則因為體型的關係左右肢體無法靠近身體的中心點，牠們的正確理想步態反而應該是左右肢體間有較寬廣的距離。

在FCI犬種分組的第五組（請參考第228頁）內，有著各式各樣不同的步態。例如「步幅廣闊，四肢能筆直向前擺動」的巴仙吉犬，或是「速步前進時展現敏捷俐落的懸空步伐」的伊比莎獵犬等原始犬種（primitive type），大部分都能正確而充滿效率地向前移動。

而同樣稱為雪橇犬、負責拉雪橇搬運貨物的犬種中，則有著適合搬運輕量貨物並快速移動、有著「流暢輕鬆、腳步輕快而迅速」步態的西伯利亞雪橇犬（哈士奇犬），以及適合搬運沉重貨物、擁有「肌肉結實發達，能產生強力推進力」步態的阿拉斯加雪橇犬，兩種性質不同的步態。

鬆獅犬則因為身體短而結實，連接軀幹與臀部的薦部較短，因此步幅非常狹窄，這種步態又稱為「高蹺步態」。而北歐的挪威蘭德獵犬因為要在海岸邊的斷崖絕壁上工作，因此前肢擁有非常獨特的外開功能，會展現出前幅廣闊的步態。

由此可知，即時在同一個犬種分組之內，也可以看到各種不同的步態。

■■ 單一軌跡與雙重軌跡

利用「前望」方式觀察步態時，大致可分成兩個種類。一個是稱為單一軌跡的單線步態，隨著行進的速度增加，所留下的足跡會在身軀的正下方形成一條單線。這是因為犬隻為了避免在跑步時身體的重心會左右搖晃，於是將重心集中在身軀下方（即身體的中心線）的一種移動方式。

另一種則稱為雙重軌跡，會在地上留下一條以上的軌跡，大部分是兩條足跡。在㹴犬又稱為平行步態，留下的足跡會形成兩條不相交的平行線。

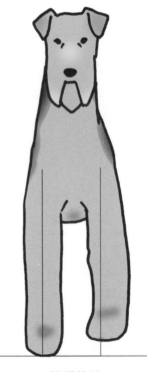

單一軌跡
蘇格蘭牧羊犬
喜樂蒂牧羊犬
西伯利亞雪橇犬等

雙重軌跡
獵狐㹴
萬能㹴等

前肢
後肢
頭

上望

所謂的洋梨型是指因為胸部寬闊而使得前肢間隔較大，後肢間隔則較為狹窄的體型。

■ 前輪驅動的犬種

在步態為雙重軌跡的犬種中，鬥牛犬和北京犬這一類身軀為洋梨型的犬種，是以前輪驅動的方式移動。

鬥牛犬的步態又稱為「肩步（shoulder walk）」，就如同名字一般，肩膀彷彿破風前進般的步態，後肢則只是跟著移動。

北京犬的搖擺步態
北京犬在前進時，身體會左右搖晃、搖搖擺擺地向前行走，這種步行方式對牠們的體型來說很有效率，過去也有將這種步態稱為「夢露步」。（指如同美國知名女演員瑪麗蓮夢露在電影中擺動腰部、搖曳生姿的走路方式。）

巴仙吉犬的擺動步態
擺動步態是指前肢與後肢大幅擺動、步幅寬闊的走路方式。

鬆獅犬的步態
鬆獅犬步幅狹窄的步態又稱為「高蹺步態」，是因應鬆獅犬獨特的體型而表現出的步行方式。

如何判斷步態的好壞

■ 從犬種特性判斷步態的好壞

　　每一個犬種的理想步態都不一樣，這一點本書先前已介紹過了。而為了判斷步態的好壞，也必須事先瞭解什麼是不良步態。

　　被稱為速步犬、適合以速步來展現正確步態的犬種，其理想步態應該以前輪驅動方式移動，並展現出充滿律動、步幅寬闊且生氣勃勃的協調步伐。

　　被稱為驅步犬、適合以驅步這種快速奔馳的方式展現步態的犬種，若以速步或常步行走，則會顯得步伐拘束。

　　長腿㹴犬以前望方式觀察時，應呈現平行的步態，側望時則應像鐘擺一般前後擺動，因此不需要像速步犬那樣大的步幅。

　　也就是說，我們在判斷步態的好壞時，必須先在腦海中描繪出該犬種的理想步態，再與實際步態進行比較。

　　接下來我們將介紹幾種FCI各犬種分組中不同犬種標準所要求的步態特性。

第一組

◆蘇格蘭牧羊犬、短毛牧羊犬：步態應輕快敏捷，交織步態、交叉步態及搖擺步態都會被視為極大的缺陷。

◆喜樂蒂牧羊犬：輕柔且流暢的優雅步態，以最少的力量快速地越過地面。側對步、交織步態、搖擺步態、僵硬的步態、高蹺步態以及上下跳動的步態都會被視為極大的缺陷。

◆英國古代牧羊犬：常步時如熊一般展現搖擺的步態，速步時前肢俐落地向前跨出，後肢強而有力地推動身體，能筆直地直線前進，緩步前進時有時會呈現踱步的步態（踱步步態及搖擺步態對一般犬種來說屬於不良的步態，但因為英國古代牧羊犬特殊的身體構造所以允許出現，也可以說是該犬種的特徵）。

第二組

◆鬥牛犬：沉重而僵硬的奇妙步伐，以趾尖踩碎步的方式前進，後腳則彷彿擦著地面步行，奔跑時雙側肩膀會輪流向前突出（肩步）。健全的步態是審查時的一大重點。

◆紐芬蘭犬：小碎步、拖著步伐前進、前肢腳趾向外或向內、腳步高抬、踱步等都屬於缺陷。

第三組

◆貝林登㹴：行動時極具特徵，裝模作樣地走路。速度加快時步伐會輕快地彈跳，大步前進時身體會稍微

交織步態（Plating）

腳掌稍稍越過中心點偏向內側後才踏到地面，彷彿編織毛線一般的步態。行進時肢體彷彿互相交叉一般的則為交叉步態（Weaving、Crossing over）。

對側步

同一側的前肢與後肢同時抬起行進的步態。

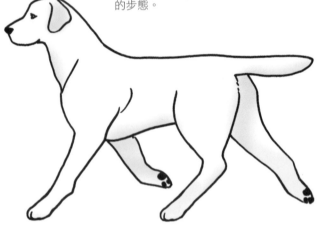

高蹺步態

由於腿部的結構筆直，展現出彷彿踩高蹺一般的步態（因為踩高蹺時無法大步行走）。

**Hackney步態
（腳步高抬的步態）**
行進時前腳高抬，彷彿
拖拉馬車的馬匹一樣的
步態。

划槳（Paddling）步態
彷彿用船槳划獨木舟一般，
步行時每一步腳都會往外彎
曲的步態。

搖晃（有一種說法認為貝林登㹴過去在育種時曾與惠
比特犬雜交，所以才會擁有與其他㹴犬不同的特別步
態）。
◆丹第丁蒙㹴：後肢擁有強而有力的直線推進力，前
腳能輕鬆自在且流暢地大步行走。僵硬的步態、高蹺
步態、跳躍式、交叉步態都會被視為極大的缺陷。
◆玩具曼徹斯特㹴：理想步態為速步前進時展現腳步
高抬的步態。

第四組
◆臘腸犬：沉重、僵硬、搖搖晃晃的步態都屬於重大
缺陷。

第五組
◆阿拉斯加雪橇犬：沒有效率、容易疲倦且不安定的
步態屬於不良步態。

◆鬆獅犬：狹窄的步幅為正確步態。前後肢彷彿踩高
蹺一般互相平行地向正前方移動（因身體短而結實所
產生的步態）。
◆西伯利亞雪橇犬：步態極為重要的犬種。步伐應輕
鬆自在地移動，不能給人骨頭或身體過重、或是相反
地太過輕盈彷彿適合短跑的印象。外觀看起來應具有
持久的耐力。

第六組
◆米格魯小獵犬：步伐自在而大步，藉由後肢的推進
力使身軀能筆直前進，沒有無謂的動作。後肢過於接
近、前肢出現划槳步態、交叉步態都屬於缺陷。
◆大麥町犬：理想步態為自在流暢充滿律動的步態，
步幅狹窄、划槳步態都屬於缺陷。

第七組
◆布列塔尼獵犬：輕快有力的步伐，步態不呈現搖擺
狀，中等步幅，後腳幾乎不往後伸展（前軀：肩胛骨
與肱骨形成110～120度；後軀：大腿骨（股骨）與小
腿骨（脛骨）間的角度則將近130度。因應這種身體結
構而產生的獨特步態）。
◆德國短毛波音達獵犬、維茲拉犬、威瑪獵犬：側對
步為極大之缺陷。

第八組
◆美國可卡獵犬：速度過快的步態被視為不正確的步
態（FCI犬種標準中有明確寫出步態速度的只有這個犬
種，但其他犬種也應該以適當的步態行進）。
◆可倫坡獵犬、蘇賽克斯長耳獵犬：正確步態為搖擺
步態。
◆黃金獵犬：前肢不可出現腳步高抬的步態。

第九組
◆波士頓㹴：搖擺步態、划槳步態、交叉步態、腳步
高抬的步態均屬於缺陷。
◆格里芬犬類：對側步與高踏步均為缺陷。
◆棉花面紗犬：自在流暢的步伐，步幅不大，運動時
仍能維持背線原有的狀態，步伐靈活不僵硬（背線為
微微隆起的弓型。前軀：肩胛骨與肱骨形成120度角；
後軀：髖骨與股骨形成80度角、股骨與脛骨形成120
度、跗關節則約160度，因應這種身體結構而產生的獨
特步態）。
◆北京犬：正確的搖擺步態，須避免與體格不健全而
產生的不良搖擺步態混淆。

第十組
◆薩盧基獵犬：平穩流暢且輕鬆的速步，不可出現腳
步高抬或跳躍的步態。
◆惠比特犬：自在輕鬆的大步伐。不可出現高蹺步
態、腳步高抬、步幅狹窄的步態。

犬展上的犬隻牽引

■ 何謂牽引？

「指導手」指的是控制犬隻的人（牽犬師），而「牽引」指的則是在犬展中牽引犬隻上場比賽的技術。

雖然只是單純的牽引犬隻，但也內含各式各樣的技巧。對指導手來說，若能在犬展中展現平日辛苦練習的成果，會是一件極有成就感的樂趣。

指導手可大致分為三類：

【飼主指導手】

由參賽犬隻的飼主親自牽引犬隻參加犬展。飼主兼指導手的優點在於，由於平日就經常照顧及訓練犬隻，因此能夠與犬隻充分地溝通，並在犬展上展現自家犬隻最佳狀態，是最能理解犬展樂趣的人，而且若是能在犬展中獲得優秀的成績，更能感受到興奮與喜悅。

飼主如果想和狗狗一起從事什麼活動，第一步就是與愛犬一同親自體驗看看。不論是狗狗的訓練或教育、狗狗的運動競技、或是賽場的牽引都是如此。訓練犬隻與指導狗狗賽場禮節的基本原則都是一樣的，只要能引發狗狗參與的樂趣，讓狗狗在開心的遊戲過程中學習，狗狗自然就會學會這些技巧，切記每次訓練時間不能太長，必須在狗狗感覺厭煩之前就停止訓練。飼主可以先試著親自對狗狗進行基本訓練以及教導一些犬展的賽場禮節。

若是有參加犬隻的行為教室或牽引講習課程，飼主務必要經常在家中複習。因為在課程中體驗到的只是訓練時的重點或是老師教導的犬隻控制法，必須在家中不斷練習才能真正學會這些技巧並加以實踐。

飼主接著可以帶狗狗參加家犬訓練比賽，實際在賽場展現訓練成果。透過比賽除了能知道自己的不足之處，還能加深與狗狗之間的感情。而等到實際參加犬展並親自牽犬上場時，才能瞭解牽引犬隻的樂趣與困難之處。只有實際站在舞台上，才會具體感受到「原來要這樣做啊」、「這裡如果能再加強一點就好了」、「原來在這個時候自己應該要做這些動作才

對」的感覺。踏入犬展這個舞台，不但可以加深飼主與狗狗之間的連結，創造更多美好的回憶，還能讓彼此之間的溝通更加順暢。

【繁殖者指導手】

讓自己繁殖出來的犬隻參展，並親自牽引犬隻上場參賽的人。由於是繁殖犬隻的人，因此從狗狗生下來那一刻起就開始與狗狗接觸，不但非常瞭解狗狗的缺點及優點，還能夠將狗狗最美的姿態展現出來，並在腦中浮現犬隻後代的模樣。

【專業指導手】

專門在犬展中牽引犬隻上場，並以此為職業的人士。負責管理飼主寄養的參賽犬隻，並依據參賽成績領取酬勞。他們在接受飼主短期或長期的犬隻寄養之後，會透過健康管理保持犬隻的良好狀態，並強化犬隻的優點以便在賽場得到好成績。雖然飼主會因為愛犬暫時不在身邊而感到非常寂寞，但在賽場上看到自家愛犬出賽並獲得好成績時，又會因為寂寞與喜悅的感覺互相交織而漸漸習慣這種模式。而把愛犬寄養在他人手中對狗狗本身也有好處，能夠培養狗狗穩定的性格。

美國的專業指導手們，不但會將犬展化身為華麗的舞台，並以領先流行的服裝、巧妙的犬隻牽引技巧、傑出的表演方式，讓所有參展觀眾留下難以忘懷的印象，是一項非常特殊的職業。當然，在參賽當日讓狗狗以最佳狀態出場的寵物美容技巧，也是他們重要的事前準備工作。

專業指導手不只針對單一犬種，他們幾乎會面對所有的犬種並負責牽引牠們，因此有些指導手會擁有「全犬種指導手」的頭銜。雖然也會有比較擅長牽引的犬種，不過基本上只要有飼主委託他們，不論什麼犬種他們都必須能夠完成牽引。而既然身為專業人士，就必須精通所有的犬種，因此專業指導手會經常赴海外參加各種犬展，累積自己的經驗。

■ 向審查員展示犬隻的方法

犬隻的牽引其實就是一種展示犬隻的過程，而展示的對象為審查員，絕非旁邊圍觀的觀眾。應該說一個好的犬隻牽引過程，只會凸顯犬隻本身，而指導手則應該像舞台上的黑衣人員一般，操控犬隻展現出自己的優點。

指導手在向審查員展示犬隻時，最重要的就是「時機」。不論再好的牽引技巧，若沒有在好的時機讓審查員看到的話，所有的技巧都是徒勞無功。審查過程本身就像比賽一樣，指導手與審查員之間默默存在著策略應用，指導手必須事先得知審查員想要看到的是什麼，並透過良好的時機展現給審查員看。

而指導手必須一邊看著犬隻，一邊隨時注意審查員的視線及動作，才算是達到犬隻牽引的基本功。

■ 展現犬隻牙齒的方法

「牙齒」對於某些犬種來說，是很重要的審查重點。指導手必須先親自仔細觀察犬隻的牙齒狀態，包括牙齒的數量、牙齒各自的功能性、咬合是否正確、牙齒是否清潔等。
雖然在犬展中審查員經常會親自觸審檢查，不過也有少數情況是審查員要求指導手展示給他們檢查。當審查員只是想要檢查犬隻的咬合狀況時，指導手不必將犬隻的嘴巴大張露出口腔深處。而若是想檢查臼齒時，則只需要以正面、左邊、右邊、開口四個動作就可以讓審查員看到。
不過缺齒對工作犬種而言屬於不合格的事項，這個時候就必須打開犬隻的口腔加以檢查。

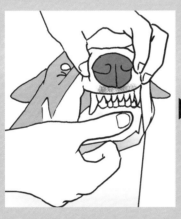

一手按住犬隻嘴唇的兩側往上提，另一手則將犬隻的下嘴唇輕輕地往下拉。

以兩手分別將犬隻的上唇和下唇拉開，為了讓審查員看到左側與右側的牙齒，需將犬隻的頭部向右轉和向左轉，讓審查員可以從正面直接觀察。

由於缺齒對工作犬種而言屬於不合格的事項，指導手必須讓犬隻面對審查員，並將口腔張大，方便審查員檢查後方的大臼齒。

犬隻牽引之實用技術

■ 犬隻牽引之實用技術

先介紹幾種牽引犬隻所需要的道具，由於各犬種需要的道具可能不盡相同，必須事先確認該犬種的需求。

牽繩為最基本的道具，犬隻出賽時牽繩會繫在牠們的脖子上，是連接指導手與犬隻的重要道具。牽繩可簡單分為兩種：

● P字鍊（緊縮型牽繩）
● Resco型犬展牽繩（脖子上方有金屬扣）

哪一型的牽繩比較好用，可看自己或犬隻比較適應哪一種牽繩，或是詢問一下其他人的意見再來判斷。

在進行牽引練習時，最好在大鏡子前面或是找一個有很多玻璃牆面的建築物，能反射出自己與犬隻影像的場所練習。牽引的訓練過程中，最重要的是耐性。親切地與狗狗進行溝通，讓人狗都能享受練習的過程，樂在其中才是技術進步的訣竅。狗狗繫上牽繩後可能需要花費一段時間才會習慣它的存在，等到習慣之後，能夠用一根牽繩控制狗狗行動的樂趣是無可取代的。

第一個練習的牽引動作是牽著犬隻直線前進，接著迴轉後回到原點，也就是「直線來回（up and down）」練習。目前犬展實施的審查步態方式，幾乎都是直線來回、三角路線、繞場路線三種模式。其他如L字型、T字型、逆三角等路線，則是在考驗犬隻牽引技術的犬隻牽引競賽中實施。

■ 賽場內的步行方式

進入賽場後，審查員會指示參賽者步行路線，大多是「三角路線」或「直線來回」。

【三角路線】

❶ 開始行走後，審查員會檢查犬隻後肢的動作。
❷ 接下來審查員會檢查犬隻前肢與後肢的伸展距離（Reach）、頭部的穩定度、背線，因此指導手必須以適合該犬種的速度，展現出優良的伸展距離和流暢的動作。
❸ 接著朝著審查員以筆直路線回到審查員面前，讓審查員可以檢查前肢的運動方式是否正確。
❹ 到達審查員面前1公尺時，讓犬隻自然停下（不觸摸犬隻），盡量以不會讓審查員看到犬隻缺點的姿勢佇立，並盡可能地展現出犬隻的優點。

【直線來回】

牽著犬隻直線遠離審查員後再回到審查員面前的行進路線，與三角路線的第1、3、4點相同，指導手必須將犬隻前、後肢的動作漂亮地展現給審查員看。

【繞場路線】

指導手必須注意從入場那一刻起審查員就會開始觀察犬隻。靜態展示前不一定會讓犬隻繞場行進。在讓犬隻靜止佇立時，必須與先前的犬隻保持一定間隔，並儘快擺放好犬隻靜態展示的姿勢。

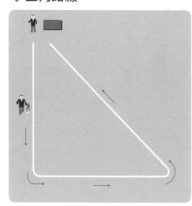

◆ 三角路線

◆ 直線來回

◆ Resco型犬展牽繩

◆ P字鍊

◆ 繞場路線

大型犬展的審查情形。指導手讓所牽引的犬隻以隱藏缺點、展現優點的最佳站姿，在審查員面前完成靜態展示。

◆ 桌上的靜態展示

◆ 牽引小型犬

◆ 牽引大型犬

■■ 犬隻的靜態展示

先前已介紹過犬展中的步態審查方法，接下來將說明犬隻的「靜態展示」。

所謂靜態展示，也就是展示犬隻的站姿。讓犬隻佇立不動並擺出理想的姿勢，以側面正對著審查員。指導手必須掌握住犬種的特徵，才能讓自己的犬隻以最理想的站姿展示在審查員面前。當然，這世界上並不存在著符合理想的完美犬隻，不過如何讓犬隻盡量展現出完美的一面卻非常重要。而要在數秒內讓犬隻擺出理想的站姿，就需要平日進行訓練。

此外，依據犬種的不同，並非都要以側面面對審查員，有的犬種會頭部靠近審查員地佇立在賽場上，而像德國狼犬這一類的犬種則會將後肢的角度充分拉開，以彷彿要衝出去的獨特站姿展示在審查員面前。

在進行小型犬的靜態展示時，有時會讓犬隻站在桌子上接受審查。指導手讓犬隻站在桌上的時候，須注意要讓犬隻站在靠近審查員、審查員容易進行觸審的位置。若是特徵為水平背線的犬種，還必須展示出犬隻四肢的站姿、腳之間的寬度以及重心位置。

使用牽繩牽引犬隻前進、繞場行走、自然停下、靜態展示等，犬展當日就是展示平日練習成果的日子，每一次參展都是重頭戲。一開始參加犬展時，大家都會感到緊張，而這種緊張的壓力也會透過牽繩傳染給犬隻。因此在正式上場時，到底能發揮多少平日的練習成果就是關鍵。只要多累積幾次經驗，有時說不定會展現出比練習還好的效果。經驗累積關係到犬展的成績，指導手和參賽犬的目標就是習慣賽場氣氛，讓自己發揮出100%的實力。而除了犬展之外，若想要增進自己的牽引技巧，還可以挑戰犬隻牽引競賽。此外，也有為10～18歲的青少年所舉辦的青少年犬隻牽引賽，從小時候培養對犬展的興趣，將來說不定會是個大放異彩的優秀指導手。

犬展制度

■ 參展前的準備

關於犬展，大家首先該知道的，就是犬展並非是「分出勝負」的過程。所謂的犬展，與人類為了選出外型優美的佳麗而彼此競爭或比較的選美比賽並不相同。犬展是為了選出優良的純種犬種畜，以做為將來犬隻繁殖的方向。也就是透過精通犬種標準的審查員，來檢查這些參賽犬隻是否真的擁有影響該犬種將來發展的重要要素。因此若是自家犬隻在自己的牽引下獲得優良的成績，就表示這隻狗狗將來可能生下素質極佳的後代。

要參加日本畜犬協會（以下簡稱JKC）所舉辦的犬展，必須具備以下條件，才能在犬展上牽引犬隻出賽：

❶ 必需是JKC的會員（犬隻所有人的家人也可參加）
❷ 參賽犬隻必須以參賽者自身的名義參加（或完成所有權變更手續）
❸ 滿足犬隻出賽條件（出生未滿四個月又一天（俱樂部展覽會）、未完成疫苗施打、健康狀況不佳、習慣咬人的犬隻以及發情中的雌犬等均不能參賽）

若滿足上述三個條件，則可與展覽會的主辦單位洽詢，在截止日之前完成報名手續，就可拿到該次展覽會的相關資料，其中包括舉辦會場、參展截止日、審查員名單等內容。

決定參展之後，就必須在賽前不斷地練習。犬展中的審查員會以「視審與觸審」方式評比犬隻，視審就是以眼睛觀察參賽犬隻，可以說就是整個審查過程。視審又分動態審查及靜態審查，靜態審查就是在犬隻靜止不動的狀態下，審查員從前方、側面、後方觀察犬隻，並與犬種標準所創造的理想外型比較，動態審查則是觀察犬隻運動時所表現出的姿態，藉以確認犬隻的健全性（身體各部位是否都有發揮正常功能）。

指導手的牽引技術是讓犬隻得以展現優點、掩飾缺點的重要關鍵。觸審過程中，尤其是檢查牙齒咬合的項目，是犬隻最不喜歡的項目，因此在參賽前必須讓狗狗練習接受別人的

碰觸。JKC的俱樂部聯合展覽會中，也會為飼主指導手舉辦相關的訓練課程，在那裡可以免費學習到犬隻牽引的技巧，建議可以去參加看看。

若參賽犬為㹴犬或貴賓犬等需要進行寵物美容的犬種，那麼參賽前的毛髮保養就非常重要。由於㹴犬（尤其是剛毛型的㹴犬）的美容造型非常困難，一定要讓牠們的毛髮在參展當天維持在最佳狀態。毛髮的狀態會因為個體差異、氣候、平日的照顧保養等因素有所差異，因此要有足夠的經驗才能使毛髮維持在良好的狀態，至於利用拔毛刀等工具拔除被毛，使被毛顯得更加剛硬，則完全屬於專業技術的範疇。而貴賓犬在參賽時，必須將毛髮修剪成規定的三種犬展造型之一才能出賽，這就必須在賽前參加各種寵物美容或剪毛相關的講習課程，才有辦法學到。

或許大家會覺得參加犬展是一條路途非常遙遠的道路，但當愛犬能夠在賽場上發揮練習的成果，其喜悅又非其他事物可以比擬。不只愛犬而已，自身的訓練也非常重要，請謹記參賽並不是為了那項成績，而是為了追求自己平日訓練能夠開花結果的成就感。

■ 冠軍犬（CH）的意義

首先先簡單說明一下何謂冠軍犬。犬展是為了選出適合繁殖後代的種雄犬或種雌犬，也就是由精通犬種的審查員，在適合做為繁殖種畜的參賽犬隻中選出一個贏家，並簽名頒發CC（挑戰獎，Challenge Certificate）證明書或M.CC（Major CC……在參賽犬隻數量較多或規模較大的犬展中頒發）證明書給參賽犬隻。目前JKC的制度，當犬隻從兩名以上的審查員手中取得四張CC證明書（包含一張M.CC證明書）時，才可以取得冠軍犬資格。

取得冠軍犬這個頭銜，並非只是為了讓繁殖者自我滿足，而是證明該犬隻在犬展中獲得了審查員的認可，至於為什麼規定要從兩個以上的審查員手中獲得證書，則是為了藉由不同的眼光，保證該犬隻的確擁有適合做為種雄犬

或種雌犬的極高素質。取得的條件必需是出生後九個月又一天以上的犬隻，且一定要從兩隻以上的參賽犬中選出。

JKC的犬展規則

（2011年9月1日當時）

JKC所舉辦的犬展，大致可分成單犬種展、犬種分組展、全犬種展、俱樂部聯合展覽會和FCI犬展五種。每一個犬展的規定因舉辦規模不同而有所差異，在此先以最常舉辦的全犬種俱樂部展覽會的冠軍犬展來說明犬展的規則。

JKC的犬展是以淘汰賽的方式舉行，流程為單犬種審查→犬種分組審查→KING/QUEEN審查→BIS審查。

【單犬種審查】

單犬種審查的規定分為一般系統和單獨系統兩種，單獨系統只有在參加犬展的犬隻數量各犬種超過40隻時才會採用。單犬種審查即是選出該犬種的冠軍，會先將參賽犬隻分為雄犬

和雌犬兩組，並從雄犬開始審查。除了冠軍犬外，會在各年齡分組（青少年組、青年組、成年組）中選出前三名，並從各年齡分組的第一名中選出優勝雄犬（WD，Winners Dog），優勝犬可獲得挑戰獎CC證明書（必須是從三隻以上的參賽犬隻中選出的優勝犬才可獲得）。之後再對冠軍犬與優勝犬進行審查，選出單犬種冠軍（BOB，Best of Breed）。雌犬的選拔方式也是一樣，只是名稱從優勝雄犬改為優勝雌犬（WB，Winners Bitch）。於是雄犬和雌犬分別都有選出一隻BOB犬（圖1A、B）。

由於單獨系統是一個參賽犬超過40隻以上的大型比賽，因此在年齡分組之外還加入自家繁殖組，亦即分成青少年組、青年組、成年組、自家繁殖青少年組、自家繁殖青年組、自家繁殖成年組六組。除了冠軍犬外，每組選出前三名，再從各組的第一名中選出一隻WD，再從該組（選出WD的分組）的第二名與其他組第一名（沒被選上WD的犬隻，共五隻）之間選出R.WD（候補優勝犬），剩下未被選上的分組第一名也會獲得特優獎EX（每組參賽犬隻有兩隻以上時），但選出WD的分組第二名則無法獲得EX。WD和R.WD均會獲得M.CC證明書，而EX得獎犬只要分組審查中有三隻以上參賽犬的也可以獲得CC證明書。BOB的選拔方式與一般系統相同，在優勝犬與冠軍犬之間選出。雌犬組也一樣，將名稱改為WB和R.WB（候補優勝雌犬）。

【犬種分組審查】

犬種分組審查是針對犬種所屬的犬種分組進行審查，也就是從同一犬種分組的不同犬種間選出前三名（圖2）。

【KING/QUEEN審查】

由BIS（Best in Show，全場總冠軍）審查員從FCI犬種分組第一組～第十組的分組冠軍犬BIG（Best of Group）中，選出三隻KING（最佳雄犬）候補犬，然後從這三隻候補犬中選出一隻KING，另外兩隻則為R.KING

犬展的年齡分組

【幼犬競賽展Match Show】
·特幼組（出生後4個月又1天～6個月）
·幼犬組（出生後6個月又1天～9個月）
※幼犬競賽展是專門針對幼犬所進行的犬展，展場上不頒發CC。

【冠軍犬展】
·青少年組（出生後9個月又1天～15個月）
·青年組（出生後15個月又1天～24個月）
·成犬組（出生後24個月以上）
·冠軍犬
※冠軍犬包括JKC冠軍犬、FCI世界美犬冠軍（FCI International Beauty Champion）、經認定之國外畜犬協會的冠軍犬等，但不同的犬展規模其參展資格也會有所變化。

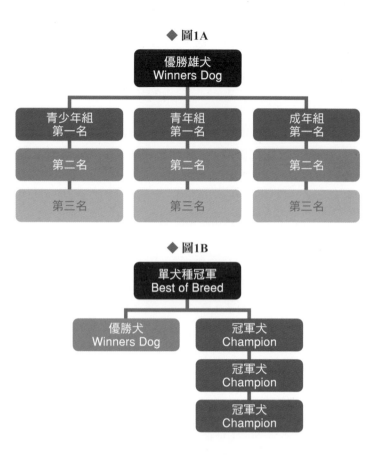

◆ 圖1A

優勝雄犬
Winners Dog

青少年組 第一名	青年組 第一名	成年組 第一名
第二名	第二名	第二名
第三名	第三名	第三名

（候補最佳雄犬）。雌犬也是一樣，選出一隻QUEEN（最佳雌犬）及兩隻R.QUEEN（候補最佳雌犬）（圖3）。

【BIS審查】

最後從KING和QUEEN之間選出BIS（Best in Show，全場總冠軍），即該犬展最光榮的名次，亦即所有參賽犬隻中的最優秀犬隻（圖4）。

◆ 圖1B

單犬種冠軍
Best of Breed

優勝犬
Winners Dog

冠軍犬
Champion

冠軍犬
Champion

冠軍犬
Champion

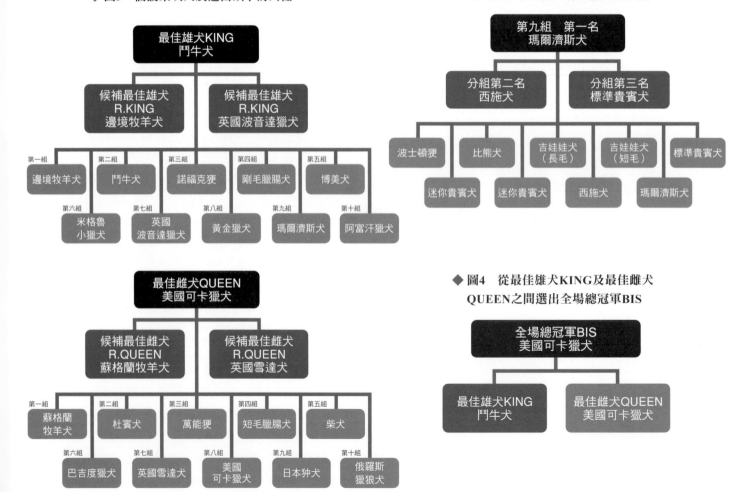

◆ 圖3　假設某次犬展選出以下的犬種

最佳雄犬KING
鬥牛犬

候補最佳雄犬 R.KING 邊境牧羊犬

候補最佳雄犬 R.KING 英國波音達獵犬

第一組 邊境牧羊犬
第二組 鬥牛犬
第三組 諾福克㹴
第四組 剛毛臘腸犬
第五組 博美犬
第六組 米格魯小獵犬
第七組 英國波音達獵犬
第八組 黃金獵犬
第九組 瑪爾濟斯犬
第十組 阿富汗獵犬

◆ 圖2　以FCI第九組為例，假設在某次犬展中第九組共有九個犬種出賽

第九組　第一名
瑪爾濟斯犬

分組第二名
西施犬

分組第三名
標準貴賓犬

波士頓㹴
比熊犬
吉娃娃犬（長毛）
吉娃娃犬（短毛）
標準貴賓犬
迷你貴賓犬
迷你貴賓犬
西施犬
瑪爾濟斯犬

最佳雌犬QUEEN
美國可卡獵犬

候補最佳雌犬 R.QUEEN 蘇格蘭牧羊犬

候補最佳雌犬 R.QUEEN 英國雪達犬

第一組 蘇格蘭牧羊犬
第二組 杜賓犬
第三組 萬能㹴
第四組 短毛臘腸犬
第五組 柴犬
第六組 巴吉度獵犬
第七組 英國雪達犬
第八組 美國可卡獵犬
第九組 日本狆犬
第十組 俄羅斯獵狼犬

◆ 圖4　從最佳雄犬KING及最佳雌犬QUEEN之間選出全場總冠軍BIS

全場總冠軍BIS
美國可卡獵犬

最佳雄犬KING
鬥牛犬

最佳雌犬QUEEN
美國可卡獵犬

犬體用語解說

在參觀犬展或是閱讀犬種標準時，有時會聽到一些很陌生的詞彙，本篇謹就犬隻身體各部位說明專門用語所代表的意義。

■ 頭部

蘋果頭（Apple head）
頭部像蘋果一樣呈現圓形，例如吉娃娃犬。

枕骨（Occipital bone）
後腦，頭蓋骨底部突起的部分。

頭冠（Crown）
頭部的最頂端

頭蓋骨（Skull）
頭骨、顱骨

額段（Stop）
兩眼之間，鼻樑與頭蓋骨連接處的凹陷部位

長口吻臉（Snipy face）
口吻部尖細而軟弱的臉。

下垂臉（Down face）
口吻部為從頭蓋骨往鼻尖方向向下傾斜的臉型。

厚臉頰（cheeky）
臉頰呈現明顯的圓形，臉頰肉厚而向外突出。

臉頰（Cheek）
臉頰。

巨蛋頭（Dome head）
從正面看犬隻的頭頂像巨蛋一樣呈現圓形，例如美國可卡獵犬。

狐狸臉（Foxy）
尖型鼻尖，像狐狸一般的臉型。

平頭（Flat head）
平坦的頭蓋骨。

Broken - up face
額段和皺紋極深，下顎向前突出，鼻子深陷的臉型。例如北京犬、鬥牛犬。

皺紋（Wrinkle）
皺紋，特別指頭部前方及臉上的皺紋。

■ 耳朵

穗狀耳毛（Ear fringe）
耳朵邊緣長有長條狀的耳毛，例如蝴蝶犬、長毛獵犬類、雪達犬類。

流蘇（Tassel）
耳尖像流蘇一般的耳毛，例如貝林頓㹴。

蝶形耳（Butterfly ear）
形狀像蝴蝶一般的耳朵，例如蝴蝶犬。

■ 鼻子

冬季鼻（Winter nose）
平常為黑色的鼻頭一到冬天就轉變成褐色的狀態。

達德利鼻（Dudley nose）
肉色的鼻子。

鼻樑（Nose bridge）
口吻上方從額段到鼻子的部位。

蝴蝶鼻（Butterfly nose）
鼻子呈現肉色且帶有黑色斑點。

■ 眼睛

杏仁眼（Almond eye）
眼睛輪廓的形狀像杏仁一樣。

眉毛（Eye brow）
眉毛。

眼球（Eyeball）
眼球。

睫毛（Eye lash）
睫毛。

眼框（Eye rim）
眼眶、眼線。

卵型眼（Oval eye）
雞蛋或橢圓型的眼睛，例如貴賓犬、迷你雪納瑞犬。

陰陽眼（odd eye）
原意是古怪的、不平衡的意思，指兩隻眼睛的顏色不同，例如西伯利亞雪橇犬。

■ 口

口吻（Muzzle）
口吻部，指從兩眼之間或額段到臉部最前方的部位。

唇（Lip）
嘴唇。

■ 頸部

喉結（Adam's apple）
喉結。

Wet neck
皮膚鬆弛、垂皮很多的頸部。

頸脊（Crest）
第二頸椎處，脖子的上方。

垂皮（Dewlap）
喉嚨下方鬆弛下垂的皮膚，例如巴吉度獵犬。

■ 身軀

輪廓（Outline）
整個身體外型的輪廓。

腹部（Abdomen）
腹部。

底側輪廓（Underline）
從側面看胸腔下方往下腹部形成的線條。

肩胛隆起（Withers）
鬐甲，頸部後方肩胛最高的部位。

腰薦部（Coupling）
肋骨到骨盆之間的部位，腰部。

駝背（Camel back）
像單峰駱駝一般背線向上拱起的背部。

土墩型（Cloddy）
矮胖結實且重心低的體型。

矮胖型（Cobby）
短小的體型。

凹背（Sway back）
肩胛隆起到髖骨間背線下沉的背部。

方型身軀（Square type）
身高與體長相等的方型身軀。

蜷腰（Tuck up）
身軀的厚度從胸部往腰部的方向漸漸變淺，軀體變細的部位。

背線（Top line）
從側面觀看，從後腦開始經過頸部、背部、腰部、臀部到尾端整個身軀上方形成的線條。

後軀（Hindquarter）
後半身。

背部（Back）
肩胛隆起到十字部（腰臀相連的部位）之間的部位。若距離特別短的則稱為短背（Short back）。

桶狀（Barrel）
肋骨部位呈現圓桶狀鼓起的身軀，會妨礙前肢的運動。

前胸（Brisket）
前胸，前肢之間的胸部。

前半身（Front）
身軀的前半部，包括前肢、前胸、肩膀、頸部等部位的總稱，有時也單指一個部位。

水平背（Level back）
水平的背線。

臀部（Croup）
臀部，腰部後方、後肢上方的部位。

鞍型背（Saddle back）
肩胛隆起後方呈現下凹形狀的背部。

毛旋（Pivot）
毛髮形成漩渦狀。

側腹（Flank）
側腹部。

腰部（Loin）
腰部，最後方的肋骨與後軀之間背脊兩側的部位。

大腿（Upper thigh）
大腿部，臀部到膝蓋之間的部位。

肘部（Elbow）
肘部，肱骨與橈骨之間的關節部位。

肘關節（Elbow joint）
肘關節。

膝關節（Stifle）
股骨與脛骨之間的膝關節，膝蓋。

骹（Pastern）
前腳腳掌與腳趾之間的部位。

跗關節（Hock）
又稱飛節，組成跗骨的七塊骨頭中跟骨隆起的部分。

角度（Angulation）
骨頭與骨頭之間形成的角度，通常用來指肩關節、肘關節、膝關節或跗關節的角度。

牛型跗關節（Cow hock）
後肢的跗關節跟牛一樣向內側彎曲，會使推進力下降，被視為缺陷之一。

鐮狀跗關節（Sickle hock）
後肢的跗關節不呈現筆直狀，而是像鐮刀一樣彎曲。

前軀挺直（Straight front）
從側面看犬隻的前軀部分與地面幾乎呈現垂直角度的狀態。

直肩（Straight shoulder）
肩胛骨不往後方傾斜而偏向前方，與肱骨形成大角度。

後仰肩（Lay back）
與直肩相反，肩胛骨往後方傾斜。

■被毛

脫毛（Out - of - coat）
換毛期間的脫毛狀態。

鬚毛（Whisker）
指臉頰上的鬍鬚或口吻兩側的長毛，例如布魯塞爾格里芬犬。

波狀毛（Wavy coat）
波浪狀的毛髮，例如大白熊犬（庇里牛斯山犬）。

圍兜毛（Apron）
或稱荷葉邊毛，前胸的裝飾毛。

褲裙毛（Culotte）
大腿後方又長又厚的毛髮。

繩狀毛（Corded coat）
糾結在一起形成繩子狀的毛髮。

尨毛（Shaggy）
長而密實的毛髮，例如英國古代牧羊犬。

死毛（Death coat）
掉毛期間脫落的毛髮。

冠毛（Top knot）
生長在頭頂上的一縷長毛，例如丹第丁蒙㹴、貴賓犬。

剛硬毛（Harsh coat）
粗糙而堅硬的毛髮。

頸背部毛（Hackle）
犬隻生氣時頸部及背部因本能反應而倒豎的毛髮。

劍翎毛（Feathering）
長在耳朵、四肢、尾巴或軀幹上的羽毛狀裝飾毛。例如可卡獵犬。

垂毛（Fall）
從頭底垂到臉部的長毛。

頸毛（Frill）
長在下巴或胸口的長而濃密的裝飾毛，例如蘇格蘭牧羊犬。

硬毛（Broken coat）
粗毛的一種，硬而豎立的毛髮，與broken haired相同。

鬃毛（Mane）
長在頸背或頸部周圍，長而濃厚的裝飾毛，例如北京犬、貴賓犬。

粗毛（Rough coat）
粗硬而蓬鬆的毛髮，包括中等長度的毛髮及長毛，例如牧羊犬。

犬種資料

JKC認定的所有犬種資料

目前世界上的純種犬，包括未經認定的犬種，共有700～800種。在FCI（世界畜犬聯盟）所認定的300多個犬種中，JKC（日本畜犬協會）目前（截至2011年11月）共登錄有189個犬種（包括暫時認定的犬種）。各犬種依其生活習性、型態、用途分成10組，接下來將一一介紹各犬種分組的特徵與登錄犬種。

第**1**組

牧羊犬和牧牛犬（不含瑞士高山牧牛犬）

負責引導及保護家畜的犬種，能正確接受位於
遠處的指導手下達的指令。

卡狄肯威爾斯柯基犬
WELSH CORGI CARDIGAN
原產地：英國

潘布魯克威爾斯柯基犬
WELSH CORGI PEMBROKE
原產地：英國

澳洲牧牛犬
AUSTRALIAN CATTLE DOG
原產地：澳洲

澳洲卡爾比犬
AUSTRALIAN KELPIE
原產地：澳洲

澳洲牧羊犬
AUSTRALIAN SHEPHERD
原產地：澳洲

英國古代牧羊犬
OLD ENGLISH SHEEPDOG
原產地：英國

庫瓦茲犬
KUVASZ
原產地：匈牙利

克羅埃西亞牧羊犬
CROATIAN SHEEPDOG
原產地：克羅埃西亞

可蒙犬
KOMONDOR
原產地：匈牙利

喜樂帝牧羊犬
SHETLAND SHEEPDOG.
原產地：英國

德國狼犬
GERMAN SHEPHERD DOG
原產地：德國

史奇派克犬
SCHIPPERKE
原產地：比利時

短毛牧羊犬
SMOOTH COLLIE
原產地：英國

長鬚牧羊犬
BEARDED COLLIE
原產地：英國

庇里牛斯牧羊犬
PYRENIAN SHEEPDOG
原產地：法國

法蘭德斯畜牧犬
BOUVIER DES FLANDRES
原產地：比利時

波蜜犬
PUMI
原產地：匈牙利

匈牙利牧羊犬
PULI
原產地：匈牙利

布利亞犬
BRIARD
原產地：法國

比利時狼犬
BELGIAN SHEPHERD DOG
原產地：比利時

法國狼犬
BEAUCERON
原產地：法國

邊境牧羊犬
BORDER COLLIE
原產地：英國

波蘭低地牧羊犬
POLISH LOWLAND SHEEPDOG
原產地：波蘭

白色瑞士牧羊犬
WHITE SWISS SHEPHERD DOG
原產地：瑞士

馬瑞馬牧羊犬
MAREMMA SHEEPDOG
原產地：義大利

蘇格蘭牧羊犬
ROUGH COLLIE
原產地：英國

第2組

賓莎犬和雪納瑞犬、獒犬類、瑞士山地犬和瑞士牧牛犬及相關犬種

適合做為看門犬、警犬、工作犬的犬種。給人強壯有力印象，擁有保護共同生活對象的強烈本能及優秀的工作能力。

阿芬品狻
AFFENPINSCHER
原產地：德國

義大利可梭犬
ITALIAN CORSO DOG
原產地：義大利

艾斯崔拉山犬
ESTRELA MOUNTAIN DOG
原產地：葡萄牙

大丹犬
GREAT DANE
原產地：德國

大白熊犬
GREAT PYRENEES
原產地：法國

高加索犬
CAUCASIAN SHEPHERD
原產地：俄羅斯

沙皮犬
SHAR - PEI
原產地：中國

德國杜賓犬
GERMAN PINSCHER
原產地：德國

巨型雪瑞納犬
GIANT SCHNAUZER
原產地：德國

標準雪瑞納犬
STANDARD SCHNAUZER
原產地：德國

西班牙獒犬
SPANISH MASTIFF
原產地：西班牙

聖伯納犬
ST. BERNARD
原產地：瑞士

中亞牧羊犬
CENTRAL ASIA SHEPHERD DOG
原產地：俄羅斯

西藏獒犬
TIBETAN MASTIFF
原產地：西藏

杜賓犬
DOBERMANN
原產地：德國

阿根廷獵豹犬
DOGO ARGENTINO
原產地：阿根廷

土佐犬
TOSA
原產地：日本

拿波里獒犬
NEAPOLITAN MASTIFF
原產地：義大利

紐芬蘭犬
NEWFOUNDLAND
原產地：加拿大

伯恩山犬
BERNESE MOUNTAIN DOG
原產地：瑞士

庇里牛斯獒
PYRENEAN MASTIFF
原產地：西班牙

巴西護衛犬
BRAZILIAN GUARD DOG
原產地：巴西

英國鬥牛犬
BULLDOG
原產地：英國

牛獒
BULLMASTIFF
原產地：英國

拳師犬
BOXER
原產地：德國

波爾多犬
BORDEAUX MASTIFF
原產地：法國

英國獒犬
MASTIFF
原產地：英國

迷你雪納瑞犬
MINIATURE SCHNAUZER
原產地：德國

迷你杜賓犬（迷你品犬）
MINIATURE PINSCHER
原產地：德國

蘭伯格犬
LEONBERGER
原產地：德國

羅威拿犬
ROTTWEILER
原產地：德國

第**3**組

㹴犬

專門狩獵居住在洞穴中之小型動物（例如狐狸）的小型獸用獵犬，擁有㹴犬勇敢的特質與獵犬的運動能力是這個犬種的魅力所在，即使養在家中也需要適度的運動。

愛爾蘭軟毛㹴
IRISH SOFT-COATED WHEATEN TERRIER
原產地：愛爾蘭

愛爾蘭㹴
IRISH TERRIER
原產地：英國

美國斯塔福郡㹴
AMERICAN STAFFORDSHIRE TERRIER
原產地：美國

西高地白㹴
WEST HIGHLAND WHITE TERRIER
原產地：英國

威爾斯㹴
WELSH TERRIER
原產地：英國

萬能㹴
AIREDALE TERRIER
原產地：英國

澳洲絲毛㹴
AUSTRALIAN SILKY TERRIER
原產地：澳洲

澳洲㹴
AUSTRALIAN TERRIER
原產地：澳洲

凱恩㹴
CAIRN TERRIER
原產地：英國

凱利藍㹴
KERRY BLUE TERRIER
原產地：愛爾蘭

西里漢㹴
SEALYHAM TERRIER
原產地：英國

德國獵㹴
GERMAN HUNTING TERRIER
原產地：德國

傑克羅素㹴
JACK RUSSELL TERRIER
原產地：英國
改良國：澳洲

斯凱㹴
SKYE TERRIER
原產地：英國

蘇格蘭㹴
SCOTTISH TERRIER
原產地：英國

斯塔福郡鬥牛㹴
STAFFORDSHIRE BULL TERRIER
原產地：英國

軟毛獵狐㹴
SMOOTH FOX TERRIER
原產地：英國

丹第丁蒙㹴
DANDIE DINMONT TERRIER
原產地：英國

玩具曼徹斯特㹴
TOY MANCHESTER TERRIER
原產地：英國

日本㹴
JAPANESE TERRIER
原產地：日本

諾福克㹴
NORFOLK TERRIER
原產地：英國

諾威奇㹴
NORWICH TERRIER
原產地：英國

帕森羅素㹴
PARSON RUSSELL TERRIER
原產地：英國

牛頭㹴
BULL TERRIER
原產地：英國

貝林登㹴
BEDLINGTON TERRIER
原產地：英國

邊境㹴
BORDER TERRIER
原產地：英國

曼徹斯特㹴
MANCHESTER TERRIER
原產地：英國

迷你牛頭㹴
MINIATURE BULL TERRIER
原產地：英國

約克夏㹴
YORKSHIRE TERRIER
原產地：英國

湖畔㹴
LAKELAND TERRIER
原產地：英國

剛毛獵狐㹴
WIRE FOX TERRIER
原產地：英國

第**4**組

臘腸犬

專門狩獵地面洞穴中的獾或野兔的獵犬，由於這個目的而改良成短腿、身體長的外型，目前是極受歡迎的玩賞犬。

臘腸犬

DACHSHUND

原產地：德國

體　型：臘腸犬

　　　　迷你臘腸犬

　　　　超迷你臘腸犬

毛　質：軟毛

　　　　長毛

　　　　剛毛

第**5**組

狐狸犬及原始型犬種
包括日本犬種的狐狸犬類。大多數犬種的樣貌
都帶有濃厚的原始色彩。

秋田犬
AKITA
原產地：日本

美國秋田犬
AMERICAN AKITA
原產地：美國

阿拉斯加雪橇犬
ALASKAN MALAMUTE
原產地：美國

伊比莎獵犬
IBIZAN HOUND
原產地：西班牙

甲斐犬
KAI
原產地：日本

毛獅犬
KEESHOND
原產地：德國

紀州犬
KISHU
原產地：日本

格陵蘭犬
GREENLAND DOG
原產地：格陵蘭

韓國金刀犬
KOREA JINDO DOG
原產地：韓國

薩摩耶犬
SAMOYED
原產地：俄羅斯北部及西伯利亞

四國犬
SHIKOKU
原產地：日本

柴犬
SHIBA
原產地：日本

西伯利亞雪橇犬
SIBERIAN HUSKY
原產地：美國

德國狐狸犬
GERMAN SPITZ MITTEL
原產地：德國

墨西哥無毛犬
THAI RIDGEBACK DOG
原產地：墨西哥

泰國脊背犬
THAI RIDGEBACK DOG E
原產地：泰國

鬆獅犬
CHOW CHOW
原產地：中國

日本狐狸犬
JAPANESE SPITZ
原產地：日本

挪威獵麋犬
NORWEGIAN ELKHOUND GREY
原產地：挪威

挪威牧羊犬
NORWEGIAN BUHUND
原產地：挪威

巴仙吉犬
BASENJI
原產地：中美洲

法老王獵犬
PHARAOH HOUND
原產地：馬爾他共和國

秘魯無毛犬
PERUVIAN HAIRLESS DOG
原產地：秘魯

北海道犬
HOKKAIDO
原產地：日本

博美犬
POMERANIAN
原產地：德國

拉普蘭畜牧犬
LAPPONIAN HERDER
原產地：芬蘭

第6組

嗅覺型獵犬及相關犬種

利用大聲的吠叫聲與絕佳的嗅覺來追捕獵物的獵犬。透過嗅覺訓練與運動可引出牠們天生的本能。

美國獵狐犬
AMERICAN FOXHOUND
原產地：美國

大麥町犬
DALMATIAN
原產地：克羅埃西亞大麥町地區

巴吉度犬
BASSET HOUND
原產地：英國

哈利犬
HARRIER
原產地：英國

米格魯小獵犬
BEAGLE
原產地：英國

小巴吉度犬
PETIT BASSET GRIFFON VENDEEN
原產地：法國

黑棕色獵浣熊犬
BLACK AND TAN COONHOUND
原產地：美國

尋血獵犬
BLOODHOUND
原產地：比利時

磁器犬
PORCELAINE
原產地：法國

羅德西亞脊背犬
RHODESIAN RIDGEBACK
原產地：非洲南部（南非畜犬聯盟及辛巴威畜犬協會）

第**7**組

指示犬

尋找出獵物並安靜指示出獵物位置的獵犬，擁有明顯的狩獵本能，即使過著一般生活也能隱約看出獵犬的性格。

愛爾蘭雪達犬
IRISH SETTER
原產地：愛爾蘭

愛爾蘭紅白雪達犬
IRISH RED AND WHITE SETTER
原產地：愛爾蘭

義大利指示犬
ITALIAN POINTING DOG
原產地：義大利

英國雪達犬
ENGLISH SETTER
原產地：英國

英國波音達獵犬
ENGLISH POINTER
原產地：英國

哥頓雪達犬
GORDON SETTER
原產地：英國

德國短毛波音達獵犬
GERMAN SHORTHAIRED POINTER
原產地：德國

德國剛毛波音達獵犬
GERMAN WIREHAIRED POINTER
原產地：德國

短毛匈牙利維茲拉犬
SHORTHAIRED HUNGERIAN VIZSLA
原產地：匈牙利

不列塔尼獵犬
BRITTANY SPANIEL
原產地：法國

大木斯德蘭犬
LARGE MUNSTERLANDER
原產地：德國

威瑪獵犬
WEIMARANER
原產地：德國

第**8**組

尋回獵犬、激飛獵犬、水獵犬

前七組犬種以外的獵鳥犬，包括擅長將獵物叼
回來的犬種及在水邊狩獵的犬種等多數受到日
本家庭歡迎的犬種。

愛爾蘭水獵犬
IRISH WATER SPANIEL
原產地：愛爾蘭

美國可卡獵犬
AMERICAN COCKER SPANIEL
原產地：美國

英國可卡獵犬
ENGLISH COCKER SPANIEL
原產地：英國

英國史賓格獵犬
ENGLISH SPRINGER SPANIEL
原產地：英國

威爾斯史賓格獵犬
WELSH SPRINGER SPANIEL
原產地：英國

捲毛尋回獵犬
CURLY-COATED RETRIEVER
原產地：英國

可倫坡獵犬
CLUMBER SPANIEL
原產地：英國

小型荷蘭水獵犬
KOOIKERHONDJE
原產地：荷蘭

黃金獵犬
GOLDEN RETRIEVER
原產地：英國

薩西克斯小獵犬
SUSSEX SPANIEL
原產地：英國

西班牙水獵犬
SPANISH WATER DOG
原產地：西班牙

乞沙比克灣獵犬
CHESAPEAKE BAY RETRIEVER
原產地：美國

諾瓦斯科西亞誘鴨犬
NOVA SCOTIA DUCK TOLLING
RETRIEVER
原產地：加拿大

田野小獵犬
FIELD SPANIEL
原產地：英國

平毛獵犬
FLAT-COATED RETRIEVER
原產地：英國

葡萄牙水獵犬
PORTUGUESE WATER DOG
原產地：葡萄牙

拉布拉多犬
LABRADOR RETRIEVER
原產地：英國

第**9**組

伴侶犬及玩賞犬

適合做為家犬、伴侶犬以及玩賞目的的犬種。
本組如同名稱一般擁有許多受到家庭的喜愛的
犬種。不同的犬種有著各式各樣的性格與個
性。

查理士王小獵犬
CAVALIER KING CHARLES SPANIEL
原產地：英國

查理王長毛獵犬
KING CHARLES SPANIEL
原產地：英國

棉花面紗犬
COTON DE TULEAR
原產地：馬達加斯加

西施犬
SHIH TZU
原產地：西藏

西藏獅子犬
TIBETAN SPANIEL
原產地：西藏

西藏㹴犬
TIBETAN TERRIER
原產地：西藏

中國冠毛犬
CHINESE CRESTED DOG
原產地：中國

吉娃娃犬
CHIHUAHUA
原產地：墨西哥

日本狆犬
CHIN
原產地：日本

巴哥犬
PUG
原產地：中國

哈瓦那犬
HAVANESE
原產地：地中海西側
改良國：古巴

蝴蝶犬
PAPILLON
原產地：法國

比熊犬
BICHON FRISE
原產地：法國、比利時

貴賓犬
POODLE
原產地：法國

小型伯勒班康犬
PETIT BRABANCON
原產地：比利時

布魯塞爾格里芬犬
BRUSSELS GRIFFON
原產地：比利時

法國鬥牛犬
FRENCH BULLDOG
原產地：法國

北京犬
PEKINGESE
原產地：中國

比利時格里芬犬
BELGIAN GRIFFON
原產地：比利時

波士頓㹴
BOSTON TERRIER
原產地：美國

波隆納犬
BOLOGNESE
原產地：義大利

瑪爾濟斯犬
MALTESE
原產地：地中海中央沿岸地區

拉薩犬
LHASA APSO
原產地：西藏

小獅子犬
LOWCHEN
原產地：法國

俄羅斯玩具犬
RUSSIAN TOY
原產地：俄羅斯

第10組

視覺型獵犬

擁有優良的視力與奔跑能力，能追蹤捕獲獵物。四肢矯健修長，奔跑的姿態非常優美。

愛爾蘭獵狼犬
IRISH WOLFHOUND
原產地：愛爾蘭

阿富汗獵犬
AFGHAN HOUND
原產地：阿富汗

義大利靈堤
ITALIAN GREYHOUND
原產地：義大利

惠比特犬
WHIPPET
原產地：英國

靈堤
GREYHOUND
原產地：英國

薩路奇犬
SALUKI
原產地：中東／FCI後援

西班牙靈堤
SPANISH GREYHOUND
原產地：西牙

北非獵犬
SLOUGHI
原產地：摩洛哥

獵鹿犬
DEERHOUND
原產地：英國

俄羅斯獵狼犬
BORZOI
原產地：俄羅斯

國家圖書館出版品預行編目資料

犬學大百科：一看就懂、終身受用的狗狗基礎科
學/詳解犬學編輯委員會作；高慧芳譯. -- 三版. --
臺中市：晨星出版有限公司, 2024.04
240面；21x29.7公分. -- (寵物館；120)
圖解完整版

ISBN 978-626-320-780-6(平裝)

1.CST: 犬 2.CST: 寵物飼養

437.354   113001246

寵物館120

圖解完整版
犬學大百科

作者	詳解犬學編輯委員會
譯者	高慧芳
編輯	李俊翰
美術編輯	黃寶慧
校對	蔡瑩貞、趙孟萱
封面設計	陳其輝

掃瞄QRcode，
填寫線上回函！

創辦人	陳銘民
發行所	晨星出版有限公司
	407台中市西屯區工業30路1號1樓
	TEL：04-23595820　FAX：04-23550581
	E-mail：service-taipei@morningstar.com.tw
	http://star.morningstar.com.tw
	行政院新聞局局版台業字第2500號
法律顧問	陳思成律師
初版	西元2013年5月31日
二版	西元2021年7月15日
三版	西元2024年4月1日

讀者專線	TEL:（02）23672044 /（04）23595819#212
	FAX:（02）23635741 /（04）23595493
	service@morningstar.com.tw
網路書店	http://www.morningstar.com.tw
郵政劃撥	15060393（知己圖書股份有限公司）

印刷	上好印刷股份有限公司

定價 699 元
ISBN 978-626-320-780-6
SAISHIN KUWASHII INUGAKU
© KUWASHII INUGAKU HENSYUU IINKAI 2011
Originally published in Japan in 2011 by SEIBUNDO SHINKOSHA
PUBLISHING CO., LTD.
Chinese translation rights arranged through TOHAN CORPORATION, TOKYO .,
and **Future View Technology Ltd.**